북한군사론

공 저
권지민
권영석
지효근
이윤규
박동순

한국군사문제연구원

일러두기

1. 이 책에 수록된 각종 최신 현황의 출처는 『2025 북한 이해』 및 『2022 국방백서』, 통일부 북한정보포털통합검색 서비스, 통일부 북한자료센터 소장자료 메타정보를 기준으로 하였다.

2. 이 책에 기술된 용어 중 북한 원전이나 주요 인사의 언급 등 인용 시에는 그대로 사용하였으며, 이를 분석하여 해설한 경우는 국립국어원 한국어 어문 규범(한글 맞춤법 규칙)을 따랐다.

3. 주석은 미주로 책의 뒷 부분에 각 장별로 정리해 두었다.

4. 이 책을 교재로 사용할 경우 3부 9개의 장으로 구성되어 있는 점을 감안하여 학습자의 수준과 특성에 맞게 특정 장의 내용을 2개로 나누어 편성하면 될 것이다.

5. 이 책의 각 장 말미에는 심화주제로 3~5개의 심화 주제를 제시해 두었으므로 토의나 과제 시 활용하면 좋을 것이다.

머 리 말

북한은 국제사회의 지속적인 제재에도 불구하고 핵무력을 전략의 핵심축으로 제도화하고, 대륙간탄도미사일(ICBM), 전술핵무기, 극초음속 미사일, 군사 정찰위성 등 첨단 전략무기의 전력화를 지속적으로 추진해왔습니다. 더 나아가 러시아-우크라이나 전쟁에 수많은 북한군을 파병하고, 대규모 탄약과 무기를 제공하여 국제안보 질서에 심각한 도전 요인이 되고 있습니다.

또한 북한은 2023년 말부터 대한민국을 '제1의 적대국'으로 규정하고, 남북관계를 군사적 대치 구도로 전환하였습니다. 북한은 유사시 대한민국 전역에 대한 무력 평정을 공개적으로 언급하는 등 전략적 위협 수위를 고조하고 있습니다.

이러한 엄중한 안보 현실을 직시하여, 한국군사문제연구원에서는 해당 분야 최고의 전문가 및 현직 군사 분야 교수들의 참여를 통해 『북한군사론』을 출간하였습니다. 본서는 북한군의 조직, 전략, 작전개념, 비대칭 전력, 비물리적 군사활동 등 전반적인 내용을 체계적으로 분석하여 총 3부로 구성하였습니다.

제1부에서는 북한 정치체제와 군의 위상, 군사사상의 전개 과정을 고찰하였으며, 제2부에서는 재래식 전력 및 핵·미사일 중심의 비대칭 전력을 분석하였고, 제3부에서는 심리전, 사이버전, 전자전 등 현대전에서의 비물리적 위협을 다루었습니다.

본 도서는 대학 및 대학원의 군사학과 학생과 교수, 현역 장병 및 사관생도, 그리고 북한군사 연구자들에게 북한군의 구조와 위협을 실증적으로 이해할 수 있는 기초자료가 될 것입니다. 아울러 북한군에 대한 학술적 이해를 제고하고, 실전적 군사대비 태세 확립에 기여하기를 기대합니다.

끝으로 본 교재의 집필, 자문, 감수에 헌신적으로 참여해 주신 전문가 여러분께 깊이 감사드립니다.

2025년 9월 1일

(재)한국군사문제연구원 원장 **김 형 철**

목 차

제 1 부

북한의 정치와 군사

제1장 북한의 정치체제와 전략문화

제1절 북한의 정치체제

1.1. 북한 정치체제의 핵심 요소

북한의 정치체제는 수령 중심의 권력 구조, 일당 지배 체제, 세습 지배라는 세 가지 핵심요소를 기반으로 형성되어 있다. 이러한 정치체제는 조선노동당의 지도 아래 유지되며, 주체사상과 사회정치적 생명체론 같은 이념을 통해 체제운영의 정당성을 확보한다.

1.1.1 수령 중심의 권력 구조

북한 정치체제의 핵심은 단연코 수령(首領) 중심의 권력 구조다. 이는 단순한 정치적 위계나 행정 권한의 집중이 아니라, 이념적 정당성과 존재론적 구심점으로서의 수령 개념을 포함한다. 북한에서 수령은 국가의 '최고지도자'라는 의미를 넘어, 사회 전체의 생명과 존속을 가능하게 하는 절대적 존재로 묘사된다. 이러한 수령 중심 체제는 김일성 시대에 확립된 이후 김정일, 김정은으로 이어지는 세습 구조 속에서 더욱 공고해졌다.

북한 헌법과 노동당 규약에는 수령이 "전당(全党)의 조직적 의사의 체현자이며, 사회정치적 생명체의 중심"이라는 표현으로 명시되어 있다. 이는 단순한 직책이나 직위가 아니라, 당과 인민, 국가 전체가 수령의 사상과 영도를 통해서만 존재한다는 구조적 정당화의 논리다. 실제로 북한은 당(노동당), 군(조선인민군), 정권(내각 및 행정부) 모두가 수령의 절대적 권위를 중심으로 조직되어 있으며, 그 모든 의사결정은 '수령의 유일사상'이라는 명분 아래 통제된다.

따라서 수령은 단지 명령하는 존재가 아니라, 인민의 생각과 감정,

윤리와 문화, 심지어 생존 자체를 규정하는 존재론적 기준점이다. 북한 주민들은 "수령이 있어 우리가 존재한다", "수령의 은혜로 삶을 이어간다"는 식의 표현을 통해 이러한 인식체계를 내면화하도록 교육받는다. 이는 단순한 정치적 복종이 아니라, 종교적 신앙에 가까운 충성심을 요구하는 구조다.

수령 중심의 권력구조는 그 어떤 권력 분립도 인정하지 않는 전제적·유기체적 통치 모델이다. 당과 군, 행정기구는 독립된 권력 기관이 아니라 수령의 사상을 집행하고 구현하는 도구로 기능한다. 예컨대, 당은 수령의 유일사상을 보급·강화하는 이데올로기 장치이며, 군은 수령의 뜻을 무력으로 뒷받침하는 충성 집단이다. 행정기구는 정책을 실행하는 수단에 불과할 뿐, 독자적 의사결정 권한은 갖지 않는다.

이러한 구조는 단순한 독재체제를 넘어, 수령과 인민이 하나의 사회정치적 생명체로 결합되었다는 '유일영도체계'를 지탱하는 이데올로기적 틀이다. 김정은 시대에도 이 틀은 유지되고 있으며, '수령-당-대중의 일심단결'은 북한 체제의 3대 슬로건 중 하나로 반복된다. 따라서 북한 정치체제를 이해하기 위해서는 단순한 권력자 개념을 넘어 수령이 차지하는 절대적·유일적 지위를 구조적으로 파악할 필요가 있다.

1.1.2 일당 지배 체제

북한은 조선노동당이 유일한 집권당으로 존재하는 일당 지배 체제다. 조선노동당은 북한 사회의 모든 분야를 통제하며, 입법·행정·사법의 모든 권력을 장악하고 있다. 헌법상으로는 최고인민회의가 국가의 최고 주권기관이지만, 실제로는 조선노동당이 모든 정책을 결정하고 최고인민회의는 이를 승인하는 역할만 수행한다.

북한의 일당 지배 체제는 당과 국가가 결합된 '당-국가 체제'의 특징을 가진다. 조선노동당이 국가 운영의 중심에 있으며, 국방과 경제

정책 등 모든 분야에서 당의 지도가 절대적으로 요구된다. 또한 북한 사회에는 조선노동당 외에도 조선사회민주당과 천도교청우당이 존재하지만, 이들은 조선노동당의 정책을 그대로 따르는 위성정당일 뿐이다. 사실상 조선노동당이 북한 내 유일한 정치 세력이라고 할 수 있다.

1.1.3. 세습 지배

북한의 또 다른 특징은 권력 세습이다. 일반적으로 사회주의 국가에서는 권력이 개인에게 집중되기보다 집단적 지도 체제를 유지하는 경향이 강하지만, 북한은 김일성 이후 김정일, 김정은으로 이어지는 세습 지배를 확립했다. 김정일은 1970년대부터 후계자로 입지를 다진 뒤 1994년 김일성 사망 후 권력을 승계했고, 2011년 김정일 사망 후에는 그의 아들 김정은이 권력을 물려받았다. 북한은 세습 지배를 정당화하기 위해 "령도의 계승성"이라는 개념을 강조하며, 김씨 일가의 통치를 신격화하는 선전(프로파간다)을 지속적으로 활용하고 있다. 이러한 세습 지배가 가능한 이유는 북한 체제가 수령을 절대적 지도자로 규정하는 독특한 권력 구조를 가지고 있기 때문이다. 수령은 단순한 국가 원수가 아니라, 사회 전체를 지도하는 존재로 여겨지며 김씨 일가가 수령직을 세습하는 것은 북한 체제에서 정당한 권력 계승 방식으로 인정된다.

1.2. 북한 정치체제의 특성[1)]

1.2.1. 전체주의 국가

북한의 정치체제가 내세우는 지배이념은 주체사상이라고 부르는 정교하게 구성된 전체주의 이념체계이다. 이러한 북한은 국가라는 집단을 개인에 앞세우는 전체주의 국가의 특징을 지니고 있다. 전체주의는 사회 전체를 하나의 유기체로 보고, 구성원 개개인보다 전체의 안전과 발전을 제1의 목표로 삼는 사상이다. 여기서 개인의 존재는 전체의 부분으로서 주어진 역할을 담당하는 요소로만 의미를 갖는다. 전체의 발전을 통하여 개인의 발전이 이루어지며, 개인은 전체에서 분리되어 살아갈 수 없는 사회적 존재라는 인식이 그 바탕에 깔려 있다. 국가 또는 공동체가 집단의 이름으로, 개인 일상생활의 모든 영역을 전체와 조화될 수 있도록 통제한다. 전체주의에서는 개인의 자유도 하늘로부터 부여받은 개개인의 권리가 아니라 "전체와의 바른 관계"라고 규정하고 있다.2)

이러한 전체주의 정치체제는 필연적으로 독재자의 탄생으로 이어질 수 밖에 없다. 부분의 역할을 가진 사회 구성원이 전체의 의사결정에 참여할 수 없고, 오직 의사결정의 역할을 맡은 지도자만이 의사결정을 할 권리와 책임을 가지기 때문이다. 그리고 그 통치자는 누구에게도 책임지지 않고 어떤 법이나 사례에도 구속받지 않기 때문에 독재자가 된다. 전체주의 체제에서는 통치자가 지배 정당의 지도자로서, 정당의 절대적 지지를 확인하는 형식적인 절차만을 거친 뒤·모든 통치 행위를 자의적으로 행한다. '전체를 위한다'는 주관적인 도덕적 정당성을 근거로 전제적 권력을 정당화하며, 이러한 방식을 통해 전체주의적 통치를 하는 정치체제가 전체주의 정치체제이다.

전체주의는 전제의 근거를 이데올로기로 미화한 것 이외에는 본질적으로 절대왕조시대의 군주주의체제나 다를 것이 없다.3)

북한의 이러한 정치체제는 프리드리히와 브레진스키가 정의한 전체주의 특징-1인 지배의 정당정치, 당과 비밀경찰에 의한 테러통치, 대중매체의 독점, 무장력의 독점, 사회경제의 중앙통제 등-과 일맥상통하며, 세부적인 내용은 다음과 같다.

첫째, 김정은 시기에 와서는 '김일성-김정일 주의'라는 통치이념을 내세우고 있지만, 북한 통치 이념의 근간이 되는 주체사상이라는 공식 이데올로기가 존재하며, 조선노동당이라는 1인 지배의 유일 대중정당에 의해 통치되고 있다. 2021년 제8차 당대회에서 김정은은 노동당 총비서 자리에 오르며, 당의 1인자임을 전 세계에 표명 하였다.

둘째, 총정치국을 통한 각종 감시 구도는 프리드리히와 브레진스키가 말한 비밀경찰의 역할에 해당한다.

셋째, 대중매체에서도 북한은 모든 매체에 대해 철저한 검열을 진행하고 있다. 대내외적으로 유일하게 공표되는 대표적인 매체인 로동신문 등의 인터넷 사이트 역시 북한 당국이 직접 운영하기 때문에, 대중매체 역시 독점하고 있다.

넷째, 조선인민군 총사령관 또한 최고자가 겸임하고 있으며, 무장력 역시 1인에게 특정되어 있다.

다섯 째, 현대 사회의 다른 고사주의 국가들처럼 북한은 시장 분야를 개방하지 않고 있으며, 아직까지도 경제 전반을 중앙통제하고 있다.

이처럼 '하나는 전체를 위하여, 전체는 하나를 위하여'를 당 원칙으로 삼고 있는 북한은 전형적인 전체주의 국가라 할 수 있다.

1.2.2. 군사국가

북한 군사체제의 형성은 김일성 시기부터 뚜렷하게 나타난다. 김일성은 항일무장투쟁의 정통성을 기반으로 1948년 2월 8일 조선인민군을 창설하고, 이를 단순한 군사조직이 아니라 혁명의 주력부대로 규정하였다. 1950년 6.25전쟁 발발은 군의 정치적 위상을 급격히 상승시키는 계기가 되었으며, 이후 김일성은 군의 독립성보다는 당의 통제를 강화하는 방향으로 군사체제를 정비하였다. 조선노동당내 중앙군사위원회의 설치와 군 내부에 정치위원제를 도입한 것은 당-군 관계를 제도적으로 고착화한 조치로 평가된다. 또한, 군사훈련과 조직 운영에 주체사상과 계급투쟁 개념을 강하게 이식하여 군을 체제 이념의 충실한 집행자로 만들었다. 김일성은 경제와 사회 전반에서 군이 수행할 수 있는 역할을 확대함으로써, 군을 정치적 동원수단으로 적극 활용했다.

김정일 시기에 들어서면서 북한 군사체제의 정치화는 더욱 강화되어, 국가 운영의 중심축으로 부상하게 된다. 특히 1990년대 겪었던

‘고난의 행군’ 시기에 국가 시스템이 붕괴 위기에 처하자, 김정일은 이를 돌파하기 위한 통치 전략으로 ‘선군정치(先軍政治)’를 내세웠다. 선군정치는 군을 사회의 최우선 기관으로 설정하고, 자원과 정책의 우선권을 군에 부여하는 통치 방식으로 군의 역할을 정치·경제·문화 전반으로 확대시켰다. 이는 국가가 직면한 총체적 위기를 군을 통해 타개하고자 한 전략으로, 군의 정치적 위상을 비약적으로 강화시키는 결과를 가져왔다.

김정일 통치 시기에 가장 주목할 군사적 사건은 단연코 핵무기 개발이다. 2006년 북한은 1차 핵실험을 단행하였고, 2009년에는 2차 핵실험을 통해 핵전력 보유국으로서의 지위를 주장하였다. 이는 단순한 군사기술 진보라기보다는 미국을 비롯한 국제사회를 대상으로 한 ‘벼랑끝 전술’의 일환으로 해석된다. 김정일은 핵 개발을 통해 체제 생존을 보장받고자 하였으며, 협상에서 유리한 고지를 점하기 위한 전략적 자산으로 핵을 활용하였다. 핵과 미사일 위협을 통해 양보를 얻어내고, 동시에 내부 결속을 다지는 이 전략은 북한 특유의 외교-군사 융합 모델로 자리잡았다. 이 시기 북한 군사정책의 핵심은 억제력 구축과 함께, 도발과 협상의 반복이라는 전형적인 ‘벼랑끝 전술’의 모습을 보였다.

김정은 통치 시기에 북한의 군사적 특성은 이전 시기보다 한층 더 고도화되고 다층화된 형태를 띠게 된다. 김정은은 집권 초기부터 핵무력의 완성을 핵심 국가 전략으로 설정하였으며, 이를 2013년 ‘경제건설과 핵무력 병진노선’으로 공식화하였다. 북한은 2016년 4차, 2017년 5차와 6차 핵실험을 통해 수소탄 개발과 대륙간탄도미사일(ICBM) 실험을 성공적으로 시현하며, 전략핵 보유국의 입지를 굳혔다. 특히 6차 핵실험(2017)은 최대 위력을 기록한 실험으로, 북한이 기술적으로 상당 수준의 핵탄두 소형화에 성공했음을 시사하였다. 이러한 성과는 군사적 억지력 강화 뿐만 아니라, 김정은 개인의 통치력 과시와 체제 정당화의 수단으로도 활용되었다.

또한 군사력 고도화 외에도 김정은은 군 내부 통제와 정비에 지속적인 관심을 보였다. 숙청과 인사 교체를 통해 군 수뇌부를 재편하고, 충성심을 확보하였으며, 전략군의 비중을 높여 핵전력 운용을 중심에 두는 군 구조 개편을 추진했다. 또한 무인기, 극초음속 미사일, 잠수함발사탄도미사일(SLBM), 군사정찰위성 등 첨단 전략무기의 개발과 실험은 북한이 기술 기반의 군사체제로 이행하고 있음을 보여주는 사례이다. 이러한 무기 체계의 발전은 단순한 무력 과시가 아니라, 미국, 한국, 일본 등과의 군사력 비대칭을 극복하고, 협상력 제고 및 억지력 강화를 목표로 한 전략적 선택이다.

2023년 이후 북한은 러시아-우크라이나 전쟁이라는 국제 정세를 전략적 기회로 적극 활용하고 있다. 김정은은 푸틴 대통령과의 정상회담을 통해 전략적 연대를 강화하고 있다. 북한이 러시아에 포탄, 로켓, 탄약 등의 군수물자를 제공하고 있다는 의혹과 증거가 다수 보도되고 있다. 더 나아가 2025년 4월 28일에는 북한과 러시아가 파병사실을 공식적으로 발표하였는데, 이는 북한 군이 국제 분쟁에 직·간접적으로 개입하는 전례 없는 움직임이다. 이러한 변화는 북한이 자주국방을 고수하던 전통적 전략에서, 실용적 대외 연계 전략으로 전환하고 있음을 보여준다. 김정은은 이를 통해 국제사회에서의 전략적 위치를 재조정하고, 체제 보장을 위한 새로운 외교-군사 연합의 틀을 구축하고자 한다.

북한의 군사 체제는 이처럼 김일성 시대의 혁명군 기반과 당-군 일체화, 김정일 시대의 선군정치와 벼랑끝 전술, 김정은 시대의 핵무력 고도화와 대외군사 외교로 이어지는 역사적 흐름 속에서 진화해왔다. 이러한 구조는 군이 단순한 무력 집단이 아니라, 국가 통치 전반에 관여하며 정치적·경제적·외교적 역할까지 수행하는 다기능 권력기구로 작동하게 만들었다. 특히 최근에는 군사 기술의 현대화, 핵 및 미사일 전력의 다변화, 군사 외교의 적극화 등 군사적 특성의 다층화와 국제화가 본격적으로 나타나고 있다. 이는 북한의 전략적 생존 방식이 과거보다 더 복잡하고 유연해졌음을 의미한다.

북한의 군사조직은 규모의 측면에서도 특기할 만하다. 조선인민군은 약 128만 명에 이르는 병력을 유지하고 있다. 여기에 예비군 체계인 노농적위대와 붉은청년근위대, 여성민방위대까지 포함하면 전체 무장 병력은 600만 명을 상회한다. 이는 북한 전체 인구의 약 4분의 1에 해당하는 수치로 군사화를 사회 전체의 구조로 끌어올린 사례라고 할 수 있다. 이러한 구조는 전시동원 체제를 항상 준비된 상태로 유지하게 하며, 전시 대비뿐 아니라 평시 통제 수단으로서도 강력한 기능을 한다. 특히 주민들의 일상생활에도 군사훈련과 민방위 활동이 통합되어 있어서 사회 전반이 군사화된 국가체제를 이루고 있다.

북한은 무기 체계와 전략 자산의 개발에도 집중해 왔다. 핵무기 개발은 물론, 탄도미사일, 장사정포, 사이버 전력까지 다양한 분야에서 군사 기술을 발전시켜 왔다. 특히 2000년대 이후는 비대칭 전력 강화에 초점을 둔 채, 재래식 전력의 열세를 극복하고 전략적 억지력을 확보하려는 노력이 두드러진다. 이는 북한이 단순한 방어 전략을 넘어서 핵무기를 중심으로 한 선제공격 가능성을 전략적 선택지로 고려하고 있음을 보여준다. 실제로 김정은은 다양한 핵 탑재 수단과 전술핵의 실전 배치를 시사함으로써, 핵이 억제만이 아닌 실제 사용 가능한 전력이라는 인식을 부각시키고 있다.

이상과 같이 북한의 군사적 특성은 단순히 군사력의 강약을 넘어서, 정치와 이념, 사회 통제, 외교 전략에 이르기까지 정권 전반을 지탱하는 핵심 축으로 기능한다. 북한 정권은 군을 통해 체제를 유지하고, 외부 세계에 자신들의 메시지를 전달하며, 내부의 일체감을 고양시키고 있다. 이러한 총체적 군사 체제는 단순한 무력 집단을 넘어선 권력 시스템으로서 작동하고 있으며, 북한을 이해하기 위한 핵심 열쇠 중 하나로 자리 잡고 있다. 향후에도 북한 정권이 군사력을 중심으로 한 국가 운영 방식을 유지할 가능성은 매우 크며, 이는 한반도와 동북아 안보 환경에 중대한 영향을 지속적으로 미치게 될 것이다.

〈시기별 북한 정권의 군사적 특징〉

구 분	김일성 시기 (1948~1994)	김정일 시기 (1994~2011)	김정은 시기 (2011~현재)
군의 위상	• 혁명의 주력부대 • 당-군 일체화 강화	• 선군정치를 통해 군을 국가 운영의 중심축으로 부상시킴	• 핵무력 중심의 군 개편 • 전략군·첨단군 강화
정책	• 재래식 중심 군 편제 • 대규모 병력 유지	• 1차 핵실험(2006), 2차 핵실험(2009) • 핵 보유국 지위 주장 • 벼랑끝 전술 활용	• ICBM 등 고도화 • 신무기 집중 개발
전략적 특성	• 군을 체제 정당화 및 사회 통제 수단으로 활용 • 외부보다 내부 결속 중시	• 군 중심 통치 • 도발-협상 반복 전략 • 체제 생존을 위한 강경 외교	• 실용적 대외 전략 확대 • 러시아와 군사협력 • 핵보유 통한 다층적 억지력 구축 시도
사회와의 관계	• 군사화된 사회 기초 형성 • 민방위, 청년 근위대 등 예비군 체계 확대	• 군이 정치·경제·사회 전반을 주도 • 군이 식량과 자원까지 관리	• 사회 전반 군사훈련 강화 • 열병식과 선전 강화

1.2.3. 수령국가(유일체제)

수령론은 주체사상의 혁명적 수령관과 사회정치적 생명체론에 입각한다. 주체사상이란 “사람이 모든 것의 주인이며 모든 것을 결정한다.”라는 철학적 원리에 기초하고 있다. 이러한 원리에 기초하여 “인민대중은 사회력사의 주체”이며 “인류력사는 인민대중의 자주성을 위한 투쟁의 력사”라는 역사인식을 가진다. 그리고 이러한 투쟁은 자연적으로 이루어지는 것이 아니라 인민대중이 자신의 자주성과 창조성을 고양시키고자 하는 ‘자주적인 사상의식’에 의해 결정적으로 실현되는데, 이 과정에서 필수적인 것이 ‘수령의 령도’라는 것이다. 따라

서 수령론은 주체사상의 중심명제이고, '북한식 사회주의'의 근간이 되고 있다.[4]

북한에서 수령은 역사 발전의 주체이고 무오류를 가진 신 같은 존재로서 거의 초월적인 존재로 인식되고 있다. 수령에게 초월성과 종교성을 부여함으로써 권력의 영속성을 가정하고 세습적 권력의 승계를 정당화시킨다. 이렇게 위대한 수령이기 때문에 인민대중들의 수령에 대한 충성은 절대적이고 무조건적이다. 수령-당-대중의 통일체인 사회정치적 생명체에서 수령은 뇌수이므로, 수령의 지도에 인민들이 따르는 것은 자연스럽고 절대적이다. 또한 수령론은 가족국가관과 유기체적인 국가관에 기반하고 있다. 수령-당-대중을 하나의 사회정치적 생명체로 만드는 것은 북한사회가 수령을 어버이로 하는 '사회주의 대가정'이기 때문이다. 어버이이자, 뇌수인 수령은 가족과 신체의 수족을 이끄는 절대적인 지도자이다.[5] 비록 이러한 수령제의 기초는 김일성 시기에 공고화 되었다고 하더라도, 아래와 같은 '유일사상체계 확립 10대 원칙'을 제정한 것은 김정일이었다. 그 역시 수령의 권한을 그대로 위임받아 통치하였다.

현재 김정은 정권에 와서는 2013년 '당의 유일적 영도체계 확립의 10대 원칙'을 제시하는 등 당의 정상화를 위한 노력을 하고 있지만, 실제 통치 기제를 살펴보면 수령제의 통치 구조가 그대로 남아 있다고 볼 수 있다. 통일부의 조사에 따르면 김정은에 대한 수령 호칭은 2020년부터 본격적으로 등장해 매년 증가 추세를 보이고 있다. 김정은 역시 호칭 앞에 '인민의', '걸출한', '탁월한' 같은 수식어가 붙었을 뿐 아니라, 김일성과 마찬가지로 '위대한 수령'이라고도 불리고 있다.[6] 따라서 이러한 수령 유일지배체제라는 북한의 통치체제는 앞으로도 지속될 것으로 판단된다.

1.2.4. 숙청을 통한 권력 공고화[7)]

숙청은 잘못된 일을 벌인 사람을 없애는 것으로 정당성이나 부당성이라는 가치가 배제된 개념이며, 체제 위기 혹은 사회체제의 구성원들을 동원하는 경우에 나타나는 상징조작의 한 가지 방법이다.[8)] 숙청은 권력의 상대적 우위에 있는 존재에 의해 행해지는 일방적인 행위이기 때문에 항상 합리적이지는 않다. 그러나 합리적인 숙청도 존재하고, 설령 비합리적이라고 하더라도 그 과정을 대중 혹은 국민에게 납득시킬 수 있다면 합리성을 인정받는다. 또한 숙청은 위기의 상황에서 주로 발생하는데 '위기 상황'의 설정도 권력자의 판단에 의해 결정되기 때문에 개인 혹은 소수의 이익을 위해 이용될 수 있다.

숙청은 지도자의 특정 요인에 대한 주관적 기준에 영향을 받기 때문에 후계구도 혹은 승계과정과 연계되어 발생하는 경우가 빈번하다. 사회주의 체제 하에서는 권력의 승계에 대한 제도화가 미비하기 때문에 지도자는 승계과정 혹은 후계 구도로부터 받는 권력 위협에 대한 대응책을 항상 준비하고 있다. 더구나 사회주의 체제 하에서는 상호 감시가 일상화 되어있기 때문에 권력 위협의 요소가 쿠데타보다는 지도자 주변 세력에서의 확장일 가능성이 높다. 북한의 정치체제의 주요 특성 중 하나는 바로 김일성, 김정일, 그리고 김정은으로 이어지는 최고지도자가 권력을 공고화하는 과정에서 숙청이라는 정치적 수단을 사용했다는 것이다.

숙청과 후계구도에 관한 연구들을 토대로 북한에서 일어난 실제 숙청과정을 분석해볼 경우, 다음 세 가지로 분류할 수 있다. 첫째는 반혁(反革) 세력을 제거하기 위해 숙청을 이용하는 것이다. 지도자에 대해 반혁을 시도하려는 세력이 존재하는 경우 숙청을 활용하여 해당 세력을 제거하며, 반혁을 시도했거나 계획하고 있던 세력도 숙청된다. 이 경우의 숙청은 지도자의 지위 자체에 대한 위협이므로 비교적 숙청의 합리적 사용이라고 분석될 수 있다.

둘째는 지도자의 의견이나 노선에 이견을 가진 세력을 제거하기 위해 숙청을 단행하는 경우이다. 이견을 가진 세력은 지도자와는 다른 노선을 택하거나, 지도자의 정치적, 사회적 선택에 부정적인 입장 혹은 이견을 표했던 세력으로 정의할 수 있다. 이러한 집단이 존재할 경우, 지도자는 자신의 권력에 대한 잠재적 위협에 대응하기 위해 숙청을 사용한다.

마지막으로, 특정 세력의 확장이 지도자에게 위협으로 느껴지는 경우이다. 같은 노선을 지지하고 있다 하더라도 당 내의 지도부 혹은 국민에게 높은 지지와 존경을 받고 있는 세력은 지도자에 대응할 만한 세력을 규합할 가능성이 상존한다. 확장을 꾀하는 세력을 제거하는 경우는 앞에서 언급한 지도자에게 이견을 가진 세력을 제거하는 것과는 구별된다. 지도자와 같은 이념과 국가 목표를 공유하고 지도자의 정책적 선택에 동의·지지한다고 하여도 특정 세력이 자신의 세력보다 확장되는 것은 지도자에게 위협으로 인식되기 때문이다.

김일성은 6·25전쟁 중에 확장 세력들 혹은 확장 가능성이 있는 세력들을 숙청했다. 그는 각 전투의 패배를 숙청 대상자들에게 전가했으며, 당의 지시에 복종하지 않는다는 명목을 덧붙였다. 소련과 합작하여 조만식과 오기섭을 제거한 후, 소련파와 연안파, 박헌영파로 형성된 경쟁세력들로 인해 권력의 안정화를 꾀하기가 힘들다고 판단해 결국 이들을 완전히 숙청한다. 무정과 허가이의 경우, 북한의 내정에 대해 소련과 중국의 간섭을 야기하는 인물들이었다. 두 국가를 배후로 하여 득세할 수 있는 위협적 존재로서, 김일성의 유일지배체제 수립에 방해가 되었기 때문에 숙청했다. 김정은에 와서 군의 2인자였던 리영호의 숙청과 내각의 수장으로 큰 세력을 형성하고 있던 장성택을 숙청한 것 역시 권력 공고화를 꾀하는 과정에서 일어난 같은 맥락의 숙청이라고 할 수 있다.

제2절 북한의 법 체계

북한의 법 체계는 사회주의 법률 원칙을 기반으로 하며, 조선로동당의 절대적 지도 아래 운영된다. 법은 국가 운영의 기본 틀을 제공하지만, 실질적으로는 당(黨)의 정책과 지시에 의해 법의 적용과 집행이 이루어진다. 이는 북한이 공식적으로는 법치주의를 표방하고 있으나, 실제로는 당의 영도(領導)가 법 위에 존재하는 구조임을 의미한다.

2.1. 북한 법 체계의 기본 구조

북한의 법 체계는 헌법을 최상위 규범으로 한다. 이를 중심으로 다양한 법령과 규정이 존재하며, 주요 법 체계는 다음과 같이 구성된다.

1. **헌법**: 국가의 기본법으로, 북한 체제의 근본 원칙을 규정하고 있다
2. **조선로동당 규약**: 북한 사회의 실질적 운영 원칙을 제시하며, 법 위에 존재하는 사실상의 최고 규범이다.
3. **국가 법률**: 최고인민회의에서 제정되는 법률로, 북한의 법질서를 구성하는 핵심 요소이다.
4. **정령(政令)**: 국무위원회 및 최고인민회의 상임위원회가 발행하는 명령으로, 특정 정책의 실행을 위한 법적 근거를 제공한다.
5. **규정 및 세칙**: 개별 기관 및 행정 부서에서 제정하는 규칙으로, 세부적인 법 집행 기준을 마련한다.

이와 같은 법 체계는 일반적인 사회주의 법률 체계와 유사한 구조를 갖고 있으나, 북한 특유의 정치적 특성이 강하게 반영된 것이 특징이다. 북한의 법 체계는 외부에 규범적 구조를 갖추고 있는 것처럼 보이지만, 실제로는 당의 지침과 정치적 의지가 우선시되는 경우가 많다. 즉, 표면적으로는 헌법, 당 규약, 국가 법률 등 다양한 법적

규범이 존재하지만 실제 법 집행 과정에서는 정치적 판단과 당의 명령이 우선하는 경향이 강해 외부에 보여지는 체계의 경우 실제 운영과는 거리가 있다. 북한에서 무엇보다 가장 중요한 것은 법률 체계가 공식적으로 존재함에도 불구하고, 김정은 최고지도자의 교시나 발언이 실제로는 그 어떤 법률보다도 더 큰 권위를 갖고 있다는 것이다.

2.2. 최고지도자 중심의 법 질서

북한은 건국 초기부터 사회주의 이념과 주체사상을 국가 운영의 근간으로 삼으면서, 법률 체계마저 이념적 지침에 따라 형성되었다. 이 과정에서 당의 규범과 최고지도자의 개인적 지침이 법률보다 우선하는 원칙이 자리 잡게 되었다. 즉, 법률은 독립적인 규범 체계라기보다는 정권의 이념적 선전과 통치를 위한 도구로서 기능한다. 북한에서 주체사상은 국가의 정치, 사회, 경제 전반에 영향을 미치며 이를 바탕으로 지도자 숭배가 체계적으로 구축되었다. 북한에서는 지도자의 교시나 발언이 단순한 행정 명령을 넘어서 국가 운영의 궁극적인 기준으로 간주된다. 일반적으로 일당지배체제를 형성하는 국가들은 당 규약을 최고 권위로 생각한다. 북한의 조선노동당의 당 규약은 당의 정책 방향과 이념적 목표를 명시하며, 실제 법률 제정이나 집행에 있어서도 당의 이념이 큰 역할을 한다. 하지만 북한에서는 이조차도 최고지도자의 교시나 발언에 의해 재해석되거나 보완되는 경우가 많다.

북한의 공식 문서상으로는 헌법이나 국가 법률이 최고 법규로 보이지만, 실제로는 김정은 최고지도자의 교시나 발언이 모든 법적 규범의 해석과 적용의 최종 기준이 된다. 이는 다음과 같은 주요 특징으로 나타난다.

첫째, 최고지도자의 절대적인 정치적 권위이다. 북한에서 최고지도자의 발언은 법적·제도적 장치보다 우선시되며, 국가의 모든 정책 결정과 법 집행의 최종 방향을 제시한다. 법률이나 정령이 아무리 정교하게 구성되어 있더라도, 최고지도자의 지침에 반하는 해석이나 집행은 인정받지 못한다.

둘째, 절대적인 법 체계에 따르는 것이 아니라 상황에 따라 탄력적으로 적용된다. 북한에서는 실제 상황에서 법률의 경직성을 보완하기 위해 최고지도자의 지시가 즉각적으로 적용되며, 이를 통해 급변하는 정치·사회 상황에 신속하게 대응할 수 있는 체제를 유지한다.

셋째, 최고지도자의 교시를 통한 메시지 전달이다. 북한에서 최고지도자의 교시와 발언은 인민들에게 이념적 통일성과 사회적 결속을 심어주는 역할도 하며, 법률 이상의 상징적인 의미를 지니게 된다. 이는 북한 인민들 사이에서 법률보다는 최고지도자의 말을 신뢰하고 따르는 문화가 형성되는 배경이 된다.

이러한 북한의 공식적인 법 체계는 북한이 국제사회나 외부에 자신들의 법적 체계를 합리적으로 정교하게 구성된 것으로 보이도록 하기 위한 장치로 해석된다. 북한에서 헌법, 국가 법률, 정령(政令) 등은 외부에 북한의 법치주의적 이미지를 전달하기 위한 수단으로서 존재한다. 이는 국제적 비판을 완화하고 체제의 정당성을 강조하기 위한 의도적인 측면 역시 포함되어 있다. 법률의 해석과 집행은 당의 이념과 최고지도자의 지침에 크게 의존하기 때문에, 법이 가진 본래의 규범적 기능보다 정치적 통제와 사회 통합의 도구로 사용된다. 이로 인해 법 체계의 공식적 구조와 실제 운영 사이에 상당한 괴리가 존재한다. 또한 북한에서는 독립적인 사법부가 존재하지 않고, 법의 해석이나 집행이 정치적 의사 결정과 긴밀히 연결되어 있다. 따라서 법률상 규정된 권리나 보호보다는, 지도자의 지침에 따른 정치적 명령이 우선 적용되는 경우가 많다. 이러한 북한의 법 체계의 특징을 도식화하면 다음과 같다.

〈북한의 법 체계〉

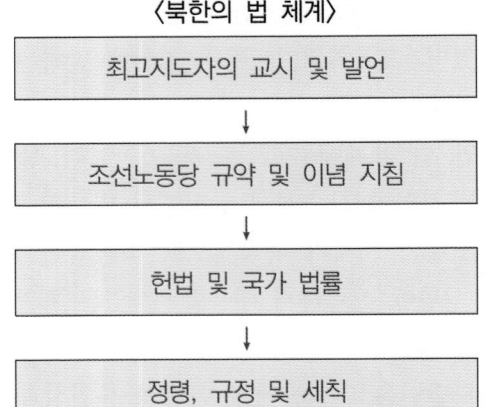

최고지도자의 교시 및 발언

↓

조선노동당 규약 및 이념 지침

↓

헌법 및 국가 법률

↓

정령, 규정 및 세칙

2.3. 북한군과 관련된 법과 제도

북한에서는 모든 인민에게 병역 의무가 부과되며, 이는 단순한 국방력 유지 차원을 넘어 당에 대한 충성을 심어주는 사회적 장치로 활용된다. 관련 법령은 병역 의무를 규정하는 동시에 병사들이 당의 이념과 최고지도자의 지침을 내면화하도록 요구한다. 2012년 4월에 개정된 북한 헌법 제86조는 "조국 보위는 공민의 최대의 의무이며 영예이다. 공민은 조국을 보위하여야 하며 법이 정한 데 따라 군대에 복무하여야 한다"고 규정하고 있다. 다만 실질적인 병역제도 운용과 관련해서는 1956년에 제정한 '인민군 복무 조례'에 의거하여 실시하고 있다. 1972년부터 노동당에서 선발된 자만이 복무할 수 있도록 하고 있어 일종의 '선발 징병제'의 성격을 띠고 있다.

북한군은 군에 복무하는 현역과 예비역으로 구분할 수 있다. 현역 복무 기간은 만 17세부터 만 27세까지이며, 만 40세까지는 예비역으로서 교도대로 편성된다. 만 40세 이후부터 만 60세까지는 민병으로 로농적위대에 편성되어 병역의무를 수행토록 하고 있다. 예비역은 현역에서 전역한 자, 당의 현역 선발에서 제외된 자, 대학졸업자, 국가 주요 기관 및 기간 산업체에 근무하는 요원 등으로 구성된다. 북한은 대학 교과과정에 군사교육을 필수과목으로 편성하고 있다. 대학 졸업 후 시험에 합격한 자는 예비역 군관 및 하사관으로 임명하여 교도대에 복무시키고 있다.

구체적인 군 복무 절차는 여러 단계로 이뤄져 있다. 먼저 징집 의무자가 적령이 되면 거주지 리읍 노동자구의 인민위원회에 등록해야 한다. 인민위원회 당조직 사농청은 등록자를 대상으로 심사한 다음 적격자를 선발하여 그 명단을 시군 인민위원회 군사노동부에 보고한다. 여기서 최종 징집자를 결정하여 징집명령서를 교부한다. 이후 시군 인민위원회 동원부에서는 징집명령에 의해 출두한 병역 의무자에 대한 2차 신체검사를 실시하고 합격자에게 부대를 지정하여 입영하게 한다. 그리고 입영자는 사단 또는 연대의 신병훈련소에 입대하여 교육훈련에 임하게 된다. 한편, 징집 및 동원의 주무부처는 평시에는 국방성(구 인민무력부)이 맡고, 전시에는 군사위원회의 결정에 따라 조선인민군 최고사령부가 관장한다.9) 이러한 북한군과 관련된 법과 제도는 북한 사회 전반의 이념과 정치 체계와 밀접하게 연계되어 있다. 군 자체도 국가 체제와 당의 통제 아래 운영되고 있다. 북한의 군사 법규와 제도는 단순한 군사 명령 체계를 넘어, 체제의 이념적 기반과 정치적 목표를 실현하기 위한 중요한 도구로 기능한다.

북한에서 병영생활 중 기본으로 지켜야 할 복무규율로 '군무생활 10대 준수사항'이 있다. 이를 어길 경우 군관이나 하전사를 불문하며 군기 사고자는 제대 후 직장 생활에서 각종 불이익을 받는다. 북한군의 군무생활 10대 준수사항은 단순히 업무 지침을 넘어서, 체제 이념과 정치적 충성을 군인의 일상생활과 업무 수행 전반에 스며들게 하는 역할을 한다.

이러한 규율은 군 내부 질서를 유지하고, 국가와 당에 대한 충성을 극대화하며, 비상 상황에서 신속하고 일관된 명령 이행을 보장하기 위한 제도적 장치로 볼 수 있다. 특히, 최고지도자의 교시와 당의 이념이 모든 규정의 최종 기준으로 작용하기 때문에 개인의 자유나 자율성보다는 체제의 통합과 안정이 우선시된다는 점이 특징이다.

〈북한의 군무생활 10대 준수사항〉[10)]

1. 군사 규정 철저 준수 2. 무기의 정통(精通)과 철저한 관리 3. 군사 명령의 철저 집행 4. 당 및 정치 조직에서 준 분공(分工)의 어김없는 집행 5. 국가 기밀, 군사 기밀, 당 조직 비밀 엄격 유지 6. 사회주의식 법과 질서 철저 준수 7. 어김없는 군사정치 훈련 참여 8. 인민에 대한 사랑 및 인민 재산의 침해 금지 9. 국가 재산과 군수 물자의 철저한 보호 및 절약 노력 10. 군대 안의 일치단결, 미풍 확립

제3절 북한의 전략문화

3.1. 전략문화

전략문화는 한 사회나 국가가 오랜 역사와 경험 속에서 형성한 가치관, 신념, 전통, 그리고 정치적·사회적 기억이 어떻게 안보 전략과 정책 결정에 영향을 미치는지 설명하는 개념이다. 이는 단순히 군사 전략이나 전술적 기술의 문제가 아니라, 한 국가가 어떠한 위협을 인식하고 대응하는 방식, 위험을 평가하고 기회를 포착하는 과정 전반에 깊이 뿌리내린 문화적 요소들을 포함한다. 예를 들어, 어떤 국가는 과거의 전쟁 경험이나 지속된 외부 위협으로 인해 방어적인 전략을 선호할 수 있는데 비해, 또 다른 국가는 공격적이거나 선제적 조치를 중시하는 경향을 보일 수 있다.

이처럼 전략문화는 국가의 역사적 경험, 집단적 기억, 정치적 전통, 그리고 사회 구성원들의 세계관이 결합되어 나타나는 현상이다. 이는 전략 수립 과정에서 단순한 이론이나 계산을 넘어 정서적, 심리적 요인까지 고려하게 만든다. 전략문화를 통해 각 국가는 자신들이 겪은 역사적 사건들을 해석하고, 그 결과를 미래의 전략과 정책에 반영한다, 이러한 해석은 국가 정체성의 중요한 부분으로 자리잡게 된다.

3.2. 북한의 전략문화

북한군에 대해 제대로 이해하기 위해서는 북한의 정치체제와 법체제를 넘어 북한의 전략문화가 어떻게 구성되었는지 분석하는 과정도 필수적이다. 북한군을 제대로 이해하기 위해서는 단순한 군사 전력이나 전술적 움직임을 분석하는 것에 그치지 않고, 그 이면에 내재한 북한의 전략문화를 상세히 이해할 필요가 있다. 북한의 전략문화는 오랜 역사적 경험, 이념적 기반, 그리고 최고지도자 숭배와 같은 독특한 정치적·사회적 요인들이 복합적으로 작용해 형성된 결과물이다. 이들 요소는 북한군의 조직 운영, 정책 결정, 심지어 개별 병사의 행동 양식에까지 깊숙이 스며들어 있다. 북한은 과거 전쟁의 상흔, 고난의 행군, 그리고 지속적인 외부 위협이라는 역사적 맥락 속에서 자신만의 안보 패러다임을 구축해 왔다, 이는 단순한 군사 기술이나 전략적 계산보다도 훨씬 더 근본적인 가치관과 신념 체계에 의해 좌우된다.

북한군의 작전 수행 방식이나 군 내부의 규율, 그리고 군사정책의 결정 과정은 모두 이러한 전략문화의 산물이다. 북한은 주체사상을 국가 운영의 근간으로 삼으면서, 군사력의 증강과 운영뿐만 아니라 국민들에게 체제의 정당성을 과시하는 수단으로서 군대를 활용한다. 이 과정에서 최고지도자의 교시와 당의 규범이 법적·제도적 틀을 넘어선 실질적 지침으로 작용하게 된다. 이러한 현상은 북한군의 모든 활동에 영향을 미친다. 북한군은 단순히 전쟁을 위한 기계적인 전투집단이 아니라, 체제의 이념과 역사적 경험, 그리고 정치적 결속을 상징하는 중요한 조직으로서 기능한다. 이는 외부에서 바라볼 때에도 그 복합적인 내면 구조와 운영 방식을 이해해야 올바른 평가를 내릴 수 있게 만든다.

더 나아가 북한의 전략문화는 군사적 결정뿐만 아니라, 국제 정치 무대에서 북한이 취하는 태도와 행보에도 결정적인 영향을 미친다. 북한은 오랜 세월 동안 외부의 위협과 내부의 정치적 불안정을 경험하면서 보수적이면서도 때로는 과감한 군사전략을 채택해 왔다. 이는 외부의 압박에 대한 방어적 반응과 동시에 체제 내부의 결속과 충성을 강화하기 위한 정치적 메시지를 담고 있다. 이처럼 북한의 군사정책은 단순한 전술적 판단이나 현대 전쟁 이론에 의해서만이 아니라, 체제 고유의 역사적 경험과 이념적 가치, 그리고 최고지도자의 개인적 명령과 같은 요소들에 의해 크게 좌우된다.

따라서 북한군을 제대로 분석하고 이해하기 위해서는, 북한의 전략문화를 단순히 부가적인 요소로 치부해서는 안 된다, 오히려 그 핵심에 위치한 문화적, 이념적 요인들을 세밀하게 분석하는 것이 필수적이다. 이러한 분석을 통해 북한의 군사전략은 단순한 군사력 경쟁이나 기술적 우위의 문제가 아니라, 체제의 생존과 정당성을 유지하기 위한 복합적 정치·사회적 도구임을 알 수 있다.

북한의 전략문화는 단순히 군사 전술이나 현대 전쟁 이론의 산물이 아니다. 이는 오랜 역사적 경험과 정치적, 사회적, 이념적 요인들이 복합적으로 작용하여 만들어진 체제 고유의 문화적 산물이다. 20세기 초 일제 강점기의 고난과 해방 이후 겪은 분단 및 6.25전쟁의 참상은 북한 사회에 깊은 상흔을 남겼다. 이러한 경험은 외부 침략에 대한 두려움과 경계심을 내면화시키는 데 결정적인 역할을 했다. 김일성을 중심으로 한 주체사상은 이러한 역사적 경험을 체제의 근간으로 삼아, 국가와 사회 전반에 걸쳐 독특한 이념적 기반을 마련하였다. 이념은 단순한 철학적 논의에 그치지 않고, 정치와 군사, 교육, 선전 등 모든 영역에 스며들어 체제 생존의 핵심 요소로 작용하게 되었다.

북한 정권은 강력한 중앙집권 체제와 최고지도자 숭배를 통해 정치적 결속력을 극대화하고, 이를 바탕으로 체제의 정당성을 유지하고자 했다. 최고지도자의 교시와 당의 규범은 공식 문서나 법률보다 우위에 있으며, 모든 정책 결정과 군사 작전의 최종 기준으로 작용한다. 이와 같은 정치 체제는 내부에서 체제 유지와 통제를 강화하는 동시에, 외부에는 강경하고 단호한 이미지를 전달하는 역할을 한다. 북한의 군사 정책은 단순히 전술적 판단이나 기술적 진보에 의한 것이 아니다. 정치적 결속과 최고지도자에 대한 절대적 신뢰를 바탕으로 형성되며, 이는 보수적이면서도 때로는 선제적 공격의 메시지를 내포하는 이중적 성격을 띤다.

북한의 전략문화는 주체사상을 중심으로 한 이념적 기반 위에 놓여 있다. 주체사상은 북한 체제의 근본 이념으로서 인간 중심의 자주성과 독립성을 강조하며, 국가의 모든 정책과 행동에 있어서 기준이 된다. 이 이념은 군사 전략뿐만 아니라 교육, 선전, 사회 제도 전반에 깊게 스며들어 있다. 북한군 역시 주체사상을 내면화함으로써 최고지도자에 대한 절대적 충성과 체제에 대한 무조건적 신뢰를 구축하도록 한다. 이러한 이념 교육은 북한이 외부 압력에 대해 독자적인 안보 전략과 비대칭 전력을 개발하게 만든 배경이다. 내부적으로는 국민과 군인이 체제에 속해 있다는 정체성을 확고히 하는 역할을 수행한다.

군사 전략 측면에서 북한은 군대를 단순한 전투 집단으로 보지 않고, 체제 생존과 정당성 유지를 위한 상징적 조직으로 인식한다. 군대 내부에서는 최고지도자의 교시와 당의 이념이 절대적 기준으로 작용하며, 이는 전술적 선택과 작전 수행에 직결된다. 북한은 비대칭 전력, 핵 및 미사일 프로그램, 사이버 전쟁 등 다양한 수단을 통해 외부의 압박에 대응하고 있다. 이러한 전략적 선택은 체제 내부의 결속력을 강화하는 동시에 외부에 강력한 억제 이미지를 구축하는 데 기여한다. 군사력 증강은 단순한 무력 경쟁의 차원을 넘어 체제의 역사와 정체성을 재확인하는 정치적, 상징적 의미를 지닌다.

국제 정치 무대에서 북한의 전략문화는 또 다른 중요한 역할을 수행한다. 북한은 오랜 기간 외부의 경제적, 정치적 압박과 군사적 위협을 경험하였다. 이러한 경험을 바탕으로 자신만의 독자적인 안보 패러다임을 구축해 왔다. 외교 정책과 군사 작전, 심지어 선전 전략까지도 이러한 전략문화의 산물로 나타나며, 체제 생존을 위한 강경한 입장과 동시에 내부 단결을 촉진하는 이념적 메시지를 전달하는 데 주력하고 있다. 외교와 군사 전략의 결합은 북한이 국제 사회에 자주적이면서도 도발적인 이미지를 구축하는 데 기여한다. 이는 체제의 정치적 결속과 내부 안정성을 더욱 공고히 하는 역할을 한다.

북한의 전략문화를 이해하는 것은 대북 정책과 국제 안보 환경을 재고하는 데 있어 매우 중요한 시사점을 제공한다. 체제 내부의 결속과 이념적 기반이 얼마나 강한지를 파악함으로써 외부 압력에 대한 북한의 대응 태도와 행동 양식을 보다 현실적으로 예측할 수 있다. 북한은 군사력 증강이나 전술적 기술 개발뿐만 아니라, 체제 내부의 이념 교육과 정치적 통제를 통해 강력한 내부 결속을 유지하고 있다. 이는 외교 협상이나 군사적 긴장 상황에서 중요한 변수로 작용한다. 따라서 북한에 대한 분석은 단순한 군사력이나 경제 지표를 넘어 체제 고유의 역사와 이념, 사회적 구조를 종합적으로 고려해야 한다.

〈북한의 전략문화 요약〉

구 분	주요 내용 및 설명	전략문화에 미치는 영향 및 역할
역사적 배경	일제 강점기, 해방·분단, 한국 전쟁 등 외세 침략과 전쟁 경험이 북한 사회에 깊은 상흔과 외부 위협에 대한 경계심을 내면화시킴	외부 침략에 대한 두려움, 보수적 군사 정책, 체제 생존을 위한 위기 인식 강화
정치적 체제	중앙집권적 체제, 최고지도자 숭배, 당의 규범이 공식 문서보다 우선시됨. 최고지도자의 교시와 정치적 명령이 모든 정책과 군사 작전의 기준이 됨	내부 결속력 강화, 강경한 외부 대응, 체제 정당성 및 생존 전략의 핵심 기제로 작용
사회적 구조	폐쇄성과 고립성, 교육과 선전을 통한 집단적 정체성 형성, 공동체주의 및 집단적 기억 공유	국민들이 체제의 이념을 무비판적으로 수용, 외부 위협에 대한 경계와 내부 단결 강화, 사회 통제 강화
이념적 기반	주체사상 중심의 이념 교육, 인간 중심의 자주성과 독립성 강조, 국가의 모든 정책 및 군사 전략에 영향을 미치는 근본 이념	내부 결속력과 최고지도자에 대한 절대적 충성 고취, 독자적인 안보 전략 및 비대칭 전력 개발에 기여
군사전략	군대를 단순한 전투 집단이 아니라 체제 생존의 상징적 조직으로 인식, 비대칭 전력, 핵·미사일 프로그램 등 다양한 군사적 수단을 통한 외부 억제와 내부 결속 강화	군사정책이 체제 정당성과 내부 결속 강화를 목표로 하며, 외교 및 군사전략에서 강경한 이미지 구축 및 억제력 제공
국제관계	외부 경제·정치 압박과 군사적 위협 속에서 독자적인 안보 패러다임 구축, 강경한 외교 태도와 선제적 대응, 체제 생존을 위한 국제 정치적 입장 확립	국제 사회에 자주적이고 도발적인 이미지 전달, 협상 및 외교 전략에서 체제의 역사와 정체성이 반영되어 강경 대응 기조 형성
정책적 시사점	북한의 전략문화 분석을 통해 대북 정책과 국제 안보 환경 재고 필요, 내부 결속력과 이념적 기반에 따른 대응 태도 예측 가능	현실적인 대북 정책 수립과 협상 전략 마련, 외교·군사적 긴장 완화 및 국제 안보 질서 재정립에 기여

3.3. 북한 전략문화의 현재와 미래

북한의 전략문화는 오랜 기간 동안 체제 생존과 외부 위협 대응을 중심으로 형성된 고유한 문화적 산물이다. 김일성 시대에 뿌리내린 주체사상, 김정일 시기의 선군정치, 그리고 김정은 체제에서의 핵무력 완성은 북한 전략문화의 일관성과 연속성을 보여주는 대표적인 흐름이다. 그러나 최근 김정은 정권의 대외 정책과 안보 전략은 과거에 비해 일정한 변화를 보이고 있으며, 이러한 변화는 북한 전략문화의 구조적 동요 또는 점진적 전환 가능성을 시사하고 있다. 특히, 러시아-우크라이나 전쟁을 계기로 가시화된 북한-러시아 관계의 밀착, 그리고 핵무기의 전략적 운용 방식 변화는 북한의 전략문화가 기존의 폐쇄적 자주노선에서 보다 실용적인 형태로 변화하고 있음을 보여준다.

김정은은 2023년 이후 블라디미르 푸틴 러시아 대통령과의 연쇄적인 정상회담을 통해 전략적 동맹 수준의 협력을 추구하고 있다. 2024년 6월 19일에 북한과 러시아 사이에 체결된 '포괄적인 전략적 동반자 관계에 관한 조약'에서는 자동 군사 개입 조항이 포함되었다. 과거 냉전기와는 달리, 현재의 북한은 중국과의 관계 못지않게 러시아와의 전략적 이해를 재구성하고 있다. 이는 자주와 독립을 강조해 온 전통적 전략문화와는 다른 모습을 보인다. 북한이 러시아와의 협력을 통해 군사 기술과 병력 지원, 그로 인한 정치적 후원을 확보하고자 하는 모습은 전통적인 고립주의 전략문화의 변화 가능성을 시사하는 결정적 장면이다. 또한 이는 북한이 국제 정세에 수동적으로 반응하는 것이 아니라, 국제 정세를 능동적으로 활용하여 자국의 전략적 이익을 추구하는 태도로 전환하고 있다는 점에서도 중요한 의미를 가진다.

특히 북한은 러시아-우크라이나 전쟁을 하나의 전략적 기회로 활용하고 있다. 미국과 NATO가 우크라이나에 집중하고 있는 상황에서 북한은 러시아에 군수지원을 제공하며 일정한 외교적 지렛대를 확보하려 했다. 동시에 자국의 핵무장 상태를 기정사실화하는 데에도 활용하고 있다. 이는 북한 전략문화의 실용주의적 전환 가능성을 뒷받침하는 사례로 기존의 자력갱생이나 반제국주의 노선이 외교적 협상과 연계된 실리 중심 전략으로 점진적으로 변형되고 있음을 보여준다. 이는 또한 북한이 체제의 이념적 순수성보다 국제정치적 실리 추구에 더 가치를 부여하고 있음을 시사한다. 전략문화 내부의 우선순위 변화로도 읽을 수 있다.

북한의 핵무기는 이 전략문화 변화에서 핵심적인 역할을 한다. 김정은은 2022년 핵무력 법제화를 통해 북한이 핵을 포기하지 않을 것임을 분명히 했다. 나아가 다양한 전술핵무기 개발과 운용 훈련을 통해 실전 배치 가능성을 과시하고 있다. 이는 북한이 핵무기를 단순한 억제 수단이 아니라, 외교적 협상력과 체제 보장의 핵심 자산으로 활용하고 있음을 보여준다. 특히 전술핵의 개발과 실험은 북한이 국지적 충돌이나 대남 군사 전략에서도 핵무기를 선택지로 고려하고 있음을 시사한다.

더 나아가 북한은 2023년 말과 2024년 초에 걸쳐 무인기 개발, 극초음속 미사일, 정찰위성 발사 등 첨단 전략자산의 공개와 실험을 통해 군사기술의 현대화에 박차를 가했다. 이는 북한이 전략적 고립 속에서도 기술 자립을 통해 외부 억지력을 강화하고자 하는 시도로 해석될 수 있지만, 동시에 전략문화의 방향성이 "국방 자주"에서 "전략 기술 중심의 국방 외교"로 전환하고 있음을 보여준다. 다시 말해, 북한은 기술력을 외교적 협상과 군사적 위협의 도구로 활용함으로써 전략문화를 보다 유연하고 다층적인 방향으로 확장하고 있는 것이다. 이러한 기술 중심 전략은 단순히 방어를 위한 수단이 아니라, 전략적 협상과 국제적 존재감 확보를 위한 외교 레버리지로 기능하고 있다.

김정은 체제 하에서 전략문화의 변화는 단절보다는 연속성과 조정이라는 측면에서 접근될 필요가 있다. 기본적으로 체제 생존과 지도자 중심 통치는 여전히 북한 전략문화의 핵심축이다. 그러나 변화하는 국제질서 속에서 김정은은 새로운 전략적 자산을 체계적으로 통합하려는 시도를 하고 있으며, 이는 북한 전략문화가 시대 변화에 반응하는 유동적인 구조임을 보여준다. 이와 같은 전략문화의 적응성은 북한이 단순히 과거의 전통적 전략만을 답습하는 것이 아니라, 선택적 연계, 실용주의, 기술 중심 전술을 통합하며 전략적 생존을 꾀하고 있음을 방증한다. 북한의 전략문화는 이제 이념과 전통만으로 설명될 수 없으며, 상황 적응성과 정치적 실리를 중심으로 해석될 필요가 있다.

이러한 변화는 단순히 군사전략의 조정만을 의미하지 않는다. 그것은 곧 북한 체제의 대외 인식, 위협 판단, 전략적 우선순위의 재조정이라는 보다 구조적인 변화를 내포한다. 김정은이 과거의 "자력갱생" 담론을 여전히 유지하면서도 러시아와의 협력을 통해 경제·군사 양면에서 실리를 추구하는 모습은 전략문화가 이념의 틀을 넘어 실용과 외교, 기술이라는 세 축을 통해 재구성되고 있음을 시사한다. 이 점에서 북한의 전략문화는 더 이상 고정된 유산이 아니라, 지도자의 판단과 국제 정세 변화에 따라 조정 가능한 정치-군사적 행위의 문화적 틀로 이해되어야 한다.

이러한 상황에서 하나의 중요한 변수로 주목되는 것은 김정은 개인의 건강 문제와 사망 가능성, 그리고 권력 승계 문제이다. 현재까지 김정은의 후계자로 공식화된 인물은 없으며, 그의 딸 김주애가 공개 석상에 자주 등장하고 있음에도 불구하고 권력 승계가 확정되었다고 보기 어렵다. 김주애는 아직 어린 나이이며, 당·정·군의 지지 기반이 형성되었다는 증거도 부족하다. 이는 김정은 사망 시 북한의 권력 공백과 정치 불안정 가능성을 높이며, 그로 인해 전략문화의 방향성에도 중대한 변화가 초래될 수 있다. 권위주의 체제에서 지도자의 변화는 단순한 인사 교체를 넘어서, 체제 정당성, 군 통제 방식, 특히 전략적 사고 체계 전반에 변동을 일으킬 수 있기 때문이다.

김정은 사망 시 전략문화의 연속성은 심각한 도전에 직면할 것이다.

군과 당 내 강경파 세력과의 권력 투쟁이 발생할 가능성이 존재한다. 이 과정에서 전략문화가 더 극단적으로 보수화되거나 반대로 일시적인 개방적 전환을 시도할 수도 있다. 핵무기 운용 전략, 대외 군사협력 방식, 내부 선전 체계 등 전략문화의 주요 요소들이 지도자의 리더십 스타일과 권력 기반 재편에 따라 재조정될 수 있는 것이다. 특히 핵무기의 운용 권한이 불분명한 상황에서 벌어지는 권력 이양은 전략적 불확실성을 극대화하며 지역 안보에 심대한 영향을 줄 수 있다.

북한 전략문화의 변화 가능성은 단순한 방향 전환이 아니라 다층적이고 적응적인 체제 전략의 일부로 보아야 한다. 김정은 체제는 기존의 전략문화 요소들을 보존하면서도 실리적 외교, 핵무기 운용 다양화, 러시아와의 전략적 연계, 기술 중심 군사력 확장을 통해 새로운 형태의 전략문화를 형성하고 있다. 동시에 김정은 체제가 붕괴되거나 불안정해질 경우, 전략문화는 다시 불확실한 방향으로 극단적으로 경도될 수 있으며, 후계 체제의 안정성에 따라 북한의 전략적 방향은 극적으로 달라질 수 있다. 따라서 북한의 전략문화는 고정된 전통이 아니라, 유연하고 복합적인 생존 전략이자, 권력 구조와 외부 환경에 따라 재조정되는 정치적-문화적 프레임으로 이해되어야 한다. 북한을 바라보는 국제사회의 시각 역시 이러한 전략문화의 유동성과 변동 가능성을 충분히 고려해야 한다.

심화 주제 제1장 북한의 정치체제와 전략문화

1. 북한의 '수령제'는 종교적 신념인가, 정치적 통치 수단인가?

2. 김정은 체제의 전략문화는 선군정치의 연속인가, 실용주의적 전환인가?

3. 북한은 전형적인 전체주의 국가인가, 변화 가능성이 있는 혼합 체제인가?

4. 핵무기 중심의 북한 군사전략은 방어 전략인가, 공세적 외교 수단인가?

5. 지도자 교체 시 북한의 전략문화는 유지될 것인가, 변화할 것인가?

제2장 북한군의 정체성과 구조

제1절 조선인민군의 창군 과정

1.1. 조선인민군 창설의 역사

조선인민군의 창건 과정은 해방 이후의 복잡한 국내외 정세 속에서 정치적, 군사적 요구가 맞물려 형성된 일련의 역사적 전개 과정이었다. 조선민주주의인민공화국의 공식 무장력인 조선인민군은 단지 군사적 목적만을 수행하는 조직이 아니라, 북한 체제의 정통성과 지속성을 보장하는 정치적 도구로 기능해 왔다. 이러한 조선인민군의 창설 배경에는 김일성의 항일 무장투쟁 서사, 소련의 전략적 이해관계, 남북한의 경쟁적 정권 수립 과정, 그리고 냉전 구도의 초기 형성이 결합되어 있었다.

조선인민군의 이념적 기원은 김일성이 주도했다고 주장하는 항일 유격투쟁, 특히 만주에서 활동했던 동북항일연군으로 소급된다. 김일성은 항일 무장투쟁에서의 경험과 명성을 바탕으로 해방 후 북한 지역에서 정치적 입지를 구축해 갔으며, 군 창건 역시 이 서사를 기반으로 정당화되었다. 1930년대 동북항일연군의 활동은 소련의 지원하에 이루어졌다. 이는 해방 이후 북한 지역에서 소련이 군사력 창설을 주도하는 논리적 연속성을 제공하였다. 김일성은 만주 유격대 활동 이후 소련 연해주에서 제88독립소총여단에 편입되었다. 이 부대에서 형성된 조선인 장교 그룹은 해방 이후 북한의 군 창건 과정에 결정적 역할을 수행했다.

1945년 8월, 일본의 항복과 함께 한반도는 미군과 소련군에 의해 분할 점령되었다. 소련군은 38선 이북 지역에 진주하면서 곧바로 군사적, 행정적, 정치적 기반 구축에 착수하였다. 이 과정에서 군사력 형성은 단지 외적 방어 목적만이 아니라 권력 장악과 정치적 안정의 수단으로 간주되었다. 특히 북한 지역에서의 치안 유지와 공산 정권 수립을 위한 핵심 기구로 군대의 필요성이 대두되었다.

초기의 무장 조직으로는 치안대, 인민보안대, 국가보위대 등이 존재하였다. 이들은 명목상 치안 유지 조직이었지만, 점차 군사훈련과 무장을 강화하며 사실상의 군대 조직으로 변모해 갔다. 특히 1945년 10월 평양에 설립된 보안간부훈련대는 북한 군 창건의 제도적 출발점이었다. 이 기관은 경찰 간부 양성을 목표로 했지만, 실질적으로는 군사 간부 양성소 역할을 하며 인민군 창설의 토대가 되었다. 이 훈련대는 소련군의 지도하에 운영되었으며, 교육 내용 역시 소련 군사 교리를 기반으로 편성되었다. 사격, 전술, 정치사상 교육이 병행되었는데 이후 수료생들은 군의 간부로 배속되었다.

1946년에는 인민무력간부학교가 설립되었는데 이는 보안간부훈련대의 후신으로 볼 수 있다. 이후 항공간부학교, 포병학교, 공병학교 등 병과별 교육기관이 창설되면서 본격적인 군 교육 체계가 구축되었다. 이러한 군사 교육기관은 북한 내 군사 엘리트 양성의 핵심이었다. 소련에서 유학한 조선인 장교들과 해방 후 귀환한 항일 유격대 출신들이 교수진과 교관으로 배치되었다. 이들은 김일성의 권력 기반을 구성하는 중요한 인적 자원이었으며, 군 조직 내 정치적 충성심 형성에도 기여하였다.

한편, 군의 제도화는 북조선임시인민위원회의 행정 체계 속에서도 병행되었다. 1946년 2월 출범한 이 위원회는 무력 부문을 담당하는 조직을 신설하였으며, 다양한 명칭으로 존재하던 무장 조직들을 통합 관리하기 시작했다. 국가보위대, 자위대 등의 명칭은 통일된 군 조직으로의 편제를 위한 과도기적 단계였고, 이 과정에서 인민군 창설 준비는 사실상 완료 단계에 접어들었다.

1948년 2월 8일, 북한은 공식적으로 조선인민군의 창건을 선포하였다. 조선민주주의인민공화국의 공식적인 창건일이 1948년 9월 9일인 점을 고려하면, 군이 먼저 창설된 것이었다. 이날은 군 창설일로 지정되어 이후 북한에서 중요한 국가기념일로 자리 잡게 된다. 창설 당시 인민군은 약 10만 명의 병력을 보유하고 있었으며, 전차, 포병, 항공기 등을 갖춘 정규군 형태로 조직되었다. 군 조직은 소련군의 편제를 모방하여 군단-사단-연대-대대 체계를 갖추었으며, 각 병과별 부대는 실질적인 작전 능력을 갖출 수 있도록 편성되었다. 군의 편제와 장비는 대부분 소련의 지원에 의존하였다. 무기체계 또한 소련제 소화기, 포, 전차, 항공기 등이 주를 이루었다.

조선인민군의 가장 큰 특징 중 하나는 군 내부에 정치사상 통제 체계가 병렬적으로 존재한다는 점이다. 이는 소련식 정치장교 제도를 모방한 것으로, 각 부대에는 정치지도원이 배치되어 군사작전과 별도로 병사들의 사상적 순결성과 김일성에 대한 충성심을 유지하는 역할을 수행하였다. 이후 조선노동당이 군을 직접적으로 지도하는 체계가 확립되면서, 조선인민군은 단순한 군사조직이 아닌 '당의 군대'로 전환되었다. 군 내부에는 당조직과 청년동맹 조직이 병행 운영되었는데 군인들은 일상적으로 사상학습과 충성심 교육을 받아야 했다.

조선인민군 창설 직후부터 북한은 실질적인 전면전 준비에 돌입하였다. 김일성은 남한을 무력으로 통일하겠다는 목표를 가지고 있었으며, 이를 위해 군사전략과 병력 배치, 장비 확충이 가속화되었다. 1949년까지 군 간부의 대대적 충원과 전투부대의 전환이 이뤄졌고, 대남 침투 훈련, 후방 교란작전 시뮬레이션, 전격적인 기습공격 시나리오 등이 수립되었다. 이러한 준비는 모두 소련 군사고문단의 지도 아래 계획되었다. 특히 군사 작전계획과 정보 수집 활동에서 소련의 역할은 결정적이었다.

1950년 초, 김일성은 소련을 방문하여 스탈린에게 남침 계획을 설명하였는데 이때 스탈린은 일정 조건하에 이를 승인하였다. 이어 중국 마오쩌둥과도 협의를 진행하여 전쟁 발발 시 중공군의 개입 가능성까지 확보하게 되었다. 이로써 조선인민군은 단지 북한의 국가 무력만이 아닌, 공산권의 전략적 자산으로 기능하게 되었다. 조선인민군의 창설은 소련군에겐 동북아 군사전략의 전진기지 확보를 의미했고, 인민해방군에겐 정치적 동맹군으로 기능하였다. 이는 6.25전쟁 시기 양국의 조선인민군 지원으로 이어져, 냉전기 동북아 질서 형성에 중대한 영향을 미쳤다.

조선인민군의 창건은 해방 직후 혼란기 속에서 정치 권력 수립과 체제 정당화, 그리고 통일전쟁 수행이라는 다층적 목적 아래 이루어진 결과물이었다. 이 군대는 항일 유격대의 전통을 계승했다는 상징성을 내세웠지만, 실제로는 소련의 군사적 후원과 김일성의 권력 강화 전략 속에서 탄생한 정규군이었다. 창설 초기부터 군은 정치적 충성심과 사상통제를 핵심으로 하는 당군체제를 갖추었으며, 이후 6.25전쟁 개전을 통해 그 전략적 목표와 기능이 현실로 드러나게 된다. 조선인민군은 창설 시점부터 체제 수호와 통일전쟁의 양면 전략을 담당하는 정치 군사적 복합체로서, 북한 국가 형성의 핵심 요소로 자리 잡았다.[11]

〈조선인민군 창설의 역사 요약〉

구 분	내 용
이념적 기원	동북항일연군 출신 김일성의 항일 유격전 서사를 계승
군사력 형성 배경	소련 점령하에서 권력 장악과 정권 수립의 수단으로 군사력 필요
초기 무장 조직	치안대, 인민보안대, 국가보위대 등 반군사조직 존재
군사 교육 기관	보안간부훈련대(1945) → 인민무력간부학교(1946) 등 병과별 교육기관 설립
제도화 과정	북조선임시인민위원회가 무장세력 통합 관리
공식 창설	1948년 2월 8일 조선인민군 공식 창설, 병력 약 10만 명
조직 편제	소련식 군단-사단-연대 체계, 전차·포병·공군 포함 정규군 편제
정치통제 구조	정치지도원 배치, 당 조직과 사상통제 병행 운영
군사전략 준비	기습공격, 대남침투 등 전면전 대비 전략 수립
국제적 지원	스탈린과 마오의 묵인/승인으로 남침 계획 추진
의의 및 성격	체제 정당화와 통일전쟁 수행이라는 정치·군사적 복합체로 기능

1.2. 조선인민군 창건시기 군사전략

북한의 군사력 및 군사 전략은 스탈린주의의 전쟁 개념에 그 기초를 두고 있다. 소련은 자국의 이익과 세계 적화 전략의 일환으로 동구를 소비에트화한 경험의 연장선상에서, 즉 전쟁 정책과 점령 정책의 일환으로 북한 정권을 형성시켰다. 따라서 북한 군사력의 이념적인 기원은 소련 군사력의 지도 아래 형성되기 시작하였다. 북한 인민군의 역사에 잘 드러나는 바와 같이 소련에 의해 창설되고 육성된 결과로 그 이후의 군사 체제나 조직도 소련식 군사 체제가 거의 그대로 답습되었다.

구체적으로 소련군은 북한을 공산화시키기 위해 12만 5,000명의 대병력을 진주시켜 이들로 하여금 일본 총독부로부터 통치권을 조기에 인수하게함으로써 정치적·행정적 공백을 최소화했다. 특히 진주시 대동한 북한 출신 공산당 및 군 간부와 소련 국적을 가진 한인 2세로 하여금 공산당과 적위대의 조직 구성을 서두르도록 지도하여 이들 소련파가 연안파 및 국내파 공산당과 자위대 및 치안대를 압도하게 하였다. 특히 1945년 10월 각종 무장 단체를 해산시켰는데, 무기를 회수한 후 보안대를 창설하여 국내 치안을 담당하게 하였다. 이듬해 2월에는 평양 학원을 설치하고 사상 교육을 실시하여 소련파가 연안파 및 국내파와 서로 융화되도록 하면서 이를 바탕으로 토지개혁을 단행하고 토착 세력의 기반을 제거하여 정치적 안정을 달성했다.

이후 정권 수립을 공식적으로 대내외에 선포하기도 전인 1948년 2월, 조선인민군이라는 군대를 창설하여 대내외에 선포하고, 평양에서 열병과 분열식을 거행하였다. 더 나아가 소련군은 한반도의 공산화를 위해 북한의 군사력에 공격 능력을 적극적으로 부여하기 시작했다. 그들은 철수한다 하면서도 사단마다 150여 명의 고문단을 잔류시켜 적극적인 군사 원조는 물론 공세적 훈련에 치중케 하였다. 철군 후에도 군 고급인력 출신의 외교 사절들이 군사적 활동을 계속하였다. 그 결과 6.25전쟁 계획 작성에는 3,000여 명의 소련군이 참여한 것으로 알려지고 있다.

이러한 일련의 치밀한 준비가 진행되는 초기에 김일성은 창군 목적과 관련하여 "우리 조국과 인민에 반대하는 목적을 가진 침략 세력이 존재하는 조건하에 우리 국가를 건설하고, 이를 견고히 하여 조선민주주의인민공화국을 수호하기 위하여 정부와 노동당은 우리의 군대, 즉 인민군을 창건하는 필요성에 부닥쳤다"라고 공식적으로 밝혀 한반도에서의 적화통일이라는 기본적인 목표를 감추려 했다. 사실상 북한 조선인민군의 이념적 기원을 군사력에서 찾을 경우, 그것은 완전한 공산주의 군대로 민족적 이익과는 아무런 상관이 없는 국제공산주의의 파수꾼으로 출발했다고 할 수 있다.12)

1.3. 조선인민군 창설이 한국에 미친 영향

조선인민군의 창설은 단지 북한 내부의 정치적 및 군사적 필요에 따른 것이 아니라, 당시 한반도 정세와 국제 냉전 질서 속에서 남한에 중대한 영향을 미치는 사건이었다. 1945년 8월 15일 일본의 패망과 함께 해방된 한반도는 미소 양군에 의해 38선을 기준으로 분할 점령되었다. 그 결과 남북은 서로 다른 체제와 권력 구조를 갖는 정치 실체로 발전해 나가게 되었다. 북한에서 김일성을 중심으로 한 친소 공산정권이 수립되는 과정에서 조선인민군의 창건은 단순한 군대 창설이 아니라 권력의 정통성과 체제 수호의 핵심 도구로 기능하였다. 그 자체가 남한의 군사적 대응을 유도하고, 궁극적으로 한반도 분단 고착화와 전쟁으로 이어지는 주요 원인 중 하나로 작용했다.

조선인민군 창설의 직접적 의의는 우선 남한 사회에 군사적 위기의식을 고조시켰다는 점에서 찾을 수 있다. 조선인민군은 1948년 2월 공식 창설과 동시에 약 10만 명의 병력과 소련제 무기를 갖춘 정규군 형태로 구성되었다. 이는 남한 내 미군정과 이승만 정부에게 안보 불안을 가중시키는 요인이 되었다. 당시 남한은 아직 정규군을 갖추지 못한 상태였고, 미군정의 방침에 따라 자위적 수준의 경비대만 유지하고 있었다. 조선인민군의 존재는 남한의 군대 창설 필요성과 방위 역량 강화의 명분을 제공해 이는 곧 1948년 국군 창설로 이어졌다. 조선인민군 창설은 결과적으로 남한의 군사화와 냉전 진영 간 군비 경쟁의 한반도 내 확산을 촉진한 셈이다.

더 나아가 조선인민군 창건은 남북 간 체제 경쟁의 상징이자 구체적 실체로 작동하였다. 김일성은 항일 유격대 서사를 바탕으로 한 '혁명군대'를 자임하며 조선인민군을 단지 군사조직이 아닌 체제 선전 도구로 활용하였다. 이는 남한의 정통성을 부정하고 무력 통일의 정당성을 확보하기 위한 사전 포석이었다. 동시에 소련과 중국을 비롯한 국제 공산주의 세력의 지지를 끌어내는 데에도 유효했다. 북한은 조선인민군의 창건과 군사력 강화를 통해 공산권 내부에서의 위상을 강화했는데 이는 공산 진영 대 자본주의 진영 간의 이념전선이 한반도에서 본격화되는 계기가 되었다.

국제 정세의 측면에서 볼 경우 조선인민군 창건은 냉전 초기의 미소 대립 구도 속에서 한반도가 세계적으로 중요한 지역으로 부상하는 중요한 분기점이었다. 1947년 트루먼 독트린과 마셜 플랜의 발표 이후 미국은 유럽뿐 아니라 아시아에서도 공산주의 확산을 막기 위한 군사·정치적 개입을 확대해 나갔다. 조선인민군의 창건과 군비 증강은 이러한 미국의 전략적 관심을 한반도로 끌어들였고, 이는 1948년 대한민국 정부 수립 이후 한미 군사협력의 단초가 되었다. 나아가 조선인민군의 군사력 강화는 소련의 동아시아 전략과도 밀접하게 연관되었다. 한반도에서의 영향력 유지를 위한 소련의 군사적 포석으로도 기능하였다. 김일성은 소련의 군사 지원하에 정규군을 창설함으로써 남한에 대한 무력 우위를 꾀하였는데, 이는 곧 6.25전쟁의 도화선이 되었다.

조선인민군의 창건은 또한 남한 내부 정치에도 적지 않은 영향을 끼쳤다. 남한 사회는 북한의 군사적 위협을 빌미로 사회 통제를 강화하고, 반공 이데올로기를 국가 정체성의 핵심으로 삼는 정치·사회적 구도를 형성하였다. 이승만 정부는 조선인민군의 위협을 강조하면서 국가안보를 중심으로 한 통치 정당성을 강화하였다. 이는 한국의 군국주의 발전과 냉전적 국가 체제 형성에 결정적 역할을 했다. 조선인민군 창건 이후 남한에서도 병역제도가 본격화되었다. 경찰 및 군 보안기관의 권한이 확대되는 등 안보 중심의 행정 체계가 확립되었다.

이와 같은 조선인민군 창건의 한국적 의의는 궁극적으로 1950년 6월 25일 한국전쟁의 발발이라는 비극적 현실로 귀결된다. 김일성은 조선인민군의 전력 우위를 바탕으로 남침 계획을 추진하였고, 스탈린과 마오쩌둥의 묵인 하에 전쟁은 현실화되었다. 전쟁은 남북한 모두에게 막대한 인명 피해와 물적 손실을 안겼을 뿐 아니라, 분단 체제를 고착화시키는 계기가 되었다. 이러한 측면에서 조선인민군의 창건은 단지 군사 조직의 형성이 아닌, 한반도 현대사의 구조적 변화를 이끈 분기점으로 평가되어야 한다.

조선인민군의 창건은 한반도 분단의 심화, 남북 간 체제 경쟁의 가속화, 냉전 구도 내 군사적 충돌의 전조라는 측면에서 한국에 심대한 영향을 미쳤다. 이는 남한의 군대 창설과 군사화, 안보 중심 통치 구조, 반공 이데올로기 강화 등 정치사회적 변화를 유도함으로써 6.25전쟁이라는 대규모 무력 충돌의 기반을 마련하였다. 따라서 조선인민군 창건의 역사를 단순한 군사사로 이해하는 것은 한계가 있다. 이는 곧 당시 국제 정세와 국내 정치가 교차하는 지점에서의 구조적 사건으로서 평가되어야 한다.

제2절 조선인민군의 정체성

조선인민군의 정체성은 일반적으로 다른 공산국가에서도 그 유례를 볼 수 없는 특성을 지니고 있다. 조선노동당 규약 제7장 46조에 명시되어 있는 바와 같이 「조선인민군은 조선노동당의 혁명적 무장력」임을 명문으로 규정하고 있다. 따라서 군은 당의 절대적 지배하에 있을 뿐 아니라 당의 지시에 따라서만 행동할 수밖에 없다는 것이다. 이 점에 대해 과거 김일성도 "조선인민군은 오직 조선로동당 앞에 충실하고, 또한 조선로동당의 영도 밑에 혁명의 길로 전진하여 당이 쟁취한 혁명의 열매를 보위하며, 혁명적 방법으로 낡은 사회를 전복하고 새 사회를 건설하는 유일한 당의 군대, 혁명적 군대"라고 강조하였다.

이러한 「당군적·혁명적 성격」은 김일성 유일체제와 연결되어 김일성의 군대화 되었다. 그 실례로서 인민군을 김일성이 조직해서 현대적 정규 무력으로 강화 발전시킨 당의 혁명적 무장력이며, 김일성의 군대라고 인민군 창건일과 관련한 기념보고 연설문 및 노동신문에서 되풀이하였다. 또한, 인민군 창건 51돌 기념식에서 인민군 총참모장 오극열의 보고 내용 중 "오늘 우리 인민군대는 김일성의 군대, 당의 군대로서 비할 바 없이 강화되었다." 등에서도 조선인민군의 정체성을 알 수 있다.13)

2.1. 정치적 수단으로서의 군대

북한에서 군은 정치적 권위의 상징일 뿐만 아니라 실제로 정치적 목적을 달성하기 위한 가장 효과적인 수단 중 하나로 활용되고 있다. 특히 김정일 시기부터 본격화된 "선군정치"는 군을 당보다 우위에 두며 정치의 중심으로 끌어올렸다. 이는 단순한 레토릭의 차원이 아니라 실제 자원 배분, 정책 우선순위, 사회 동원 체계 등 모든 측면에서 군 중심 구조로의 전환을 의미했다. 군은 대외적으로는 위협 수단으로 활용되며, 내부적으로는 김정은의 지도력과 정권의 정당성을 홍보하는 데 기여하였다.

조선인민군은 수시로 대규모 군사 퍼레이드와 무기 과시를 통해 체제의 위상을 대외에 천명하고, 동시에 내부적으로는 주민들의 충성심을 고양시키는 도구로 쓰인다. 특히 2010년대 이후에는 신형 무기체계와 전략무기들이 공개됨에 따라 군의 위상은 한층 더 강화되었다.

이 모든 것이 지도자 중심의 정치 체계를 강화하는 방향으로 작동하고 있다.

2.2. 공격적 성향의 정체성

조선인민군의 군사전략은 오랫동안 '공격은 최선의 방어'라는 전략적 사고에 기반해왔다. 이 같은 전략은 북한의 전쟁 수행 교리에 뿌리내리고 있으며, 특히 6.25 전쟁 초기의 남침 전략은 그러한 성향의 결정체라 할 수 있다. 이후에도 북한은 정기적으로 도발과 무력시위를 통해 주변국에 대한 군사적 위협을 유지해 왔다. 이는 대외적으로는 협상력을 강화하는 수단으로, 대내적으로는 체제 단속과 동원의 명분으로 기능한다.

조선인민군의 공격적 성향은 최근의 군사력 현대화에서도 여실히 드러난다. 예컨대 초정밀 단거리 미사일의 개발과 배치, 극초음속 미사일 실험, 잠수함발사탄도미사일(SLBM) 개발 등은 모두 선제타격 능력을 강화하고 전시 주도권을 확보하려는 전략의 일환이다. 또한 기계화부대와 특수전 부대의 증강은 전면전 발생 시 속전속결을 통해 전황을 유리하게 이끌겠다는 구상과 맞닿아 있다. 이렇듯 조선인민군은 방어보다 공격에 초점을 맞춘 병력 구조와 작전 개념을 보유하고 있으며, 이는 곧 군의 정체성 전반에 깊이 각인되어 있다.

2.3. 수령 보호 기구로서의 정체성

북한의 정치 체제는 수령 중심의 유일지배 체제를 근간으로 하고 있다. 이에 따라 조선인민군은 단순한 군사조직을 넘어서 지도자를 보호하는 핵심 기구로 작동한다. 군은 정치적으로 중립적이기보다는 철저히 지도자 개인에 충성하도록 구조화되어 있으며, 군 내부에서도 이를 위한 제도적 장치가 정교하게 마련되어 있다. 예를 들어, 군 고위 간부의 인사권은 당 중앙이 직접 장악하고 있고, 이는 수령에 대한 충성도를 핵심 기준으로 삼는다.

이와 같은 구조는 군이 정권 보호의 최후 수단임을 명확히 하고 있다. 실제로도 김정은 체제하에서 군 내부의 숙청과 재편이 반복되어 왔다. 이는 단지 권력 투쟁의 결과가 아니라, 군을 철저히 수령의 통제 하에 두기 위한 통치 전략의 일환으로 해석할 수 있다. 특히 호위사령부와 같은 특수부대는 김정은의 신변을 보호하는 데 중점을 두고 있으며, 다른 군 조직들과도 분리된 독자적 체계를 유지하고 있다.

2.4. 독재 유지 수단으로서의 군사력

조선인민군은 단순히 외부의 위협을 억제하거나 전쟁을 수행하기 위한 수단을 넘어 정권의 유지와 내부 통제를 위한 강력한 도구로 사용되고 있다. 북한 사회는 민군의 경계가 모호한 구조를 갖고 있으며, 군은 국가의 건설, 노동 동원, 사상 교육, 사회 통제 등 다양한 영역에서 활약하고 있다. 이는 곧 군이 체제 전반을 아우르는 기능을 수행함을 의미한다.

특히 정치적 반대자 탄압, 사회 내 불만세력 감시, 정치범 수용소 운영 등에도 군이 직접 또는 간접적으로 관여하는 것으로 알려져 있다. 이는 군의 역할이 단지 전투력 행사에만 국한되지 않음을 보여준다. 또한 '군민일체', '선군정치'와 같은 이념적 장치는 군의 전방위적 역할을 정당화하며, 주민들에게 군 중심 사회를 자연스럽게 내면화시키는 데 기여하고 있다.

조선인민군은 북한에서 당의 군대이자 수령의 무장력으로서 전통적인 민군관계의 개념을 초월한 '정치-군사 융합체'로 존재한다. 이는 군이 민간을 지배하거나 병합하는 권위주의 국가 특유의 권력 구조를 반영하는 것으로, 북한 사회의 통제 시스템 전반에서 핵심 축을 담당하고 있다.

2.5. 조선인민군의 정체성 : 이중성 구조

조선인민군은 한편으로는 외세의 침략에 대비한 자위적 성격을 강조하면서도, 다른 한편으로는 주변국에 대한 군사적 위협을 통해 협상력을 확보하려는 목적을 함께 추구한다. 이러한 이중성은 조선인민군의 정체성을 더욱 복합적이고 불투명하게 만든다. 특히 군이 대내적으로는 사회 통제의 수단이면서, 대외적으로는 긴장을 조성하는 수단으로 기능하는 구조는 북한 특유의 정치적 생존 전략과 밀접하게 맞물려 있다.

이러한 군의 이중적 성격은 국제 사회와의 외교 관계에서도 중요한 변수로 작용한다. 평화협정이나 비핵화 논의가 진행되는 와중에도 군의 도발적 활동이 병행되는 이율배반적 행태는 조선인민군이 단순한 군사조직이 아니라 정치적 기획의 핵심 도구임을 방증한다. 이는 곧 북한 체제의 고유한 생존 전략이 군을 매개로 구현되고 있음을 의미한다.

이상에서 살펴본 바와 같이, 조선인민군은 북한의 국방력을 구성하는 군대라는 단순한 역할을 넘어서, 정치적 권위의 상징이자 수령 체제의 수호자, 내부 통제의 중심축, 그리고 외교 전략의 핵심 수단으로 작동하고 있다. 이러한 복합적 정체성은 북한 사회의 고유한 정치·사회 구조와 맞물리며, 군이 단지 병력과 무기력으로만 평가될 수 없음을 시사한다.

〈조선인민군 정체성 요약〉

구 분	핵심 기능	주요 사례
정치적 수단	체제 선전, 외교 협상 수단	군사 퍼레이드, 병진노선, 핵 협상
공격적 성향	속전속결 전략, 선제타격 구상	6.25 남침, 연평도 포격, 단거리 미사일 실험
수령 보호 기구	지도자 충성 유도, 호위 체계 운영	호위사령부, 군 내부 숙청, 충성 기준 인사
독재 유지 수단	사회 통제, 사상교육 및 노동 동원	정치범 소용소 운영, 군을 통한 사회 건설
이중적 정체성	대내 통제 + 대외 위협 병행	자위적 레토릭과 병행되는 도발적 무력 시위

제3절 북한의 당-군 관계[14)]

3.1. 김일성 시기: 당-군 이원화에서 당의 통제로의 제도화

3.1.1. 창군기

김일성 시기 북한의 당-군 관계는 이원화된 권력 구조에서 시작하여 점차적으로 당 중심의 통제 체제로 귀결되는 양상을 보인다. 해방 이후 김일성은 소련 점령군의 후원으로 군을 중심으로 한 권력 기반을 확보할 수 있었지만, 당시의 조선공산당 및 조선노동당은 다수의 계파로 분열되어 있었다. 특히 연안파, 소련파, 국내파 등 다양한 계보가 공존하고 있었다. 이러한 정치 지형 속에서 김일성은 당 내부의 완전한 지배권을 확보하지 못한 채 군에 대한 우위만을 확보하고 있었다.

3.1.2. 6.25전쟁기

당과 군의 제도적 결합은 6.25전쟁을 전후한 시점에서 본격화된다. 1950년 10월 조선노동당 정치위원회는 조선인민군 내에 당조직 설치를 결정하였고, 1950년 11월에는 '조선인민군 내 당 단체 사업 규정'을 비준하면서 군 내 정치기관 설치의 제도적 근거를 마련하였다. 이 시점부터 군에 대한 당의 통제가 형식적으로나마 시작되었으나, 실질적으로는 지휘관 중심의 군 운용이 지속되었다. 정치부대장과 같은 당 기관의 책임자들이 부대 지휘관의 권위를 약화시키는 존재로 등장하면서 충돌이 발생하였지만, 김일성은 이러한 이중 구조를 통해 군에 대한 영향력을 점차 확대해 나갔다.

3.1.3. 6.25전쟁 이후

당의 군에 대한 실질적인 통제는 내부 숙청을 통한 권력 장악 이후 본격화되었다. 1956년 8월 '8월 종파사건'은 김일성이 유일영도체제를 확립하는 결정적인 계기가 되었다. 이 사건을 통해 연안파와 소련파는 당과 군 양측에서 대거 숙청되었다. 이후 군은 더 이상 자율적인 정치세력이 아닌, 당의 직접적인 지도를 받는 조직으로 전환되기 시작하였다.

1960년 9월 조선노동당 인민군위원회 전원회의 확대회의에서 김일성은 군내 당위원회를 단순한 협의기구가 아닌 최고 의사결정기구로 규정하였다. 모든 군사적 결정은 당위원회를 통해 이루어져야 한다는 원칙을 확립하였다. 1969년에는 정치위원제를 정식으로 도입하여 군단, 사단, 연대는 물론, 대대와 중대까지도 정치 위원 및 정치지도원을 배치함으로써 군 내부에 당의 통제 장치를 완비하였다. 이 제도는 1972년 제정된 북한 헌법에 반영되었고, 군은 더 이상 '인민의 군대'가 아닌 '당의 군대'로 정체성이 재정의되었다.

3.2. 김정일 시기: 선군정치를 통한 군 중심 권력구조의 형성

3.2.1. 후계자 시절의 군 통제

김정일은 1974년 조선노동당 제5기 제8차 전원회의를 통해 공식 후계자로 지명된 이후 선전선동부를 중심으로 당내 권력을 장악하고, 점차적으로 군사 및 행정 전반에 대한 영향력을 확대하였다. 김정일의 권력승계는 기존 공산권에서 사례를 찾기 어려운 부자 간의 세습이라는 점에서 독특했다. 이를 정당화하기 위해 새로운 통치 패러다임이 필요하였고, 그 중심에 '선군정치'가 있었다.

3.2.2. 선군정치 시기

김정일은 1991년 인민군 최고사령관, 1992년 원수, 1993년 국방위원회 위원장을 차례로 맡으며 군에 대한 명실상부한 통제력을 확보하였다. 김일성이 사망한 1994년 이후에도 주석직을 승계하지 않고 3년간 '유훈통치'를 거친 후, 1997년 당 총서기에 공식 취임하며 정권을 완전히 승계하였다. 이 시기 김정일은 당보다 군을 강조하는 선군정치를 본격적으로 추진하였다.

북한은 1995년 1월 1일 다박솔 초소 시찰을 군 중심의 국가 운영체계로 전환하는 선군정치의 출발점으로 삼았다. 이제 군은 단순한 무력기구를 넘어, 사회주의 건설의 주체로 부각되었다. 각종 담론에서는 '총대중시', '군사선행', '군민일치', '혁명적 군인정신' 등 군의 이념적 정당성이 강조되었다.

선군정치의 가장 두드러진 특징은 당의 명목적 우위에도 불구하고, 실제 권력운용에서는 군이 우선하는 구조였다. 김정일은 군이 당을 수호하는 존재로서 정치적 중심축 역할을 수행해야 한다고 보았는데 그 결과 당의 기능은 군의 정치적 정당성을 보장하는 기제로 축소되었다. 로동신문은 군을 "사회주의의 본보기"로 칭하며, 모든 인민과 조직은 군을 본받아야 한다고 주장하였다. 동시에 군 출신 인사들이 당과 국가행정 전반에 진출함으로써 군의 정치화가 심화되었다.

3.3. 김정은 시기: 당 중심 체제 복원과 유일영도체제 확립

3.2.1. 세습체제 정착기의 군 장악

김정은은 2010년 제3차 당대표자회를 통해 공식적으로 후계자로 천명되었다. 2011년 김정일 사망 이후 조선노동당과 군의 주요 직위를 빠르게 승계하였다. 그는 김정일과는 다른 통치 전략을 채택하였는데, 그것은 바로 당-국가 체제의 복원과 당 중심의 권력 재구축이었다.

2010년대 초반 김정은은 리영호 등 군부 핵심 인물을 숙청하고 최룡해와 같은 비군 출신 인사를 군 지도부에 배치하는 등 군 내부의 권력구조를 재편성하였다. 이는 군의 정치적 자율성을 억제하고, 군에 대한 당의 직접 통제를 강화하기 위한 포석이었다.

3.2.2. 선군정치에서 당의 정상화로

2016년 7차 당대회는 김정은 체제의 핵심 전환점이었다. 이 회의에서는 국방위원회를 폐지하고 국무위원회를 신설함으로써 군 중심의 국가운영 시스템을 공식적으로 종료하였다. 김정은은 당 위원장직을 신설하여 당 권력을 집중시켰다. 조직 측면에서는 비서국을 해체하고 정무국을 출범시키는 등 당 중심 체제를 재정비하였다.

또한 당규약은 "조선인민군은 모든 정치활동을 당의 영도 밑에 진행한다"는 조항을 명시하며, 당의 군 통제를 헌법적으로 제도화하였다. 김정은은 국방과 경제를 병진하는 전략노선을 발표하면서 군의 독자적인 영향력을 제한하고, 당이 모든 국가 영역을 지배하는 구조를 복원하였다. 이는 김정은 체제가 유일영도체제 확립을 위해 선택한 제도적 조치로 평가된다.

김일성-김정일-김정은 3대에 걸친 당-군 관계는 각기 다른 전략과 통치 필요성에 따라 구조적 변화를 겪어 왔다. 김일성은 군 장악을 통한 당 통제의 제도화를 이루었고, 김정일은 군 중심 통치를 통해 자신의 정통성을 확보하였다. 김정은은 다시 당 중심의 국가운영 체제를 복원하면서 군의 영향력을 제한하였다. 이러한 변화는 북한의 권력세습 구조와 깊이 연결되어 있다. 향후에도 북한의 정치적 중대 사건이나 세습 이후 체제 정비 과정에 따라 당-군 관계는 또 다른 변화를 겪을 가능성이 크다.

〈북한의 당-군 관계 시기별 비교표〉

구 분	김일성	김정일	김정은
통치 기조	당중심 통제 체계 확립	선군정치, 군 중심 권력구조	당 중심 체제 복원, 유일영도체제
핵심 사건	8월 종파사건, 정치위원제 도입, 1972년 헌법 반영	다박솔초소 시찰, 국방위원회 중심	7차 당대회 국방위 폐지·국무위 신설, 군부 숙청
군의 위상	초기엔 자율성 존재 → 이후 당 통제 강화	당보다 우위, 정치·사회 전면에 진출	통제 대상, 당의 지배력 회복 대상
당의 역할	군에 당조직 설치, 정치지도제 도입으로 통제 강화	명목상 지도, 실질적 영향력 감소	군 통제 회복 및 당 중심 개편
정치적 목표	유일지도체제 확립, 군 통합과 계파 청산	세습 정당화 및 위기 관리 수단으로 군활용	유일영도체제 제도화 및 권력 집중

3.4. 북한의 당-군 관계 특성

북한의 정치 구조를 이해하기 위해서는 조선노동당과 조선인민군 사이의 관계, 즉 당-군 관계를 깊이 있게 살펴볼 필요가 있다. 군은 단순한 국방력의 수단을 넘어서 북한 권력 구조 내에서 독립적인 정치 세력이자 동시에 최고지도자의 권위와 정통성을 떠받치는 정치 기제로 기능해 왔다. 일반적인 사회주의 국가들에서 당과 군의 관계는 헌법과 당 규약, 정치국 결정 등에 따라 체계적으로 제도화되어 있으며, 개인의 독단보다 집단적 의사결정과 제도적 견제를 중시한다. 대표적으로 중국은 "당이 총을 지휘한다"는 원칙에 따라 중앙군사위원회를 통해 군에 대한 직접적인 통제를 실시하며, 정치국 상무위원회가 군사 정책을 결정하는 집단지도체제를 확립하고 있다. 이러한 방식은 당과 군 사이의 관계가 정해진 규범과 절차에 의해 안정적으로 작동함을 보여준다.

반면 북한의 당-군 관계는 형식적으로는 당의 군 통제를 채택하고 있으나, 실질적으로는 최고지도자인 수령의 절대 권력에 종속되는 구조를 보인다. 김일성 시기부터 군 내에 정치위원제를 도입하고 당 조직을 설치함으로써 당의 군 통제가 제도화되었지만, 이는 조선노동당이라는 집단 기구가 아닌 김일성 개인의 통치력 확장을 위한 수단으로 기능했다. 김정일은 선군정치를 통해 군의 정치적 위상을 대폭 강화하고 군을 체제 유지의 핵심 축으로 삼았다. 이는 단지 군에 의한 체제 수호를 넘어, 당의 기능을 군 중심의 정치질서에 종속시키는 방식으로 전개되었다. 김정은 시기에 들어 당 중심 체제로의 회귀가 나타났지만, 이는 집단지도체제의 회복이라기보다는 김정은 개인 중심의 유일영도체제를 강화하기 위한 전략적 선택이었다.

북한의 당-군 관계는 집단적 권력기제라기보다는 수령 개인의 의중에 따라 유연하게 변화하는 비정규적 권력운영체계를 보인다. 군은 단순한 통제 대상이 아니라 위기관리 수단이자 권력 유지의 도구로 활용되며, 국가적 위기나 세습 등 주요 전환기에 지도자의 정통성을 보완하는 정치 자산으로 기능해 왔다. 김일성의 유일지배체제 수립 과정에서 군은 당과의 균형 속에서 제도화되었다. 김정일은 선군정치를 통해 군의 독립적 위상을 부각시키며 자신의 권력 기반을 다졌다. 반면 김정은은 집권 이후 군의 정치적 영향력을 견제하고 당의 권위를 회복하기 위해 군부 숙청, 국무위원회 중심의 국가 운영 체제 전환, 당 정무국 재편 등을 통해 당 중심의 체제를 재정립하고자 했다.

그러나 이러한 당 중심 구도가 향후에도 일관되게 유지될 것이라고 보기는 어렵다. 북한 정치에서 군의 정치적 부상 가능성은 여전히 존재한다. 김정일 시기의 선군정치는 김일성 사망과 고난의 행군이라는 이중 위기 속에서 군의 역할을 극대화시킨 사례이다. 김정은 체제하에서도 외교적 고립, 경제 위기, 혹은 후계 구도와 관련된 내부 정치 불안이 발생할 경우 군의 정치적 위상이 다시 확대될 여지가 상존한다. 특히 세습 체제가 반복되거나, 당 내부 권력구조에 대한 불신이 고조될 경우 군은 체제의 안전판이자 통치 정당성의 상징으로 재부상할 수 있다.

김정은은 당의 권위를 제도적으로 복원하기 위해 많은 노력을 기울였지만, 군은 여전히 사회동원력과 물리적 영향력을 가진 실질 권력기관으로 기능하고 있다. 따라서 향후 북한의 당-군 관계는 표면적으로는 당이 우위를 점하는 형식을 취하겠지만, 실질적으로는 통제와 자율성 사이에서 복합적 긴장을 유지하는 구조로 귀결될 가능성이 높다. 이는 당-군 관계가 단순히 수직적 권한 구조로 설명되기 어려운 북한 정치의 특수성을 보여주는 단면이다.

이러한 북한의 당-군 관계는 한국의 문민통제 원칙과는 본질적으로 구분된다. 대한민국은 군이 정치에 개입하지 않고 민간의 통제를 받는 구조로 되어 있고 이는 헌법과 법률에 의해 명확히 보장된다. 국방부 장관은 대통령의 지휘하에 있으나 군의 정치적 중립성은 법적으로 엄격히 요구된다. 정당과 군 사이에는 제도적으로 어떠한 연결고리도 존재하지 않는다. 한국은 과거 군사정권의 경험을 극복하며 문민 우위 체제를 공고히 해 왔고, 현재는 민주주의 헌정 질서 아래에서 군의 정치 개입 가능성을 원천적으로 차단하고 있다.

반면 북한은 군이 수령의 통치 기반을 이루는 주요 정치기구이며, 당은 형식적으로 군을 지휘하지만 실질적으로는 수령 개인의 권력 의지가 군을 움직이는 구조다. 이러한 수령 지배형 당-군 관계는 헌법주의와 법치주의에 기반한 한국의 민주정 체제와 극명한 차이를 보인다. 북한은 수령의 권위를 중심으로 정치가 작동하는 개인 권력 중심형 통제 체계인 반면, 한국은 헌법과 제도에 따라 권력이 행사되는 문민통제형 민주주의 구조를 갖고 있다.

정리하자면, 북한의 당-군 관계는 일반 사회주의 국가들과는 제도적·이념적으로 차이를 보이며, 수령 중심의 정치문화, 세습구조, 체제 위기에 대한 대응 전략 등에 따라 유동적인 권력관계로 나타난다. 김정일 시기의 군 중심 체제와 김정은 시기의 당 중심 회귀는 정치적 정통성 확보와 통치 기반 재편이라는 실용적 판단에 따른 결과였다. 향후 북한의 정치 상황에 따라 이 관계는 다시 조정될 가능성이 존재한다. 이러한 북한 특유의 당-군 관계는 문민통제를 핵심 원칙으로 삼는 대한민국 정치체제와는 본질적으로 상이하며, 두 체제 간 비교를 통해 우리는 권력 구조의 본질, 정치문화의 차이, 그리고 민주주의와 전체주의 사이의 구조적 간극을 보다 명확히 이해할 수 있다.

제4절 조선인민군의 구조

4.1. 북한 사회의 계층구조

북한의 사회 구조는 형식적으로는 계급 없는 사회주의를 지향한다고 주장하지만, 실질적으로는 강력한 계급적 위계질서가 존재하는 사회이다. 이 계급체계는 자본주의적 의미에서의 경제계층이 아니라 정치적 충성도와 출신 성분에 따라 계층을 분류하는 독특한 방식으로 구성되며, 북한 사회의 모든 분야—정치, 교육, 직업, 주거, 군 복무 등—에 영향을 미친다.

북한의 계급체계는 1957년부터 본격적으로 시행된 '성분정책'을 중심으로 구축되었다. 성분은 개인의 출신 배경, 가족의 혁명 경력, 과거 직업, 정치적 행적 등을 종합적으로 평가한 것이다. 북한은 이를 바탕으로 전체 주민을 핵심계층, 동요계층, 적대계층의 세 범주로 나누었다. 핵심계층은 항일투쟁 경력자나 노동당에 충성한 가문 출신으로 구성되며, 당과 국가의 주요 정책 결정에 접근할 수 있는 정치적 엘리트층을 형성한다. 반면 적대계층은 일제시대 경찰·지주·기독교인·남로당 출신 등 '계급적으로 불순'하다고 간주된 집단으로, 일상적으로 차별받고 정치적 감시와 통제를 받는다.

이러한 구조는 소련과 중국, 쿠바 등 타 공산주의 국가들의 계급체계와 유사한 점도 있지만, 그 적용 방식과 지속성, 정치적 통제의 강도 면에서 차별적인 특성을 보인다. 예를 들어, 소련은 1930년대 이후 '계급투쟁'을 통해 부르주아 및 종교인들을 제거하거나 재교육을 시행했지만, 1950~60년대 이후에는 계급이라는 개념이 점차 완화되었고, 도시-농촌, 노동자-기술자 간 격차에 대한 정책적 균형도 시도되었다. 중국 역시 문화대혁명 당시 '흑오류분자'(반혁명분자)라는 명칭으로 적대계층을 설정했지만, 개혁개방 이후에는 잔재를 폐기하였다.

반면 북한은 오늘날까지도 성분체계를 폐지하지 않았다. 오히려 김정은 정권 하에서도 정치적 충성도에 따라 실질적인 사회적 상승이나 하강이 가능하도록 하는 통제 수단으로 여전히 작동하고 있다. 예컨대, 대학 입학, 해외 유학, 노동당 입당, 군 복무 보직 배치, 심지어 거주 지역(평양 거주 허가 포함)까지도 성분에 따라 결정된다. 이처럼 북한의 계급체계는 단순한 사회적 서열 구분이 아니라 정치적 통제 및 국가 권력의 도구로 기능한다.

또한 북한은 당-국가-군 구조와 계급적 특권이 결합된 권력 집중 구조를 유지하고 있다. 당 간부와 핵심계층 인물들은 별도의 배급, 전용 병원, 특별 교육 기회를 제공받는 등 사실상의 '정치 귀족화' 현상이 존재한다. 이는 형식적 평등을 강조하는 사회주의 원칙과는 모순되는 구조이다. 외형상 공산주의이지만 실제로는 권력 중심적, 수령 유일체제의 기반을 형성하는 신분제에 가깝다.

이러한 점에서 북한의 계급체계는 타 공산주의 국가의 계급투쟁 기반 정치보다 더 폐쇄적이고 혈통적이며, 사회적 이동성도 매우 제한적이다. 이는 북한 사회가 정치적 충성도에 따라 개인의 삶 전체가 규정되는 전체주의적 통제사회라는 점을 보여준다.

4.2. 조선인민군의 계급체계

조선인민군의 계급체계는 표면적으로는 전통적인 군대의 위계질서를 따르는 듯 보이지만, 실질적으로는 정치적 충성도와 체제에 대한 충실성을 기반으로 운영된다. 일반적인 사회주의 국가의 군 계급체계와는 그 구조와 기능 면에서 뚜렷한 차이를 보인다. 조선인민군의 계급체계는 정치 권력과 밀접하게 연계된 '정치적 서열체계'로 이해하는 것이 더 적절하다.

조선인민군의 계급체계는 대체로 장교 계급(장성급·영관급·위관급)과 병 계급으로 나뉘며, 장성급은 다시 대장, 상장, 중장, 소장으로 구분된다. 이들은 형식상 전투지휘나 작전 수행을 맡는 직위로 구분되지만, 실질적으로는 당과 최고지도자에 대한 충성도에 따라 임명된다. 군사 전문성보다는 정치적 신뢰 여부가 승진의 핵심 요건으로 작동한다.

예를 들어, 대좌 이상의 고위 장성들은 대부분 당 중앙위원회의 후보위원 또는 정위원을 겸직하거나, 국방성과 총정치국 등 당-군 기구의 요직을 동시에 수행하는 경우가 많다. 이로 인해 계급은 단순히 군내 지휘 체계의 수준을 의미하는 것을 넘어, 권력 내부에서의 정치적 위상을 반영하는 지표로 기능한다.

조선인민군 내에서 특이한 구조는 바로 정치 군관(정치지도원, 정치위원)이라는 이중 지휘 체계의 존재이다. 이들은 전투지휘관과 병렬적으로 존재하며, 지휘관의 명령이 당의 노선과 맞지 않는다고 판단되면 이를 거부하거나 조정할 권한을 갖는다. 즉, 군의 모든 행동은 군사적 효율성보다 정치적 정당성에 의해 통제되며, 이는 군이 전쟁 수행 기구라기보다는 체제 수호와 내부 통제의 도구임을 보여주는 중요한 특징이다.

또한 조선인민군 계급체계에서 특수한 계급으로 분류되는 인민무력상, 총참모장, 총정치국장 등은 군사작전보다는 정치권력의 최측근으로서 수령의 유일지배체제를 보완하는 역할을 수행한다. 예컨대, 총정치국장은 군 전체에 대한 정치사상 검열과 교육을 담당하며, 모든 부대의 사상 상태를 감시하는 구조적 권한을 가진다. 이러한 군 관료들의 위치는 전통적 의미의 군 장성들과는 또 다른 '권력 계층'으로서 기능하면서 이중 권력구조를 만든다.

이와 같은 계급체계는 소련이나 중국과 같은 사회주의 군대와 비교할 때 유사성과 차별성을 동시에 지닌다. 소련군 역시 정치장교를 두어 군의 이념교육과 충성 유지를 도모하였으며, 중국 또한 중앙군사위원회를 통해 당의 지도를 보장하였다. 그러나 이들 국가에서는 세월이 흐르면서 군의 전문화와 정치로부터의 분리 경향이 나타났다. 반면 북한은 오늘날까지도 군의 정치화와 정치의 군사화를 동시에 유지하고 있으며, 군 계급 자체가 충성 서열로 작동하는 체계에서 벗어나지 못하고 있다.

특히, 북한에서는 정치적 숙청이나 인사 조정 시 계급 강등 및 해임이 빈번하게 이뤄지는데, 이는 군 계급이 단순한 직급이 아니라 수령 권력에 대한 신뢰의 상징적 표시임을 시사한다. 한 인물이 하루아침에 대장에서 소장으로 강등되거나, 복권되는 일은 군 조직의 안정성과는 무관하게 최고지도자의 정치적 계산에 따라 결정되는 사례가 많다. 이는 군 계급이 기능적 서열이 아니라 정치적 통치 수단으로 쓰이고 있음을 보여주는 구조적 특징이다.

조선인민군의 계급체계는 형식적으로는 서방 군대나 여타 사회주의 군대와 유사한 위계 구조를 취하고 있으나, 실질적으로는 정치적 충성심을 기준으로 한 통제 장치이자 권력 관리 체계로 기능한다. 이는 군이 단순한 군사력의 조직이 아니라, 북한 체제 전체를 떠받치는 정치 권력의 한 축으로서 작동하고 있음을 보여준다. 계급은 명예와 직위의 표현이 아니라, 수령에 대한 충성의 증명서이며, 그에 따라 조선인민군은 계급으로 구조화된 하나의 정치기관이라 해도 과언이 아니다.

여기에 추가로, 조선인민군에는 일반적인 장성 계급을 넘어서는 특별 계급이 존재한다. 이는 바로 차수(次帥)와 원수(元帥) 계급이다. '차수'는 일반적인 장성급 계급과 원수 사이에 위치한 계급으로 실제로는 '부원수' 혹은 '차관급 원수'라는 정치적 상징성을 지닌다. 이 계급은 김일성 생존 시기부터 충성도가 극히 높은 군 고위 인물에게만 수여되었는데 예를 들면 오진우·김정각·최영 등이 과거 차수 칭호를 받았다. 그러나 이들은 작전지휘보다는 김일성 개인의 호위와 정치적 기반 강화에 공헌한 인물들이라는 점에서 군사전문가보다는 권력 충성 집단의 일원으로 평가된다.

한편, '원수' 계급은 가장 상위 계급으로 조선인민군 최고사령관인 김일성과 김정일, 김정은과 같은 수령 또는 수령 대우 인물에게 부여되는 실질적인 수령 지위의 군사적 상징화라 할 수 있다. 이 계급은 실질적 군사실천과 무관하며, 북한 체제 내 군권의 정점이자, '총대'에 의한 정권 수호의 상징적 표현으로 기능한다. 원수 계급은 다른 모든 계급을 포괄하고 명령할 수 있는 권한의 정점으로 제도적 서열과 상징적 통치 정당성을 동시에 상징한다.

이처럼 북한의 군 계급체계는 단순한 위계의 구조가 아니라, 정치 충성의 서열과 상징적 권위가 결합된 특징을 지니고 있다. 일반 병사에서부터 최고 원수에 이르기까지 모든 계급은 단순한 직위가 아니라 정치적 신뢰와 수령에 대한 복종의 척도로 기능하며, 이는 군이 곧 체제의 방패이자 정치적 중추임을 의미한다.

4.3. 조선인민군 계급구조의 특징

4.3.1. 조선인민군 계급구조

조선인민군의 계급구조는 서방 국가뿐만 아니라 사회주의 국가들과도 다소 상이한 특징을 보여주고 있다. 주요 특징을 살펴보면 다음과 같다.[15] 북한에서는 군인의 계급을 이른바 '군사칭호'로 부르고 있는데 『조선말대사전』에서 명시한 사전적 정의에 따르면 "군사칭호란 군인의 군사적 전문 부문과 자격 및 상하급 관계를 규정하기 위해 국가가 제정하는 칭호"이다. 조선인민군의 군사칭호는 1952년 12월 31일 최고인민회의 상임위원회에서 제정되었고, 대분류는 원수, 장령, 군관으로 구분되며 세부 계급구조는 다음과 같다.

〈조선인민군 계급구조〉

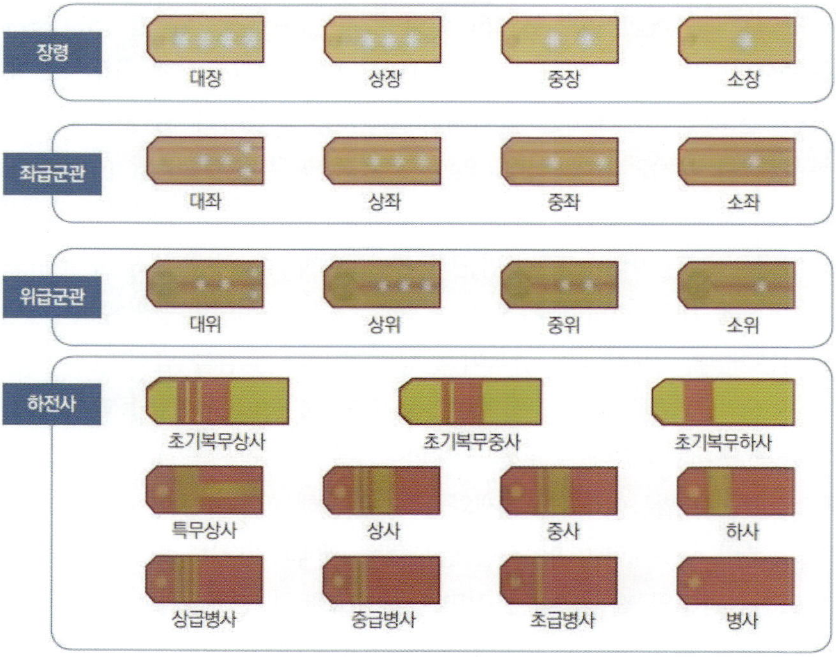

※ 출처: 통일부, 『2025 북한 이해』, p. 112.

첫째, 원수급은 '① (대)원수, ② 차수'이다. 둘째, 장령급은 한국군의 장관급장교에 해당하는 계급으로 '① 대장, ② 상장, ③ 중장, ④ 소장'으로 구성되어 있다. 셋째, 군관급은 한국군의 영관장교에 해당하는 좌급군관과 위관장교에 해당하는 위급군관으로 구분된다.

먼저, 좌급군관은 '① 대좌, ② 상좌, ③ 중좌, ④ 소좌'로 서열화되어 있다. 위급군관은 '① 대위, ② 상위, ③ 중위, ④ 소위'로 구성되어 있다. 조선인민군의 사병집단은 크게 한국군의 부사관에 해당하는 하사관과 병사로 구성되어 있다. 사관은 '① 특무상사, ② 상사, ③ 중사, ④ 하사'로 서열화되어 있으며, 병사는 '① 상등병, ② 전사'로 구분된다.

1998년 4월 조선인민군은 사병의 계급체계를 세분화하여 기존의 2단계 계급구조를 '① 전사, ② 초급병사, ③ 중급병사, ④ 상급병사'로 구성된 4단계 계급구조로 개편했다.

참고로 조선인민군은 위에서 설명한 기본 계급구조와 별도로 '초기복무사관' 제도를 운영하고 있다. 1957년 이후부터 시행 중인 이 제도는 별도의 계급체계는 아니지만 레이더, 통신기기 등 특수분야에 복무한 사병들을 제대시키지 않고 장기간 복무시켜 관련 기능분야의 공백을 방지하고 전문성을 유지하기 위해 만들어진 제도이다.

김정은 집권 이후 조선인민군의 주요 변화 중 하나인 군 간부구조의 변화에 대한 의미와 특징은 다음과 같다. 조선인민군의 주요 간부교체는 군내 주도세력의 성격이 변화되고 있다는 점을 암시한다. 이는 군 출신의 당 간부들과 군사지휘관들이 당 출신의 군 간부들과 정치지휘관들로 대체되었다는 것을 의미한다. 특히 이것은 조선인민군의 모든 정치군사 활동이 당의 통제와 지시를 통해 이루어지고 있다는 사실과 군부의 주도세력이 당 출신 인사들로 대체되었다는 것을 의미한다.

조선인민군의 간부교체는 전면적 세대교체의 성격을 띠고 있다. 김정은 집권 이후 자연교체 이외에도 경질과 해임, 숙청 등 다양한 형태로 세대교체를 단행했는데 기존 군의 전통과 서열을 해체하는 방식의 파격적인 인사가 이루어졌다. 군 간부에 대한 계급 강등, 강직 등의 징계와 복권 조치는 창군 이후 일반화된 현상이지만, 김정은 집권 이후에는 매우 광범위하고 반복적으로 이루어졌음을 지적했다.

군 간부들에 대해 복합적인 인사조치를 단행할 때 대상 간부들의 신상이 낱낱이 공개되고 있다는 점도 큰 특징으로 보인다. 향후 조선인민군은 김정은 국무위원장의 군부 장악과 권력의 공고화 등 지배권력을 강화하기 위한 차원에서 군 간부의 신상필벌과 세대교체를 더욱 강력히 추진해 나갈 것으로 전망된다.16)

조선인민군과 대한민국 국군은 모두 위계적 계급체계를 기반으로 군 조직을 운영하고 있지만, 그 내면에는 정치체제와 이념적 성격의 본질적인 차이가 뚜렷하게 반영되어 있다. 표면적으로는 양 군 모두 장교와 병 계급을 구분하고, 장성급·영관급·위관급 등의 체계를 공유하며 현대적 군대의 전형적인 구조를 따르는 것처럼 보인다. 그러나 조선인민군의 계급체계는 단순한 군사적 위계를 넘어 정치적 충성도와 당에 대한 복종을 중심으로 운영되는 정치적 서열체계에 가깝다.

조선인민군의 장성 계급은 실질적인 지휘능력보다 김정은과 조선로동당에 대한 충성심과 정치적 배경이 진급의 핵심 기준이 된다. 이는 군대 내부에서조차 실전 경험이나 전문성보다 정치적 신뢰가 우선되는 체제임을 보여준다. 장교단 역시 군사학교 출신 외에도 당 조직을 통해 선발된 정치적 인물들이 다수 포함된다. 이들은 명확한 군사 교육보다는 당의 사상과 지시를 충실히 이행하는 자질이 더 중요시된다. 병사 계급 내에서도 사상학습과 충성심 평가가 진급에 영향을 주는 구조를 갖추고 있다.

이처럼 조선인민군은 정치적 충성도에 기초한 계급 운영인데 비해 국군은 제도적 기준과 군사적 능력에 기반한 계급 운영이라는 대비 구도를 보인다. 조선인민군에서 고위 장성은 곧 당의 핵심 인사로서 체제 수호의 최전선에 위치한 정치군인이지만, 국군의 장성은 전문 군사지도자로서의 역할이 강조된다. 이는 두 국가의 군대가 단지 작전 수행 조직이 아니라 국가 이념을 실현하는 방식 자체의 차이를 상징적으로 드러내는 구조라 할 수 있다.

4.3.2. 한국군 계급체계와의 비교

한국군의 계급체계는 전문성과 경력, 자격 요건에 따라 체계적으로 운영되는 실용주의적 구조다. 장교는 소위부터 대장까지 승진이 이루어지며, 각 계급의 승진에는 일정한 복무 연수, 교육 수료, 군사능력 평가 등이 반영된다. 병 계급은 이등병에서 병장까지복무 기간에 따라 자연 승진하며, 정치적 기준은 개입되지 않는다. 국군은 헌법상 문민통제를 바탕으로 국방부 장관을 비롯한 군 수뇌부가 민간의 통제하에 있고, 군 내부에서도 정치적 중립을 엄격히 요구받는다.

〈한국군의 계급구조〉

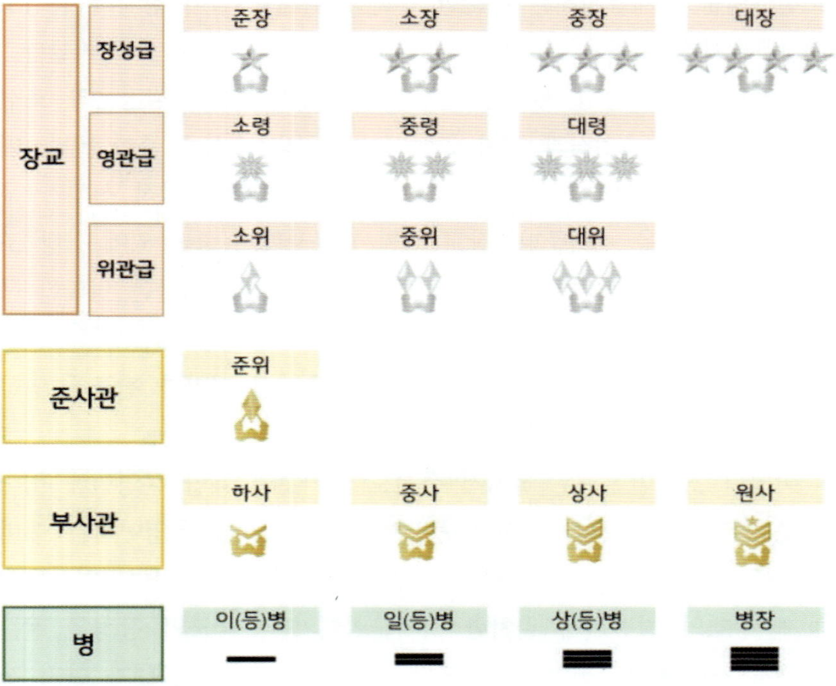

※ 출처: brunch.co.kr

심화 주제 제2장 북한군의 정체성과 구조

1. 조선인민군은 '군대'인가, '정치기구'인가?

2. 조선인민군 창설은 한반도 분단 고착화에 어떻게 기여했는가?

3. 김정일의 '선군정치'는 군사 독재인가, 위기 대응 정치 전략인가?

4. 북한의 당-군 관계는 중국식 집단지도체제와 어떤 점에서 구조적으로 다른가?

5. 북한군의 계급체계와 한국군 계급체계의 가장 큰 차이점은 무엇인가?

제3장 북한군의 사상과 정책

제1절 군사사상과 군사정책

국가나 민족의 생존은 항상 전쟁이라는 과정을 극복해야 하며 전쟁에서 승리하기 위해서 전쟁에 관한 명확한 인식을 가져야 한다. 따라서 그러한 인식을 바탕으로 한 군사력의 건설 및 운용 관련 방향성을 제시하는 군사사상에 대한 연구가 먼저 이루어져야 한다.

1.1. 군사사상이란?

군사사상의 정의는 다양하지만 특정 시기의 국내·외적 안보환경과 국가의 총체적 역량, 과학기술, 역사적 경험 등을 고려하면서 한 국가의 군사이론이나 담론, 군사조직의 행동, 군사적 실체 등과 관련된 사상체계라고 할 수 있다. 군사사상은 특히 군사전략과 국방정책시 영향을 미치는 경우가 많아 그 중요성이 매우 크다.[17]

군사사상은 군사(Military Affairs)와 사상(Thought)의 합성어로 '군사에 대한 사고한 결과'로 풀이될 수 있다. 군사란 국가 기능의 일부로 군대의 운용과 관리를 고유기능으로 한다. 따라서 군사는 전·평시 국가가 무력을 준비하고 사용하는 방법론적 측면으로 접근하며 국가목표 달성에 기여 할 수 있을 것인가에 대한 군사적 임무수행을 목적으로 한다.[18]

사상이란 일반적으로는 사고(思考)의 내용을 말하며 사고작용의 결과 발생한 사고의 내용을 가리키기도 한다. 이 내용에 통일과 체계가 주어지면 이는 한 사상의 개념, 관념, 견해 등으로 표현된다. 시대적 현실 속에서 존재하는 개인이나 집단이 자신이 처해 있는 현실에 정당하게 대처하여 의미있는 행동을 하기 위한 실천적 규준을 사상이라고도 한다.[19] 따라서 어원상 군사사상은 '군사문제 전반에 걸쳐 내면적으로 형성된 군사적 인식체계로서 국가목표 달성을 위하여 무력을 어떻게 준비하고 사용할 것인가에 대한 통일된 개념, 관념, 태도'라고 할 수 있다.[20]

「육군군사술어사전」에는 '군사사상이란 전쟁지도 및 수행에 관한 신념이자 군사이론의 개념체계이다. 군사사상은 두 가지 개념을 포괄하는데 상위 개념은 전쟁의 특성, 전쟁의 목적, 승리 요인을 밝히는 전쟁에 대한 올바른 인식과 의지를 말한다. 통수권자로부터 국민에 이르기까지 통일된 사상의 구심점이며 국가방위에 대한 정신적 기조이다.

하위 개념은 군사력 소요 및 운용의 기준으로 효과적으로 전쟁을 수행하는 방법 측면의 용병과 전략·전술의 기준이며 능력을 집중하고 노력의 통합이 가능하도록 하는 근거이다'라고 설명한다. 상위 개념에는 전쟁인식과 평가가 제시되었고 하위 개념에는 군사적 능력의 집중과 노력의 통합에 대한 기준이 포함되어야 한다고 규정하고 있다.[21]

1.2. 군사사상의 의미와 기능

국내·외 여러 군사 이론가들의 견해와 연구 결과 등을 분석하고 검토하여 군사사상의 의미와 기능을 아래와 같이 제시하고자 한다.

카를 폰 클라우제비츠(Carl von Clausewitz)는 그의 저서 『전쟁론(Vom Kriege)』에서 전쟁을 "정치의 연장선상에 놓인 수단"으로 규정하며, 무력의 사용 방식은 궁극적으로 정치적 목적에 의해 결정된다고 강조하였다. 이러한 관점에서 군사사상이란 정치적 목표를 실현하기 위해 무력을 어떻게 조직하고 활용할 것인지를 규범적이고 이론적으로 고찰하는 지적 체계라 할 수 있다.[22]

앙투안 앙리 조미니(Antoine-Henri Jomini)에게 있어 군사사상이란 전쟁의 양상을 분석하고 이를 보편화하여 수학적 법칙이나 과학적 원리로 체계화하는 학문적 시도였다. 그는 군사사상을 전쟁 수행의 보편적 원칙(Principles of War)을 정립함으로써, 군사적 판단과 결정을 논리적이고 체계적으로 이끌어내는 실천적 학문으로 이해하였다.[23]

고야마 히로시케(小山弘建)는 군사사상이란 그 시대의 군사 이데올로기적 성격을 반영하며, 시대별로 제기된 군사문제(무기체계, 군사정책, 군사조직 및 군제의 형태, 용병술 등)가 발현된 것으로 전쟁 등의 해결을 위한 내면적 신념체계라고 했다.[24] 그가 주장한 군사사상은 군사력건설과 운용, 그리고 전쟁수행에 대한 연구체계를 의미한다.

에체베리아(Antulio Joseph Echevarria II)는 군사사상을 군사와 관련된 특정 개인과 공동체 또는 그 시대에 속한 신념, 교리, 이론 등의 집합체라고 했다.[25] 그의 주장은 군사사상이 군사교리와 군사이론을 아우르는 상위 개념이다.

줄리안 라이더(Julian Lider)는 군사사상이란 군사문제와 새로운 이론을 발현시킬 때 근거로 삼는 군사이론을 주제로 하는 것이라고 했다. 또한 군사사상은 전쟁과 군사력은 무엇인지 군사력을 어떻게 사용해야 전쟁에서 승리할 수 있는지 성공적으로 군사력을 사용하기 위해서는 어떻게 준비해야 하는지가 포함되어야 한다고 했다. 이에더해 최근 과학기술의 발달로 인류의 파멸을 가져올 수 있는 현대전의 공포에서 벗어나기 위해서 전쟁을 어떻게 예방할 것인가도 포함해야 한다고 했다.[26] 그가 주장한 군사사상은 군사이론 연구를 위한 근거를 제공하면서 전쟁억지를 포함한 전쟁 인식과 전쟁에서 승리하기 위한 군사력 건설 및 군사력 운용을 포함하고 있다.

국내 군사전문가들이 주장한 군사사상을 살펴보면, 김희상은 군사사상의 구성요소를 군사력건설, 군사력 운용, 전쟁인식 등 세 가지로 나누었고,[27] 박창희는 군사사상을 군사력건설과 운용에 관한 인식체계이자 국가의 정치적 목적 달성 및 군사정책 수행을 위한 전쟁에

관한 인식으로,28) 장명순은 전쟁관과 용병사상, 양병체계의 개념이 포함된 것으로 보았다.29)

1.3. 군사사상과 군사이론·교리와의 관계

군사사상의 개념을 더 명확히 알려면 이와 관련된 군사이론 및 군사교리의 의미를 명확히 알고 상호간에 어떤 관계가 있는가를 알아보는 것이 중요하다. 군사사상, 군사이론, 군사교리 등 세 용어는 모두 군사라는 현상을 본질로 하여 그것이 사상적 차원인가, 이론적 차원인가, 교리적 차원인가에 따라 달리 이해되거나 다른 개념으로 사용되고 있다.

군사이론(Military Theory)은 전쟁의 원인과 결과를 파악하여 그 사이에 가로 놓인 특정의 법칙을 도출해 내는 이론적 지식체계이다. 이는 국가목표 달성을 위한 군사력의 건설과 운용, 발전, 유지, 지원과 이에 관련된 국방 요소간의 상호관계를 규명하는데 양병과 용병 문제를 주요 대상으로 한다. 군사이론은 군사사상을 논리적으로 규명하고 학문적으로 체계화함으로써 지식 단계까지 구체화한 것으로 군사문제에 대한 주장, 관념, 사고의 영역이며 군사사상보다 원인과 결과 관계가 명확하다.30)

군사교리(Military Doctrine)는 사상적 차원인 군사사상과 이론적 차원인 군사이론을 국가의 전쟁목적과 국방정책, 전쟁환경 등 특정 상황과 조건에 맞도록 구체화하여 실제적 군사행동의 방침으로 공식화한 실전적 차원의 행동체계이다. 따라서 군사교리는 간접적으로 군사사상의 영향을 받고, 직접적으로는 군사이론으로 제시된 원리나 원칙을 현실적인 군사행동 지침으로 채택한 것이라고 볼 수 있다. 국가의 군사 활동을 지배하는 군사행동 지침이자 기준으로서 군사전략과 작전술, 전술 등이 상하구조를 이루고 있다.

군사사상, 군사이론, 군사교리의 관계는 반드시 순차적 상하구조를 이루는 것이 아니고 때로는 역순으로 진행될 수도 있고 단계를 뛰어

넘어 진행 될 수도 있다. 이것들은 군사현상에 대한 시각이나 관점의 차이로서 본질적으로 동일한 내용이며 독자적이 아닌 상호 보충관계나 유기적 관계로 보아야 한다. 즉 군사적 현상을 사고하고 논리적으로 구체화하며 이를 공식적으로 채택하는 일련의 과정을 분리해서 파악할 때 군사사상, 군사이론, 군사교리로 나뉜다. 따라서 군사사상을 모체로 군사이론이 구체화되고 군사이론을 기관에서 군사교리로 채택함으로써 현실성을 갖게 되는 것이다.

〈군사사상과 군사이론, 군사교리와의 관계〉

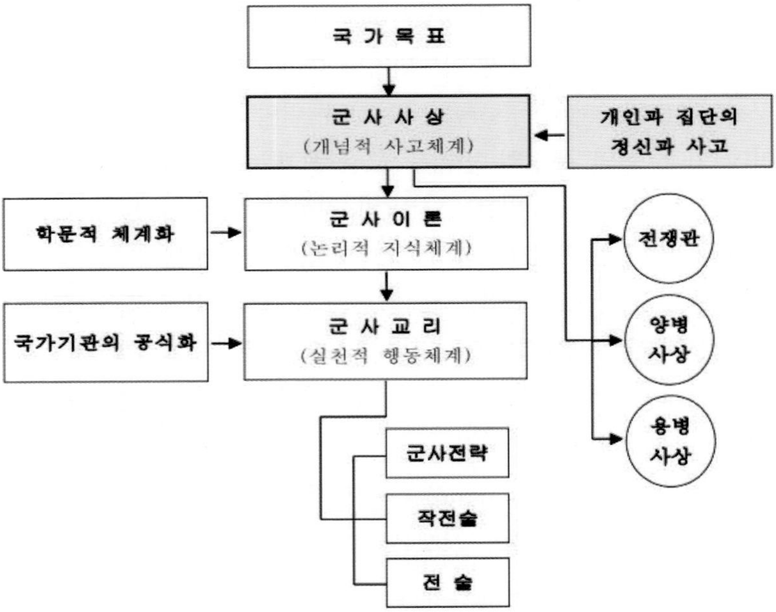

※ 출처: 유판덕, "북한 '주체의 군사사상'에 관한 연구" (2018), p. 37.

1.4. 군사사상과 군사정책

군사사상은 전쟁에 대한 인식, 즉 전쟁관을 바탕으로 형성되며, 양병(養兵)과 용병(用兵)에 대한 철학과 원칙을 제시하는 전략적 사고체계이다. 이는 미래 전장의 환경을 예측하고, 필요한 군사력의 규모를 판단하며, 군사력을 어떻게 양성하고 운용할 것인지에 대한 방향성을 제공한다. 이처럼 군사사상은 단순한 이론적 구상에 머무르지 않고 국가 안보를 위한 실천적 토대를 제공하며, 국가의 전반적인 군사적 접근을 규정짓는 기본 축이라 할 수 있다.

이러한 군사사상은 군사정책 수립에 있어 핵심적인 기반이 된다. 군사정책은 국방정책의 하위 개념으로, 군사력을 어떻게 유지하고 발전시키며 운용할 것인지에 대한 구체적 실행방안과 의사결정의 체계이다. 한국군 합동참모본부의 정의에 따르면, 군사정책은 "국가의 평화와 독립을 지키기 위해 군사력의 유지, 조성, 운용을 도모하는 제반 정책"이며, 이는 군사사상이 제시하는 방향에 따라 구체화되는 실천적 수단이다. 또한 한용섭의 설명처럼 군사정책은 "국가가 주권, 영토, 국민의 생명과 재산을 보호하기 위해 권위적으로 결정한 행동지침"으로, 이 지침의 형성에는 군사사상이 갖는 전쟁관과 전략적 인식이 깊숙이 내재해 있다. 즉, 군사사상이 철학적·전략적 기준을 제공한다면, 군사정책은 그 기준을 실현하기 위한 제도적·운영적 수단이라 할 수 있다.[31)]

군사사상은 군사정책의 철학적·전략적 기반이며, 군사정책은 군사사상을 구체화하여 국가안보 목표를 달성하는 실행 수단이다. 두 개념은 상호보완적으로 작동하며, 군사정책의 변화나 발전은 결국 군사사상의 변화, 혹은 재해석과 직결된다고 할 수 있다.

제2절 북한의 군사사상[32)]

2.1. 공산주의 국가의 군사사상

공산주의자들이 활용하는 투쟁형태인 혁명전쟁 이론은 마르크스와 엥겔스의 이론으로부터 시작하여 레닌, 스탈린 및 모택동의 혁명이론과 경험을 각국의 상황과 실정에 맞도록 변증법적으로 집대성한 것이다. 따라서 북한군 군사사상의 본질을 이해하기 위해서는 먼저 마르크스와 엥겔스, 레닌을 비롯하여 그 후계자들로 이어지는 일련의 혁명전쟁론에 포함된 군사사상에 대한 이해가 선행되어야 한다.

2.1.1. 마르크스와 엥겔스의 군사사상

마르크스와 엥겔스는 군사문제를 단순한 전술이나 작전 수준의 기술로 보지 않았다. 이들은 전쟁과 군대를 계급구조와 사회형태 속에서 분석하며, 군사사상을 역사유물론적 관점에서 해석하였다. 마르크스는 군대를 지배계급의 억압도구로 간주하면서, 노동계급의 해방을 위해서는 기존의 군사구조를 해체하고, 인민 스스로가 무장하여 자신들의 이해를 방어할 수 있어야 한다고 주장하였다. 그는 군사적 해방 없이는 정치적 해방도 불가능하다는 점을 강조하였다.

엥겔스는 이론적으로 더 깊이 있는 군사 분석을 시도하였다. 그는 직접 군사사와 전략, 전술에 관심을 가지며 군사기술의 발전과 그 사회적 영향을 분석하였다. 특히 엥겔스는 민병제의 필요성을 역설하며, 상비군을 지양하고 인민이 주체적으로 무장하는 체제를 진정한 민주주의와 연계시켰다. 철도, 전신, 총기 등 기술 혁신이 전쟁의 양상에 미치는 영향에 주목한 그의 분석은 이후 현대전 개념 형성에 기초가 되었다.

이처럼 마르크스와 엥겔스의 군사사상은 군대를 단순한 기술적 조직이 아니라, 계급 지배와 저항의 매개체로 보고, 무장 투쟁의 정당성과 민중의 자발적 군사화 필요성을 강조한 것이 특징이다.

2.1.2. 레닌의 군사사상

레닌은 마르크스와 엥겔스의 사상을 계승하면서도, 제국주의 시대라는 새로운 조건 속에서 보다 실천적이고 구체화된 군사전략을 제시하였다. 그는 군사 문제를 단순히 부수적인 수단이 아니라, 혁명

전략의 핵심 요소로 간주하였다. 특히 그는 "지배계급은 절대 평화적으로 권력을 내놓지 않는다"며, 프롤레타리아 계급의 해방은 반드시 무장투쟁을 수반해야 한다고 보았다.

1917년 10월 혁명을 주도하였던 레닌은 무장 봉기의 전략적 필요성을 강조하였다. 그는 혁명은 정치 선동과 계급의식 고취만으로 달성될 수 없으며, 반드시 조직화된 군사력이 뒷받침되어야 성공할 수 있다고 보았다. 이로부터 그는 기존 부르주아 군대를 해체하고, 노동자와 농민이 중심이 되는 혁명적 군대인 '적군(赤軍, 붉은 군대)'의 창설을 주도하였다. 이 군대는 단순한 전투조직이 아닌, 정치적 목적 수행의 도구로 기능해야 한다는 점에서 군사와 정치의 통합을 강조한 대표적 사례이다.

또한 레닌은 중앙집권적 상비군보다 인민의 자발적 무장을 지지하였다. 그는 무기의 민주화와 민병제 중심의 군사조직이 진정한 사회주의 군사 체계라 주장했으며, 당이 군을 직접 통제해야 한다고 강조하였다. 아울러 제국주의 전쟁을 '시장 쟁탈을 위한 자본주의 국가들 간의 충돌'로 간주하고, 이를 '내부 혁명으로 전화'시켜야 한다는 전략은 이후 전 세계 반제국주의 무장투쟁의 이론적 기초가 되었다.

2.1.3. 스탈린의 군사사상

스탈린의 군사사상은 레닌과 달리 실전 경험을 기반으로 한 총력전 전략으로 발전하였다. 그는 이론적 군사학자라기보다는 제2차 세계대전이라는 대규모 전쟁을 실질적으로 지도하며, 군사·정치·경제를 통합한 전시 국가 체제를 구축한 정치·군사 지도자였다.

스탈린은 혁명 내전기의 실전을 통해 군사적 조직과 동원의 중요성을 체감하고, 군을 단순한 전투집단이 아닌, 생산력과 정치력을 통합한 사회주의 건설의 주체로 인식하였다. 그는 노동자 징집을 통한 '노동군화' 정책을 시행하며, 군사력과 산업노동력을 통합하려는 새로운 모델을 실험했다.

제2차 세계대전 당시 그는 최고사령관 체제를 수립하고, '대조국전쟁'이라는 개념을 내세워 민족 단결과 애국심을 고취하였다. 독일의 전격전(Blitzkrieg)에 대비한 스탈린의 전략은 '적극적 방어' 개념에 기반하며, 단순 방어가 아닌 주도적 반격과 전략적 심층 타격을 통해 적의 전력을 소모하고 궁극적으로 승리를 도모하는 방식이었다.

스탈린은 군사력의 승패가 사기, 정치사상, 이념 충성도에 달려 있다고 보았고, 군의 정치교육과 대중 선전을 강화하였다. 그는 이후 소련군을 단순한 '혁명 군대'가 아닌, 체제 수호를 위한 '국민국가군대'로 재편하였다. 동유럽 공산권 확대를 위한 전략적 완충지대 구축에 군사력을 적극 활용하였다. 그의 사상은 냉전기 소련 군사전략의 기초로 작용하였다.

2.1.4. 마오쩌둥의 군사사상

마오쩌둥은 마르크스-레닌주의 군사사상을 중국 현실에 맞게 창조적으로 발전시킨 인물로 평가된다. 그는 '전쟁은 정치의 연장'이라는 기본 명제를 계승하면서도, 중국의 농민 중심 사회, 거대한 영토, 열세의 군사력이라는 현실 조건을 반영하여 '인민전쟁(People's War)'이라는 독창적 군사이론을 수립했다.

마오쩌둥는 전쟁의 승패는 무기나 기술보다 인간, 즉 인민의 정신력과 조직력에 달려 있다고 보았다. 그는 인민이 전쟁의 주체가 되어야 하며, 이는 정규군 중심의 전쟁이 아닌 게릴라전, 유격전, 장기전을 통해 실현되어야 한다고 주장하였다. 특히 '지구전(持久戰)' 이론은 열세 상황에서도 시간을 우군으로 삼아 전세를 역전시키는 전략으로, 중일전쟁과 국공내전에서 실제로 적용되었다.

마오쩌둥의 군사사상은 군사력의 본질을 인민과 연결짓는 사상으로 정치와 전쟁, 군과 민의 통합을 지향하였다. 그는 '정치는 피 흘리지 않는 전쟁이며, 전쟁은 피 흘리는 정치'라는 명제로 정치와 군사의 일체화를 천명하였고, 전쟁의 본질은 사회구조와 권력 관계의 변혁이라고 보았다. 그의 이론은 이후 베트남, 쿠바, 아프리카 해방운동 등에 큰 영향을 미쳤으며, 게릴라전 이론의 교과서로 자리매김하였다.

이와 같이 마르크스에서 마오쩌둥에 이르는 공산주의 사상가들은 각자의 시대와 현실을 반영하여 군사사상을 발전시켰다. 이들의 이론은 단순한 군사전략 차원을 넘어 정치와 사회 구조 전반을 변화시키는 실천적 사상으로 작용하였다. 오늘날에도 이들의 군사사상은 혁명, 민중무장, 비정규전, 정치·군사 통합 전략 등 다양한 군사적 담론에 이론적 토대를 제공하고 있다.

〈공산주의 사상가 군사사상 비교〉

구 분	마르크스/엥겔스	레닌	스탈린	마오쩌둥
군사 사상의 성격	역사유물론 기반 계급투쟁의 연장	혁명 완수를 위한 실천적 무장 전략	국가 총력전 체계 운영 사상	인민전쟁과 장기전 중심의 독자적 군사이론
전쟁 인식	계급 간 이해충돌의 표현	제국주의 붕괴를 위한 수단	조국 방위 및 체제 생존을 위한 총력전	정치의 연장, 민중의 지지로 수행되는 전쟁
핵심 전략 개념	계급혁명을 위한 무장 봉기	무장봉기와 프롤레타리아 독재	적극적 방어, 장기전, 대중 동원	지구전, 인민전, 정신력 우위
역사적 영향	노동자 민병제·게릴라전 사상 기초 제공	사회주의 국가 군 창설, 반제전쟁 이론 제공	냉전기 소련 군사 전략과 국가체제 구성에 영향	아시아·아프리카 민족해방전쟁, 게릴라전

2.2. 북한의 주체 군사사상

2.2.1. 북한 군사사상에서 '주체'와 '자주'의 등장과 확산

북한 군사사상의 핵심 개념인 '주체'와 '자주'는 단순한 구호를 넘어, 외세의 영향에서 벗어나 김일성을 중심으로 한 권력을 강화하고,

체제를 유지하기 위한 전략으로 발전했다. 흥미롭게도 이 개념들은 6·25전쟁과 전후 혼란기, 외부 군사 지원이 절실했던 시기에 등장했다. 전쟁 중 북한은 소련과 중국에 의존했으나, 두 나라는 정치적 복종을 요구했다. 전후에는 소련파와 연안파 등 경쟁 세력이 부상하면서 김일성에게 압박으로 작용했고, 이에 대한 대응이 바로 1955년 '사상에서의 주체 확립'이었다. 김일성은 소련식 모방을 비판하고, 마르크스-레닌주의를 북한의 실정에 맞게 적용해야 한다고 주장하며 정치적 주도권을 강화했다.

1956년 흐루시초프의 스탈린 비판과 종파사건은 김일성이 자주노선을 확립하는 계기가 됐다. 소련·중국의 간섭 속에서 그는 '국방에서의 주체'를 강조하며, 항일 유격대 경험을 권력 정당성의 근거로 활용했다. 1958년에는 인민군을 항일무장투쟁의 계승자이자 마르크스-레닌주의에 기초한 군대로 규정하며, 주체 개념을 군사 담론에 결합하기 시작했다.

1960년대 들어서며 북한은 '국방에서 자위'를 했고, 1962년부터 주체사상을 군사 분야에 본격적으로 도입했다. 1963년, 김일성은 '사상 주체, 정치 자주, 경제 자립, 국방 자위'라는 구호를 제시하며 외부 지원에 의존하지 않는 안보 역량을 강조했다. 1960년대 중반에는 이를 '가장 독창적인 군사사상'으로 규정하고, '전군 간부화·전국 요새화·전민 무장화·군 현대화'를 담은 '4대 군사노선'을 추진했다. 1965년 인도네시아 연설에서 이 '네 기둥'을 공식화하며, 주체는 군사정책의 기본 철학이자 체제 유지의 핵심 이념으로 제도화됐다.

결국, '주체'와 '자주'는 북한 군사사상에서 외세의 영향력으로부터 독립하고 김일성 중심의 유일체제를 정당화하기 위한 핵심 개념으로 정착되었다. 이 사상은 실천적 대응에서 출발하였지만, 점차 이념적 체계로 심화되면서 정치적 통제의 도구이자 군사전략의 중심축으로 발전하게 되었다. 군사 분야에서의 '주체'는 단순한 안보 전략이 아닌, 북한 전체 체제를 구성하는 핵심 이데올로기로 기능하게 된 것이다.

2.2.2. 김일성 중심 군사사상의 정립과 우상화 전략

1967년은 북한 주체사상이 김일성 유일 지배체제를 정당화하는 통치 담론으로 전환된 해였다. 조선노동당 제4기 15차 전원회의에서 '유일사상체계 확립'이 제기되면서, 주체사상은 마르크스-레닌주의나 마오쩌둥 사상과 경쟁하는 독자 세계관으로 이론화되기 시작했다. 군사 분야에서도 김일성의 1930년대 만주 항일유격투쟁과 6·25전쟁 경험이 조선인민군의 전통과 기원으로 재구성되었다. 전자는 김일성 개인의 정통성과 영웅성을, 후자는 실패의 교훈을 통해 독자적 전략관을 강조하는 수단으로 활용됐다.

이 과정에서 '주체적 군사사상'은 항일투쟁 서사를 영웅주의적으로 부각하고, 인민군 조직을 김일성 중심으로 재편하려는 목적을 띠게 되었다. 만주는 '군사정신의 성지'로 상징화됐고, 항일유격전은 정치적 신화로 과장·왜곡되었다. 이는 초기 '자위 국방 사상'의 실천성을 약화시키고, 김일성 개인숭배 중심의 사상체계로 변질되는 계기를 마련하였다.

1967년 항일유격대 창건 35주년 기념사에서 김일성은 마르크스-레닌주의를 언급하면서도 주체적 전략 노선을 강조했고, 공식 매체는 이를 인민군의 '유일 지도사상'으로 선전했다. 1968년 인민군 창건 20주년 기념식에서는 6·25전쟁을 '수령의 군사사상과 예술의 승리'로 규정하며, 모든 국방 문제를 독창적으로 해결해야 한다는 원칙을 공식화했다.

1969년 이후 북한은 김일성의 항일무장투쟁을 군사이론으로 체계화하며, '김일성=독자성'이라는 공식을 확립했다. 그러나 실제 만주 유격전에서 김일성의 역할은 제한적이었고, 전략적 지휘는 주로 중국 공산당 측에서 이루어졌다. 그럼에도 북한은 역사적 사실을 축소·왜곡해 소규모 전투를 부각시키고, 마오쩌둥 인민전쟁 사상과 유사한 '사람 중심 군사이론'을 김일성 독창 사상으로 포장했다. 이때의 '사람 중심'이라는 개념은 본질적으로 마오쩌둥의 인민전쟁 사상과 큰 차이가 없었으나, 북한은 이를 김일성의 독창적 사상으로 포장하였다. 즉, 표현은 바뀌었지만 내용은 유사한 이념을 정치적 수사로 전환한 것이었다. 북한은 소련식 군사체계에 대한 지나친 의존에서 벗어나면서 오히려 중국식 접근을 '북한화'하는 방식으로 독자화를 시도했던 것이다.

2.2.3. 주체적 군사사상의 등장과 군 내부 확산

1960년대 후반 북한에서는 '주체'와 '군사사상'이라는 용어가 결합한 새로운 정치적 언어들이 등장하기 시작했다. 이는 단순히 사상 용어의 다양화가 아니라, 주체사상이 군사 분야에 본격적으로 확산되기 시작했음을 의미한다. 북한은 이 시기 '마르크스-레닌주의 군사사상과 전략전술', '자위의 군사사상', '김일성의 군사사상' 등의 표현을 혼용하며, 기존 사회주의 군사이론을 북한식으로 재정의하려는 시도를 전개하였다. 이들 용어는 결국 '주체적 군사사상', 혹은 '주체적 군사노선'이라는 개념으로 수렴되며, 항일유격투쟁과 조국해방전쟁의 경험을 토대로 북한의 현실에 맞는 독창적인 전쟁 수행 전략으로 이론화되기 시작하였다.

이러한 주체적 군사노선은 단지 자위적 국방정책의 표현이 아니라, 당의 유일사상 체계를 군에도 그대로 이식하려는 정치적 구상의 연장선에 있었다. 북한은 김일성의 항일무장투쟁시기 활동을 근거로 그가 이미 '혁명무력 건설이론'과 '독창적 전략전술'을 창조하였다고 강조하였다. 김일성을 '천재적인 군사사상가'로 부각시키는 이 선전은 인민군을 '김일성의 군대'로 재정의하려는 구호와 결합되면서 군의 충성심을 수령 개인에게 집중시키는 방향으로 작동했다.

1968년 6월, 북한은 보천보 전투 승리 30주년 기념식에서 "김일성 동지의 사상 이외에는 그 어떤 사상도 모른다"는 확고한 신념을 천명하며, '유일사상체계의 확립'을 군 내부에까지 철저히 구현할 것을 선언하였다. 같은 해 2월 8일, 민족보위성은 민족보위상 명령 제12호를 통해 전체 인민군 장병들에게 유일사상체계 확립을 지시하였고, 명령문 말미에는 "조선인민군의 경애하는 수령 김일성 동지 만세"라는 구호로 마무리되었다. 이는 1966년까지만 해도 "김일성 동지를 수반으로 하는 조선로동당 만세"라는 표현이 사용되었던 것과 비교할 때, 김일성 개인에 대한 찬양 수준이 한층 더 강화되었음을 보여준다.

동시에 주체적 군사사상의 위상은 점차 기존 사회주의 군사이론을 압도하는 것으로 격상되었다. 1969년 김일성은 인민군 전원회의에서 "절대로 소련 것을 가져오지 말라"고 직접 언급하며, 군사정책과 전쟁준비는 어디까지나 '대한민국 실정'에 맞게 준비되어야 한다고 강조하였다. 그해 2월 오진우 총참모장은 인민군 창건 21주년 기념사에서 김일성의 항일투쟁과 6·25전쟁 수행을 '김일성의 위대한 마르크스-레닌주의 군사사상'과 '천재적인 군사 전략전술'의 결과라고 선전하였다.

이러한 담론은 점차 마르크스-레닌주의 자체를 넘어서는 구조로 확대되었다. 김일성의 군사사상은 '새로운 역사적 조건에서의 마르크스-레닌주의의 창조적 발전'으로 정의되었고, 이를 더욱 풍부하게 발전시키는 사상으로 정당화되었다. 같은 해 『조선중앙방송』은 주체적 군사사상이 "국방건설과 혁명전쟁의 제반 요구를 자체의 실정에 맞게 독자적으로 해결해 나가는 창조적 입장"이며, 이는 김일성의 주체사상이 국방 분야에서 구현된 것이라고 설명하였다.

결과적으로 주체사상의 '독창성'이라는 구호는 군사 영역에서 '김일성'이라는 이름과 거의 동의어로 사용되기 시작하였다. 1970년 11월, 당 제5차 대회에서는 유일사상체계가 곧 주체의 사상체계이며, 주체사상이 지도사상으로 선언되었는데 이 흐름은 곧 군사사상에도 반영되었다. 이때부터 김일성은 '주체사상과 그에 기초한 창조적·독창적 군사사상'을 창시한 인물로 공식화되었으며, 혁명무력 건설의 이론과 전법을 천재적으로 창조한 수령으로 부각되었다.

북한의 '주체적 군사사상'은 이 시기를 기점으로 김일성의 항일유격대 경험을 바탕으로 구성되었다. 김일성이 창시한 군사이론은 '조국해방전쟁'의 경험을 통해 실천적으로 적용되었고, 북한의 실정에 맞는 군사훈련 체계, 무기 개발, 전법 창안 등으로 이어졌다고 선전되었다. 1970년 김일성은 군사훈련과 장비의 현대화 역시 '대한민국 실정에 맞는 방식'으로 이루어져야 한다고 지시하면서, 군의 실천 전력을 이념적 정당성과 결합시켰다.

이러한 흐름은 1972년 '사람이 모든 것의 주인이며, 모든 것을 결정한다'는 주체사상의 철학적 명제를 김일성이 제시하면서 정점에 이르렀다. 이는 군사 영역에서도 사람이 전쟁의 주체이자 중심임을 강조하는 '사람 중심 군사사상'으로 연결되었다. 같은 해 4월, 총정치국장 한익수는 김일성의 군사사상에 따라 북한의 구체적 실정에 맞게 군사과학과 군사기술을 더욱 발전시켜야 한다고 강조하였다. 이를 통해 주체적 군사사상은 단지 이념적 선전이 아니라, 실제 군사 운영 원칙과 교육·훈련체계 전반에 깊숙이 스며든 이념적 기반으로 자리 잡게 되었다. 주체적 군사사상의 확산은 김일성 개인의 영도력과 군사지도 능력을 절대화하는 동시에, 북한의 군사체제를 '당의 유일사상'과 결합된 정치·이념적 군사체계로 정비하는 과정이었다. 이 사상은 단순한 자위나 독창성을 넘어, 북한의 군대 자체를 '김일성의 군대', 즉 '사상화된 군대'로 만드는 핵심 도구로 기능하였다.

2.3. 김정일의 선군사상

2.3.1. 김정일 시대 선군정치의 출현과 정당화

김일성 사망 이후 김정일 체제는 전대미문의 국가적 위기에 직면하게 된다. 1990년대 중반, 북한은 대외적 고립과 더불어 대량 아사 사태라는 이중의 위기에 처했으며, 이를 '고난의 행군'이라는 명칭 아래 극복해야만 했다. 김정일은 이처럼 절체절명의 상황 속에서 체제 위기 돌파를 위한 장기 전략을 모색해야 하였기에 대중에게는 위기 극복을 위한 정당성과 동원 논리를 제시할 필요가 있었다.

이러한 상황에서 제시된 전략이 바로 '선군정치(先軍政治)'였다. 이는 사회주의 체제를 유지하고 국가적 위기를 극복하기 위한 김정일식 실천 전략으로, 국가의 최후 보루인 군대를 전면에 내세워 체제 안정을 도모하고자 한 정책 노선이었다. 다시 말해, 선군정치는 안보를 우선시하며 군대를 중심축으로 경제를 회복시키겠다는 북한식 위기 대응 모델이었다.

선군정치는 기존의 사회주의 이념 체계와 비교할 때 독특한 전략적 선택이었다. 기존에는 노동계급과 당이 체제를 이끄는 중심이었으나, 선군정치는 당보다 군을, 노동계급보다 인민군대를 앞세우는 방식으로 체제 방어의 논리를 전환시켰다. 선군정치는 곧 군사선행의 원리에 기반해 국정을 운영하고, 인민군대를 혁명의 주력군으로 삼아 사회주의 혁명과 건설을 이끌어나가는 정치 노선이었다.
김정일은 이미 1996년 12월, 김일성종합대학 창립 50주년 기념연설에서 노동당의 무능을 질책하며 군대를 본받을 것을 강조한 바 있다. 이는 명시적으로 당보다 군을 앞세워야 한다는 인식을 보여주는 것으로, '당이 곧 군대이며, 군대가 곧 당'이라는 군 중심 사상의 정당화로 이어졌다. 이후 김정일은 당사업에서도 혁명적 전환을 요구하며 인민군대의 당 정치사업을 본보기로 삼아야 한다고 강조하였다. 이에 따라 인민군대는 '혁명의 주력군'이자 '국가의 기둥'으로 규정되었고, 전 사회에 '혁명적 군인정신'이 확산되기 시작했다.

이러한 선군정치는 단지 군사적 조치에 그치지 않고, 제국주의의 사상·문화적 침투에 대응하는 이데올로기적 대응이기도 했다. 즉, 선군후로(先軍後勞)의 원칙은 이념적 위기에 대한 '이데올로기의 재기능화(refunctionalization of ideology)' 시도로도 이해할 수 있다.[33]

주체사상이 사회주의 건설기간 북한의 실천이데올로기로 자리 잡았다면, 선군정치는 사회주의 위기 시기 북한 체제를 지키기 위한 정치적 노선이자 실천 전략이었다. 선군정치는 김정일 체제가 극심한 국가적 위기를 돌파하기 위해 마련한 통치 담론으로서 1990년대를 거치며 점차 구체적 내용이 추가되면서 체계화되었다.

김일성 사망 직후인 1995년 1월 1일, 김정일이 다박솔 중대를 현지지도한 사건은 선군정치의 역사적 출발점으로 강조된다. 이후 '군대이자 당', '선군후로', '혁명적 군인정신', '선군혁명영도' 등의 개념이 추가되면서 선군정치의 이론화 작업이 본격화되었다. 『로동신문』과 『근로자』(1999.6.16) 등을 통해 이론적 정당성도 확립되어 갔다.

군사선행 원칙에 따라 군수공업의 강화를 강조하는 한편, 국방공업의 우선 발전을 주장하는 선군시대 경제건설 노선 또한 선군정치의 중요한 구성요소로 등장하였다. 이러한 선군정치는 단순히 군사 중심의 운영방식이 아니라, 경제·사상·사회 전반을 아우르는 종합적 체제유지 전략이었다.

선군정치는 북한이 직면한 국가적 위기 상황 속에서 등장한 일종의 위기관리 전략이자, 김정일 체제의 핵심 통치 이념이었다. '군대가 곧 당이며, 국가이고, 인민'이라는 정치 철학과 '총대에도 사상이 있다'는 총대철학은 선군정치의 이념적 토대를 이루었다. 고난의 행군이라는 극한 상황을 극복하기 위한 실천적 수단으로 작동하였다. 결국 선군정치는 1990년대 북한 사회의 현실 속에서 형성된, 현실 대응형 실천 이데올로기였다.

2.3.2. 선군사상의 내용

선군사상은 '군사선행'의 사상이며, '선군후로의 노선과 전략·전술'로 요약될 수 있다. 2003년 3월 21일자 『로동신문』 편집국 논설 「선군사상은 우리 시대 자주위업의 필승불패의 기치이다」에서는 "선군사상은 한마디로 말해 군사를 모든 것에 앞세울 것을 강조하는 군사선행의 사상이자, 군대를 혁명의 기둥이자 주력군으로 내세우고 그에 의거할 것을 강조하는 선군후로의 노선과 전략·전술"이라고 정의하고 있다.

같은 논설에서는 "김정일 동지의 선군사상은 자주와 사회주의를 위한 투쟁의 앞길을 밝혀주는 우리 시대 혁명의 지도적 지침"이라고 주장하면서, 선군사상이 북한 사회의 '지도적 지침'임을 강조하고 있다. 이러한 표현은 선군사상이 기존의 공식 이데올로기인 주체사상을 대체하는 것이 아닌가 하는 의문을 불러일으킬 수 있다.

그러나 선군사상의 구체적인 내용을 주체사상과 비교하여 명확히 규명하기는 어렵다. 예컨대, 넓은 의미의 주체사상은 사상, 이론, 방법을 포괄하고 있다. 이러한 체계는 『주체사상총서』 10권을 통해 상세히 제시되고 있다. 좁은 의미의 주체사상 또한 '철학 원리', '사회역사 원리', '지도적 원칙' 등 구체적인 구성요소를 가지고 있다.

반면, 선군사상은 현재까지 『로동신문』에 보도된 기사와 몇몇 단행본에 의존할 수밖에 없으며, 이로써 사상의 체계와 구체적인 내용을 파악하기에는 한계가 있다. 다만, 북한은 선군사상이 "현실에 맞게 주체사상을 계승·발전시킨 사상"이라는 점을 일관되게 강조하고 있다. 북한 매체 역시 선군사상이 김정일에 의해 '심화·발전' 중에 있다고 명시하고 있다. 이는 곧 선군사상이 아직 완성된 사상이 아니라는 점을 시사한다.

2002년 10월 5일자 『로동신문』 논설에서도 "위대한 김정일 동지께서는 정력적인 사상리론 활동으로 선군사상을 끊임없이 심화·발전시키고 계신다. 이 과정에서 과거 절대적 진리로 간주되던 혁명이론과 전략·전술의 약점과 한계가 드러났으며, 선군시대에 부합하는 새로운 혁명리론이 완성되고 있다"고 했다.

제3절 북한의 군사정책[34)]

3.1. 북한의 군사사상과 군사정책

북한은 체제 특성상 정치가 군사에 우선하는 구조를 가지고 있으며, 이에 따라 군사정책은 정치적 목표와 방향을 반영하여 수립된다. 군사전략은 이러한 군사정책을 실현하기 위한 구체적 수단으로 기능하며, 군사력을 어떤 방식으로 운용할 것인가에 대한 실행 지침을 제공한다. 북한은 군사전략을 "전쟁의 국면 또는 작전 지역에서 무력을 배치하고 전투를 조직하는 전반적인 작전 방침"으로 정의하였고, 군사전략을 군사정책보다 하위 개념으로 체계화하고 있다.

북한군은 조선노동당과 정치적으로 일체화된 구조 속에 존재하기 때문에, 북한의 군사정책은 군대를 중심으로 추진되는 정책이라 할 수 있다. 따라서 북한의 군사정책을 분석할 때는 반드시 정치적 요소와 군사적 요소를 동시에 고려해야 한다. 북한의 군사정책은 김일성의 주체사상에 기반한 자위적 국방노선을 핵심 원리로 하며, 그 목표는 한국에 대한 비교우위 확보와 전시 총동원태세 유지에 있다.

북한의 군사사상은 군사문제 전반에 있어서 가장 상위에 위치하는 개념으로서 군사정책과 군사전략에 직접적인 영향을 미친다. 군사사상은 '자위적 국방'이라는 기본 이념 하에 4대 군사노선에 기반하여 군사정책을 수립하게 한다. 이렇게 수립된 군사정책은 핵·미사일 등 전략무기 확보, 북한군의 무장 수준 제고, 무기의 운용 방향성을 포함한 일련의 방침을 결정하는 역할을 한다.

또한 북한은 현대전의 양상 변화, 한미연합방위체제의 진화, 자국군의 능력과 특성을 고려하여 북한식 군사정책을 바탕으로 고유의 군사전략을 발전시키고 있다. 이에 따라 북한의 군사전략은 정규전과 비정규전 개념을 넘어 재래식 전력과 비대칭 전략무기를 결합한 비재래전 방식으로 보완되고 있다. 이는 북한의 전략이 점점 더 복합적이고 다층적인 전쟁 형태로 진화하고 있음을 보여주는 특징이라 할 수 있다.

3.2. 김일성 시대 군사정책

김일성 정권 시기의 북한 군사정책은 김일성의 주체사상과 3대 혁명론을 사상적 기반으로 하여 수립되었고, 그 기조 아래 크게 세 가지 방향으로 구분된다. 즉 국방 자위 정책, 결정적 시기 조성 정책, 군사 외교 정책이 그것이다.

이러한 군사정책은 북한이 전쟁을 어떻게 인식하는가에 대한 기본 전쟁관을 바탕으로 형성되었는데 조국통일을 실현하기 위한 통일전략의 하위 개념으로 위치한다. 다시 말해, 군사정책은 단순한 국방 차원의 전략이 아니라, 공산혁명 완수를 위한 정치·군사적 목표에 부합하는 수단으로 기능한다.

실제로 「북한 조선로동당 규약」에는 군사력의 존재 이유와 운용 원칙을 규정한 군사노선이 명시되어 있다. 당연히 그 최종적 목표는 공산혁명의 완수로 설정되어 있다. 이는 북한의 군사정책이 단순한 방어적 성격을 넘어, 혁명 완수를 위한 적극적 수단으로 이해되고 있음을 보여준다.

3.2.1. 김일성 정권하 북한의 군사정책 유형

김일성 정권 하에서 북한은 주체사상과 3대 혁명론을 이념적 기반으로 하여 세 가지 주요 군사정책을 추진하였다. 이는 ① 국방 자위 정책 ② 결정적 시기 조성 정책 ③ 군사 외교 정책으로 구분되며, 모두 북한의 기본 전쟁관과 통일전략을 실현하기 위한 하위 군사정책으로 기능하였다.

(1) 국방 자위 정책

북한은 “국방에서의 자위란 문자 그대로 자체의 힘으로 국가를 방위하는 것”이며, 이는 “군사 분야에서 우리 당의 주체사상이 구현된 것”이라고 주장한다. 그러나 이 자위 개념은 전통적인 방어적 국방 개념이라기보다는, 한국 내에 결정적 시기가 조성되거나 주한미군 철수 및 자동개입 가능성이 사라질 경우, 중·러의 지원 없이도 무력통일을 감행할 수 있다는 전쟁준비 개념에 더 가깝다.

1962년 12월 10일부터 14일까지 열린 조선노동당 중앙위원회 제4기 제5차 전원회의에서는 당시의 안보 정세를 반영하여 국방력 강화 문제를 논의하였다. 그 결과 국방 자위 정책을 공식 채택하였다. 이후 이 정책은 북한 군사정책의 핵심 기조로 유지되고 있다.

자위정책은 구체적으로 4대 군사노선(전 인민의 무장화, 전 국토의 요새화, 전 군의 간부화, 군장비의 현대화)로 구체화되었다. 이 네 가지 요소는 북한이 체계적인 전쟁 준비를 위해 민·군·지리적 요소 전반을 무장화하고, 전시 대비 태세를 상시적으로 유지하고자 하는 전략을 반영한다.

(2) 결정적 시기 조성 정책

북한은 3대 혁명론에 따라 남한에서의 혁명을 '인민민주주의 혁명'으로 규정하며, 이를 전국적 혁명의 일부인 지역혁명으로 간주한다. 이 혁명 완수를 위한 공세적 군사정책 중 하나가 바로 결정적 시기 조성 정책이다.

여기서 말하는 '결정적 시기'란 단순한 시간의 흐름이 아니라, 한반도 안팎의 정세와 남북한의 역량을 고려하여 무력 통일의 모든 조건이 충족되는 시기를 의미한다. 다시 말해, 북한 주도의 한반도 공산화를 실현할 수 있는 전략적 기회 창출을 위한 준비 단계인 것이다.

1966년 10월 열린 제2차 노동당 대표회의에서 김일성은 "남조선 반혁명을 타도하고 혁명의 승리를 달성하기 위해... 긍정적 시기를 맞이할 준비를 해야 한다"고 강조하였다. 1975년 6월에는 이른바 '조국통일 5대 강령'을 발표하면서 위장된 평화공세와 함께 군사문제 선결 주장 등 공세적 전략을 본격화하였다.

1980년대 들어 북한은 주한미군 철수, 한반도 비핵지대화, 3자 군사회담, 남북 병력 감축, 군비 경쟁 중단 등과 같은 주요 담론을 반복적으로 제기하였다. 이러한 주장은 외형상 평화적 수사를 포함하지만, 실질적으로는 주한미군 철수를 유도하고 남한 내부 혼란을 극대화하여 무력통일의 유리한 조건을 조성하려는 전략이었다.

이 정책의 전술적 기초는 인민민주주의 혁명론에 기반한다. 북한은 혁명의 장애물로 미 제국주의를 첫 번째 제거 대상, 다음으로 이를 추종하는 지주·매판 자본가·반동 관료를 설정하였다. 이를 타도할 혁명 주체로는 노동자와 농민을 중심으로 민주학생 및 진보적 인텔리 계층을 지목하고 있다.

(3) 군사 외교 정책

북한의 군사외교 정책은 1961년 체결된 중국과의 우호·상호방위 조약 및 소련(현 러시아)과의 수정 우호조약을 기반으로 형성되었다. 이후 비동맹 국가들과의 관계 확대, 제한적 군사지원 제공, 군사 사절단 방문과 초청 외교의 다변화, 그리고 대미 평화협상 추진 등을 포함하는 군사적 외교전략으로 발전했다.

군사외교의 궁극적인 목적은 유사시 북한에 대한 국제적 지지를 확보하고, 대한민국의 국제적 고립을 유도하는 포위 전략에 있다. 즉, 북한은 외교적 수단을 활용하여 우방국의 개입을 차단하고, 남한에 대한 국제적 지원을 약화시키는 전략적 목표를 추구하고 있는 것이다.

이처럼 김일성 정권 시기의 북한 군사정책은 자위적 명분을 내세우면서도 공세적이고 전투지향적인 정책기조를 유지해 왔으며, 대내외 전략이 통합된 정치·군사 복합전략의 형태로 전개되었다.

3.2.2. 김일성 시대의 북한 군사정책 변천과정

김일성 정권하에서 북한의 군사정책은 시대별 대내외 전략환경의 변화에 따라 점진적으로 발전하였다. 비록 북한 내부에서 군사정책 변화에 대한 공식적 분석은 드물지만, 많은 연구자들은 1962년 '국방에서의 자위원칙' 채택, 1972년 붉은청년근위대 창설을 통한 전면 동원체계 구축, 그리고 1994년 김일성 사망과 김정일 체제 이행기를 주요 변곡점으로 간주하고 있다.

해방 이후부터 1961년까지의 시기는 군사정책의 형성기로 북한의 군사체계는 주로 소련과 중국의 영향 아래 구축되었다. 인민군 창설과 한국전쟁 역시 소련의 승인과 지원 아래 이루어진 것이었다. 전후 복구기에도 두 강대국의 군사적 지원에 의존하는 양상이 뚜렷했다. 그러나 1958년 중국군 철수 이후 북한은 자주적 국방의 필요성을 인식하기 시작하여, 1959년 노농적위대 창설을 계기로 독자적인 군사력 구축을 추진하였다. 1961년에는 한반도 안보환경의 급변에 대응하여 중·소 양국과 각각 군사동맹 조약을 체결하며 군사외교적 균형을 도모하였다.

〈김일성 시대의 북한 군사정책 변천과정 요약〉

시기	구분	주요 특징	주요 사건 및 정책
1945 ~1961년	군사 정책 형성기	• 외세 의존적 군사체계 • 독자 정책 기반 미약	• 인민군 창설(소련 주도) • 한국전쟁 발발(소련 승인) • 1959년 노농적위대 창설 • 1961년 중국 소련과 군사동맹 조약 체결
1962 ~1970년	자주 노선 추진기	• 자력적 군사노선 채택 • 예비전력 기반의 전면전 대비체계 구축	• 1962년 '국방에서의 자위원칙' 채택 • 1963년 4대 군사노선 제시 • 1970년 붉은청년근위대 창설 • 침투장비 및 비정규전 전력 확대
1971 ~1991년	자주 노선 강화기	• 대남 군사우위 확보 • 군사력 현대화, 핵무장 기반 조성	• 1972년 7·4 남북공동성명 및 '조국통일 5대 강령' 발표 • 1975년 중국에 무력통일 시 지원 요청 • 기계화군단 창설(1982년) • 1991년 김정일 최고사령관 추대 및 비핵화 선언 • 1993~94년 NPT 탈퇴-유보 전략, 북미 제네바 합의 체결

1962년을 기점으로 북한은 본격적인 자주노선을 추진하였다. 같은 해 발생한 쿠바 미사일 위기에서 소련이 미국에 대해 타협적인 태도를 보이자, 북한은 소련에 대한 전략적 불신을 키웠다. 중·소 간의 이념분쟁 역시 자립적 군사정책 수립을 자극하였다. 이에 김일성은 1962년 12월 조선노동당 전원회의를 통해 '국방에서의 자위원칙'을 제시하며 자력적 무장 역량 확보를 강조하였다. 1963년에는 인민 무장화, 국토 요새화, 전군 간부화, 장비 현대화를 핵심으로 하는 '4대 군사노선'을 공식화하였다. 이어 1970년에는 붉은청년근위대를 창설하며 노농적위대, 교도대와 함께 총 700만 명에 이르는 예비전력을 완비하였다. 이러한 조치는 겉으로는 방어적 자위노선처럼 보이나, 실제로는 주한미군 철수나 결정적 정세 변화 시 무력통일을 실현하기 위한 공격적 전략 구상이었다. 이에 따라 북한은 AN-2기, 잠수정 등 비정규전용 침투수단 확보에도 주력하였다.

1970년대 이후 북한은 자주노선을 더욱 강화하며 실질적인 군사우위 달성을 꾀하였다. 1972년 7·4 남북공동성명을 통해 형성된 해빙 분위기 속에서도 군사력 우위를 바탕으로 정세를 유리하게 이끌고자 하였으며, '조국통일 5대 강령'을 통해 군사문제 선결 의지를 명시하였다. 특히 1975년 월남 패망 이후 북경을 방문한 김일성은 남침 시 중국의 지원을 요청하면서, 남한 내부의 혁명적 대사변 가능성을 기대하였다. 1980년대 들어 북한은 기계화군단 창설, 민방위 조직 확대, 스커드-C 미사일 생산 등 군사력 현대화에 박차를 가하였으며, 1991년 김정일을 인민군 최고사령관에 추대하고 비핵화 선언을 추진하면서도 이면에선 핵개발을 병행하였다. 이어 1992년 헌법 개정을 통해 자위적 군사노선을 공식화하고 김정일을 국방위원장에 임명하였다. 1993년에는 '전쟁 개시의 해'를 선언하고 북미 간 제네바 합의(1994)를 유도하였다.

이처럼 김일성 시대 북한의 군사정책은 대외 전략환경 변화와 위협 인식을 중심으로 전개되었고, 극심한 경제난 속에서도 군사력 강화는 결코 후퇴하지 않았다. 이는 북한의 군사정책이 경제상황보다는 체제 보위와 전략적 주도권 확보를 최우선 가치로 설정하고 있었음을 보여준다.

3.3. 김정일 시대 군사정책

김정일의 군사정책은 본질적으로 김일성의 군사사상을 계승하는 성격을 지닌다. 김정일은 20여 년 이상 김일성으로부터 직접 후계자 수업을 받으며 지도자로 성장했기 때문에, 그 군사사상의 뿌리는 김일성에게서 비롯된 것으로 볼 수 있다. 김일성의 군사사상은 마르크스-레닌주의, 구소련과 중국의 군사이론, 본인의 항일투쟁 및 6·25전쟁 경험, 그리고 제3국의 전쟁 사례로부터 영향을 받아 발전하였다.

김정일 역시 이러한 이념적·실천적 토대 위에서 군사정책을 수립하였으나, 시대적 환경의 변화—즉 탈냉전, 정보화 전쟁의 도래, 국제질서의 재편 등—를 반영하여 김일성 시대와는 다른 전략적 방향성을 추구하였다. 이러한 차별점은 "강성대국 건설론"과 "선군정치"를 중심축으로 하는 김정일 시대 군사정책에서 구체적으로 드러난다.

3.3.1. 김정일 정권의 출범과 군사 중심 통치체제

김일성 사망 이후 약 4년간의 유훈 통치기를 거쳐 1998년, 김정일 정권은 공식적으로 출범하였다. 이를 상징적으로 보여준 사건은 세 가지였다. 8월 22일 『노동신문』 정론을 통한 '강성대국 건설론' 발표, 8월 31일 대포동 미사일 시험 발사, 9월 5일 최고인민회의 제10기 제1차 회의에서의 헌법 개정과 김정일 국방위원장 재추대였다. 이 가운데 '강성대국 건설론'은 김정일 시대 국가 전략의 핵심 목표이자 정치적 슬로건으로 자리매김하였다.

강성대국은 사상·정치·군사·경제의 각 분야를 모두 포괄하는 강국 건설 구상으로, 주체사상과 김정일 사상에 기반한 사상 강국, 자주적 정치노선과 일심단결을 바탕으로 한 정치 강국, 주체적 군사정책과 전국 요새화를 통해 실현되는 군사 강국, 자립적 민족경제와 인민 생활 향상을 목표로 하는 경제 강국을 지향했다. 그러나 실질적으로는 대외 협상력과 내부 통제 강화를 위한 정치적 수사이며, 체제 생존과 정권 안정을 우선시한 전략적 프레임이었다.

이와 함께 김정일 정권은 선군정치를 국가의 핵심 통치이념으로 확립했다. 선군정치는 군을 국가의 중심축으로 삼아 국방력 강화뿐 아니라 국가 전반의 활동을 이끄는 전략적 지도방식으로, 북한은 이를 '우리 혁명의 만능의 보검'이라 선전했다. 1995년 다박솔초소 시찰을 기점으로 시작된 선군정치는 1999년 공동논설 「우리당의 선군정치는 필승불패이다」를 통해 이론적으로 구체화되었다. 이는 군사선행의 원칙에 따라 모든 문제를 해결하고, 군대를 혁명의 기둥으로 삼아 사회주의 위업을 추진하는 정치방식이었다. 대외적으로는 제국주의와의 대결 승리를, 대내적으로는 체제 기반 강화와 발전 촉진을 목표로 하였으며, '선군후경', '선군후노'와 같이 경제와 노동보다 군을 우선시하는 기조가 확립되었다. 이러한 선군정치는 군부 충성을 확보하고 사회를 통제하며 대외 협상력을 높이는 핵심 수단이 되었고, 강성대국 건설의 중심 원칙으로 작동했다.

김정일 통치체제의 또 다른 특징은 '국가주석'이 아닌 '국방위원장'을 권력의 정점에 둔 국가 운영 구조였다. 김정일은 1990년 국무위원회 제1부위원장, 1991년 인민군 최고사령관, 1992년 원수 칭호를 거쳐 1993년 국방위원장에 선출되었다. 김일성 사망 후 최고사령관직을 기반으로 권력 승계를 안정적으로 진행한 그는 1997년 당 총비서에 오르고, 1998년 개정 헌법에 따라 국방위원장으로 재추대되며 당권과 군권을 완전히 장악했다. 개정 헌법은 국가주석제를 폐지하고 국무위원회를 국가의 최고 군사지도 기관으로 격상시키며, 국방위원장에게 무력 지휘·통솔, 국방 사업 지도, 군 간부 임면, 전시·동원령 선포 등 막강한 권한을 부여했다. 이는 김일성의 후광을 활용하면서도 정치·경제적 책임을 최소화하며 군권을 실질적 권력 기반으로 삼는 전략적 선택이었다.

김정일 정권의 통치 구조는 '강성대국 건설론'을 국가 전략 목표로, '선군정치'를 핵심 운영 원리로, '국방위원장 중심 체제'를 제도적 기반으로 삼아 구축되었다. 이는 군을 체제의 중심에 두고 정치·경제·외교를 종속시키는 권력 구조로, 김정일식 군사 중심 국가 운영의 전형을 보여주는 모델이었다.

3.3.2. 김정일시대 군사정책

김정일 정권은 김일성 시대의 '국방에서의 자위원칙'을 계승하면서 자위적 군사노선을 국가 전략의 핵심으로 유지하였다. 특히 1990년대 초, 냉전의 종식과 함께 김일성 사망, 심각한 경제난, 남북한 국력 격차 확대 등의 위기를 맞이하면서 북한은 기존의 재래식 군비경쟁에서 전략무기 중심의 비대칭 전력 강화로 정책의 무게중심을 전환하였다.

이 시기 북한은 핵무기와 미사일, 화생방 무기 개발을 본격화하였다. 1994년 NPT 탈퇴와 북미 제네바 합의, 이후 2002년 2차 북핵 위기 재점화 등 일련의 사건을 통해 핵보유를 체제 보장의 핵심 수단으로 삼았으며, 현재는 약 20~60기의 핵무기를 보유한 것으로 추정하고 있다.[35] 1992년 개정 헌법에서는 자위적 군사노선과 '4대 군사노선'을 명문화하였다. 1998년 개헌을 통해 그 배열 순서를 상비군 중심으로 재조정함으로써, 정예군 양성과 현대화에 대한 우선순위를 드러냈다.

김정일 정권은 또한 대남 전략에서도 무력통일보다는 체제 보장과 경제 실리 확보를 중심으로 한 접근법을 택했다. 남북 정상회담과 경제협력, 문화교류 등 다양한 평화적 수단을 활용하면서도, 이를 통해 얻을 수 있는 전략적 이익을 극대화하는 방향으로 '결정적 시기'를 조성해 나갔다. 이러한 전략은 남한 내 정치 변화와 사회 통합, 특히 민주정부 출범과 '한류' 확산 등 문화적 우위까지도 고려한 유연한 대남 접근이었다.

대외정책 차원에서 김정일은 실용주의적 외교 노선을 취했다. 제네바 합의 이후 대미 관계 개선을 시도했으며, 대화와 협상을 통해 체제 안전과 경제지원 확보를 추구하였다. 그러나 미국의 대북 강경 정책과 불신, '악의 축' 발언 등으로 북미관계는 반복적인 경색과 완화 국면을 오갔다. 이에 북한은 중국·러시아와의 전략적 협력을 강화하며 외교적 균형을 모색하였다.

북핵 문제는 김정일 정권기 외교정책의 핵심 과제로 핵을 체제 생존의 보루로 인식하며 결코 쉽게 포기하지 않겠다는 태도를 고수하였다. 6자회담과 같은 다자 협상이 지속되었으나, 북미 간 불신과 전략적 괴리로 인해 실질적인 진전은 어려웠다. 북한은 미국의 군사 개입 사례에서 위협을 학습하고, 자위적 억제력으로서의 핵무기를 제도화하려 하였다.

한편, 주한미군에 대한 인식도 변화하였다. 과거의 전면 철수 요구에서 '조건부 용인'으로 입장을 유연화하면서, 주한미군을 전략적 균형자로 인식하는 시각까지 확대되었다. 이는 북한의 정책 목표가 '무력통일'에서 '체제 보장'으로 전환되었음을 보여주며, 대남 안보 전략의 패러다임 전환을 상징한다.

결국 김정일 정권의 군사정책은 전시체제 유지, 전략무기 중심의 군사력 강화, 헌법적 자위 노선 고수, 실용주의 외교와 대내외 전략적 균형을 통해 체제 안정과 생존을 우선시한 방향으로 전개되었다고 할 수 있다.

3.4. 김정은 시대 군사정책과 4대 강군화 노선

3.4.1. 김정은 시대 군사정책

김정은의 군사정책은 김일성의 자위적 국방노선과 김정일의 선군정치를 계승하면서도, 21세기 전략 환경과 기술혁신, 대미 군사대결 구도의 심화에 맞춰 핵무력을 중심으로 한 전략 억지력 확보, 첨단기술 기반의 군 현대화, 전면전 가능성을 고려한 공격적 방어 전략, 군 내부의 정치화·충성체계 강화라는 독자적인 정책 전환을 단행해 왔다. 특히 김정은은 군사력을 단지 안보의 수단이 아닌, 체제 유지·정권 보장·국제 협상력 제고의 전략적 도구로 활용하고 있으며, 이는 군사정책의 이념적·전략적 성격을 근본적으로 변화시키고 있다.

김정은 시대의 군사정책은 다음 네 가지 측면에서 구체적으로 분석할 수 있다.

(1) 핵 중심의 자위적 군사사상 강화

김정은 군사정책의 핵심은 핵무력을 국가안보의 '궁극적 수단'으로 상정하고, 이를 법제화·교리화함으로써 군사사상의 중심축으로 삼은 데 있으며 대표 사례는 아래와 같다.

① 2013년 3월 31일, 노동당 중앙위원회 전원회의에서 '경제건설과 핵무력건설 병진노선' 공식 채택 → 핵무력을 단순한 전쟁 억제력이 아닌, 전략 주도권 확보 수단으로 격상

② 2022년 9월, 최고인민회의에서 '조선민주주의인민공화국의 핵무력 정책에 관한 법령' 채택 → 핵의 선제 사용 가능성 명시, 자동 대응 체계도 포함

③ 2023년 3월, 신형 핵무기 탑재 수중무기체계(핵무인잠수정 '해일-1형') 공개 → 비대칭 핵무력의 다각화 및 실전 배치 의도 표명

김정은은 단순히 핵을 억지 수단으로 보는 것을 넘어서, 전쟁이 발발하지 않도록 정치적 주도권을 선점하고, 유사시에는 선제타격을 감행할 수 있다는 공세적 핵교리를 강화하고 있다.

(2) 과학기술 중심의 첨단 무력화 전략

김정은 시대 군사정책의 또 다른 축은 기술집약형 무기체계 확보를 통한 '군 정예화'이다. 북한은 기존의 병력 중심의 물량주의적 군사운용에서 탈피하여, 정밀타격·기동력·지휘자동화를 핵심으로 하는 정보·기술전 시대의 군 구조로 개편 중이며 대표적인 사례는 아래와 같다.

① 2021년~2024년: 극초음속 미사일(화성-8형, 화성-17형), 고체연료 ICBM(화성-18형) 개발 및 시험발사

② 2023년 5월: 정찰위성 1호기 발사 시도 → 우주기반 군 정찰망 구축 시도

③ 2023년 7월: 무인공격기, 고고도 장거리 드론 공개 → 한국군과 유사한 무인전 플랫폼 개발 가시화

④ 2024년: "지휘자동화체계 완성 단계 진입" (조선중앙통신) 보도 → 전장 통합지휘체계(전술C4ISR) 실현 가능성 시사

이는 김정일 시대의 전통적 인민군 중심 체계에서 탈피하여, 기술우위 기반의 비대칭 전력 중심군 체계로 진화하고 있음을 의미한다.

(3) 반미 군사사상의 강화 및 전면전 가능성의 부각

김정은은 미국을 '근본 적대세력'으로 규정하며, 대미 군사전략을 협상용 억제력이 아닌 현실적 대결 수단으로 강조하고 있다. 특히 2022년 이후, 한미연합훈련과 미전략자산 전개에 맞서 전면전 가능성을 공개적으로 언급하며, 실질적 전쟁 준비 태세를 강화하고 있다.

① 2023년 8월 31일 연설: "한반도에서의 전면전 준비는 이미 완료되었다" → 군사정찰위성 2차 발사 실패 직후의 군사적 반격 메시지

② 2022년 이후: 전략군 미사일 부대·특수작전부대 훈련 집중 → 전면전 시 주도적 선제타격 능력 확보 의도
③ 2023~2024년: 한미연합훈련 기간에 맞춘 '초대형 방사포' 실사격, KN 계열 탄도미사일 다연발 발사 → 훈련 대비 실전 대응능력 과시

이는 김일성의 자위적 국방노선, 김정일의 선군정치를 계승하면서도 군사력 자체를 정치·외교의 지렛대로 활용하는 전략적 사고의 심화라 할 수 있다.

(4) 군조직의 정치화 및 충성체계 강화

김정은은 군 내부의 정예화와 첨단화뿐 아니라, 충성도 강화를 위한 정치적 재편을 동시적으로 추진하고 있다. 군 수뇌부의 빈번한 교체, 총정치국 권한 강화, 당의 군 장악 강화는 군사조직을 정치조직화하는 과정의 일환으로 분석된다.

① 2020~2023년: 총참모장, 국방상, 총정치국장 등 군 최고 지휘부 인사 10회 이상 교체
② 2023년 7월, 국방상 강순남 경질 후 3개월 만에 복귀
→ 충성심 시험·보상 구조 운영의 일환
③ 2021년 이후: 군 정치사상 강습회·선동대 활동 강화
→ 군 내부 '충성교육' 체계 정비
④ 총정치국의 독립적 지휘권한 강화
→ 군 내부 통제력 극대화, 지휘관의 충성도 보증 기능 수행

이는 김정은이 군을 단지 전투 집단이 아니라 '당의 무력', '체제 수호 세력'으로 재규정하면서, 인민군을 정치적 충성집단으로 구조화하고 있다는 점을 잘 보여준다.

3.4.2. 김정은시대 4대 강군화 노선

김정은 정권 출범 이후, 북한은 2013년 경제·핵무력 병진노선을

중심축으로 삼아 당 주도의 강도 높은 '북한식 군 개혁'을 본격적으로 추진하였다. 특히 2012년 당중앙위원회 책임일꾼들과의 담화에서 김정은 국무위원장은 "선군시대 경제건설 노선에서 제시한 것처럼 국방공업 발전에 힘을 기울여 국가의 군사력을 강화해야 합니다."라고 언급하며, 선대가 제시했던 '선군시대 경제건설 노선'의 연속성을 강조하였다.

그러나 이듬해 북한의 3차 핵실험 이후, 김정은 위원장은 국방공업 발전의 핵심은 곧 '핵무력 건설'이라는 점을 명확히 하였다. 이를 통해 자신이 제시한 경제·핵무력 병진노선(2013)을 김일성 주석과 김정일 국방위원장이 추구했던 '독창적인 경제·국방 병진노선'의 정통 계승으로 규정하였다. 이러한 병진노선은 2009년 2차 핵실험 이후의 총화를 바탕으로, 김정은 시대에 이르러 새로운 전략적 노선으로 체계화된 것으로 평가된다.

결국 김정은 위원장이 언급한 "국방비를 늘리지 않고도 적은 비용으로 국가 방위력을 강화하고, 동시에 경제건설과 인민생활 향상에 더 많은 힘을 기울일 수 있다"는 담화에서 드러나듯, '북한식 군 개혁'은 경제적 자원을 절약하면서도 안보역량을 유지 및 강화하려는 전략으로 이해된다. 이는 2018년 이후 추진된 '경제건설 총력집중' 기조와도 맞물려 있으며, 이 과정에서 '핵무력'의 안보적 가치를 극대화하는 동시에 재래식 전력은 감축하거나 현상을 유지하려는 방향성을 보인다.

하지만 2014년 북한이 제시한 '군 건설의 전략적 노선'인 '4대 강군화 노선'에는 국방비 감축이나 군사력 축소와 같은 정책은 포함되어 있지 않다. 이는 북한이 핵무력을 보유하고 있음에도 불구하고, 재래식 전력 강화 또한 지속적으로 추진하고 있음을 보여주는 대목이다. 즉, 북한은 핵전력과 병행하여 재래식 전력의 질적 향상과 현대화를 모색하며, 군사력 전반의 균형 있는 발전을 도모하고자 하는 전략적 기조를 유지하고 있는 것이다.

북한의 국가전략 달성을 위한 국방정책으로 제시된 '4대 강군화 노선'은 강대국 및 주변국에 의한 안보 위협에 대응하고, 기존 군사력의 약화를 방지하며 군사력을 지속적으로 강화하기 위한 목적 아래 김정은 국무위원장이 제시한 군 건설 전략이다. 이 노선은 ①정치사상 강군화, ②도덕 강군화, ③전법 강군화, ④다병종 강군화의 네 가지 방향으로 정의된다.

이 중 '정치사상 강군화'는 군의 정치적 기능, 즉 '당의 군대'로서의 역할을 지속적이고 강력하게 추진하겠다는 의지를 반영한 것으로 해석된다. 이는 북한이 전통적으로 강조해 온 '주체의 군력관'과 깊은 연관이 있으며, 주체의 군력관은 '정치사업을 앞세우고 여기에 군사기술사업을 옳게 결합시켜 나가는 것'을 무장력 건설의 핵심 원칙으로 삼고 있다.

특히, 군인들의 사상을 개조하고 발동하는 정치사업을 중심에 두고, 이를 군사기술의 발전과 긴밀히 연계시켜 추진하는 것이 핵심이다. 다시 말해, 북한의 기존 가치체계인 '수령 결사옹위'를 중심축으로 삼아, 군 통수권에 대한 절대적 충성을 확보하고자 하는 정치적 목적이 반영된 전략으로 볼 수 있다.

두 번째로, '도덕 강군화'는 군대 구성원의 도덕적 품성을 강화함으로써 수령에 대한 충성을 공고히 하고, 당의 정책을 자발적으로 관철하고자 하는 특징을 지닌다. 이는 북한군이 다양한 경제활동에 참여하는 과정에서 발생할 수 있는 부정부패나 일탈 행위를 사전에 차단하고, 주민들의 군에 대한 지지를 유도하기 위한 '건전한 군민관계'의 형성을 목적으로 하고 있는 것으로 해석된다.

'도덕 강군화'가 강조되는 배경에는 자본주의 사상의 유입, 군수물자 유용, 세대 변화에 따른 군기 저하, 그리고 10년 장기복무 제도로 인한 피로감과 같은 구조적 문제 등 북한군 내에 존재하는 고질적인 일탈 행위에 대한 대응 필요성이 자리하고 있다.

김정은 국무위원장 집권 이후 추진된 '경제건설 총력집중 노선' 아래에서 군부대의 경제활동 참여가 확대되면서, 이는 군의 본래 임무인 전투 준비태세 유지와 사기 고양 등 군의 전문성을 약화시킬 우려를 낳고 있다. 이에 따라 북한은 국가적 경제사업을 병행하면서도 기강이 확립된 군 조직을 유지하기 위한 방안으로 '도덕 강군화'를 주요 군사정책의 한 축으로 내세우고 있는 것이다.

세 번째로, '전법 강군화'는 현대전의 요구에 부합하도록 주체전법과 김일성·김정일의 전략·전술을 기반으로 육군·해군·항공 및 반항공군·전략군 간의 유기적 연계를 통해 새로운 전략·전술체계를 발전시키는 것을 핵심 목표로 하고 있다. 김정은 국무위원장의 정책적 의지에 따라, 북한은 2016년과 2017년을 '군사훈련의 해'로 지정하고, 집중적인 군사훈련을 통해 전법 능력 강화와 함께 다병종 강군화 실현을 위한 '주체무기' 확충에 힘을 기울였다.

'전법 강군화' 노선은 북한식 전략·전술과 전법을 모든 군인이 숙달하도록 하여, 어떤 상황에서도 즉각적이고 효과적인 대응이 가능한 군대를 지향하고 있음을 보여준다. 실제로 북한은 2015년 조선인민군 창건기념 중앙보고대회에서 "임의의 시각, 임의의 장소에서 어떤 강적이 침입하거나 전쟁을 도발하더라도 단숨에 격멸할 수 있는 우리 식의 우월한 전법과 강력한 타격수단"을 보유하고 있다고 천명하였다.

또한 김정은 국무위원장의 '직접적인 발기와 지도' 아래, 적 해상목표에 대한 타격훈련, 신형 로켓 시험발사, 섬 지역 화력 타격 및 점령훈련, 비행장 타격 및 복구훈련 등이 연이어 실시되었다. 이를 통해 북한은 전술적 다양성과 실전 대비 능력을 동시에 강화하고자 하였다.

결국 '전법 강군화'와 '다병종 강군화'는 육군, 해군, 항공 및 반항공군, 전략군 간의 합동성을 증진시키고, 이에 기반한 전략·전술 개발과 교육훈련의 강화를 통해 '핵 시대'에 적합한 군 체질의 개선을 추구하는 정책적 방향으로 이해할 수 있다.

마지막으로, '다병종 강군화'는 전통적인 육·해·공 3군 중심의 군사력 구조에서 벗어나, 핵무기 개발 이후 새롭게 부상한 전략군의 중요성과 함께, 변화하는 현대전의 양상에 대응하기 위한 다양한 병종의 발전을 지향하는 노선으로 이해된다. 김정은 국무위원장은 2018년 2월 8일, 북한군 창건 70주년 경축 열병식 연설에서 "모든 군종, 병종, 전문병 부대들은 자신이 운용하는 무장장비에 정통하고, 전문성을 제고하기 위한 훈련을 강화하여 어떤 작전환경에서도 고도의 기술전을 수행할 수 있는 만단의 준비를 갖추어야 한다"고 강조하였다. '다병종 강군화'는 현대전의 복합성과 기술 집약적 특성에 대응하기 위해 기동부대와 화력부대의 역량을 증강하고, 병종 간 유기적 협동을 기반으로 한 전술 체계를 갖추고자 하는 데 그 목적이 있다. 즉, 각 병종의 전문화와 배합능력 향상을 통해 전투 수행의 통합성과 효율성을 극대화하려는 전략적 시도라 할 수 있다.

이러한 맥락에서 북한은 '경제건설 총력집중'이라는 국가적 목표를 추진함에 앞서, '4대 강군화 노선'을 통한 군 조직의 체질 개선을 병행하였다. 이는 사회주의 혁명군대로서의 정치사상 강군화를 강화하고, 경제활동 확대에 따라 나타날 수 있는 군기 이완과 일탈행위를 방지하기 위한 도덕 강군화, 그리고 정규화된 전투체계를 갖추기 위한 전법 및 다병종 강군화로 요약된다.

'4대 강군화 노선'은 핵무력 보유와 경제발전이라는 북한의 내부적 전략 목표 달성을 위한 구체적인 군사력 건설 방향으로 평가할 수 있다. 이는 국제사회의 군사혁신 흐름에 대응하는 한편, 재래식 전력의 현대화와 정비를 통해 북한군의 전반적인 전투력을 강화하려는 전략적 의지를 반영한 것이다.

그러나 북한이 과거 김일성·김정일 시대부터 지속해온 강한 군사주의 기조를 단기간에 전환하기는 어려우며, 김정은 정권 역시 경제·핵무력 병진노선(2013)을 표방함으로써 선군정치에서 완전히 벗어나기에는 한계가 있다는 점도 지적할 수 있다. 이에 따라 북한은 '경제

건설 총력집중' 노선의 추진 과정에서 국민들 사이에 제기될 수 있는 안보 및 군사 분야에 대한 우려를 해소하고자, 군에 대한 당의 통제를 더욱 강화하고 김정은 위원장의 현지지도와 실질적인 훈련 강화를 통해 전투력을 유지·강화하려는 노력을 지속하고 있다.

이러한 흐름은 김정은 국무위원장이 경제·핵무력 병진노선과 '4대 강군화 노선'을 국가 전략으로 병행 추진함으로써, 핵무력을 기반으로 경제발전이라는 국가 과제를 동시에 달성하고자 하는 이중 전략, 즉 '두 마리 토끼'를 추구하는 방향으로 국가전략의 변화를 도모하고 있다는 점을 보여준다. 이에 따라 북한은 향후에도 이 노선을 중심으로 군사력 유지와 경제 발전이라는 복합적 국가 목표를 지속적으로 추진할 것으로 전망된다.

3.5. 북한의 군사정책과 핵무력

북한 군사정책의 핵심 축인 '핵무력'에 대한 분석은 한반도 안보 문제를 연구하는 데 있어 매우 중요한 의미를 가진다. 1993년 1차 북핵 위기 이후부터 2006년 1차 핵실험에 이르기까지 북한의 핵개발 의도를 둘러싸고 학계에서는 다양한 해석이 제기되었다.

군사적 관점에서 북한은 한미동맹의 핵 및 재래식 무기 위협에 대응하기 위해 핵개발을 추진한 것으로 평가된다. 대외적으로는 국제사회의 협상 테이블에서 정권의 위상을 확보하려는 수단으로, 대내적으로는 체제 안정을 도모하고 권력 승계 과정을 원활히 진행하기 위한 전략으로 해석되기도 한다. 북한의 의도가 명확히 드러나지 않았고, 협상과 파기를 반복하는 전략적 전술이 복합적으로 작용한 결과, 그 진의를 파악하기가 더욱 어려웠던 것도 사실이다.

핵무기는 재래식 무기로는 대체할 수 없는 '절대무기(Absolute Weapon)'로서, 북한은 이를 통해 한국에 대해 명백한 전략적 우위를 확보하였다고 주장한다. 결국 '핵무력'은 북한의 국가목표인 한반도 공산화 통일을 위한 최적의 군사적 수단으로 자리 잡게 되었다. 이러한 점에서 '핵무력'은 북한 군사정책의 결정체라 할 수 있으며, 그 의미는 다음 세 가지로 요약될 수 있다.

첫째, 핵무기는 그 파괴력 측면에서 재래식 무기를 압도하며, 핵에 의한 군사적 균형은 단순한 전력 균형이 아니라 '공포의 균형(Balance of Terror)'으로 작동한다. 이는 약소국인 북한이 강대국인 미국과의 군사적 대결 구도에서 스스로를 보호할 수 있는 전략적 수단이 된다. 특히, 미국을 한반도에서 철수시키기 위한 정치적·심리적 공세 수단으로도 매우 효과적이기 때문에, 북한은 국제사회의 강력한 제재와 외교적 압박에도 불구하고 핵개발을 강행했다고 볼 수 있다.

둘째, 핵무기는 본질적으로 방어가 불가능한 무기이다. 재래식 무기는 공격 준비와 실행에 시간이 소요되는 반면, 핵무기는 미사일에 탑재될 경우 언제든지 기습적인 공격이 가능하다. 방어 측은 요격 시스템을 갖춘다 해도 100% 방어가 불가능하며, 실패할 경우의 피해는 상상을 초월하는 수준이 된다. 따라서 재래식 전력에서 한미동맹이 압도적인 우위를 점하고 있음에도, 북한의 핵보유로 인해 실제 군사행동을 결단하기는 쉽지 않다.

셋째, 핵무기는 비용 대비 효율이 매우 높은 무기체계다. 2020년 북한이 핵개발에 약 6억 6,700만 달러(약 7,670억 원)를 사용한 것으로 추정된다. 이는 고가의 재래식 무기들과 비교할 때 상대적으로 저렴한 비용으로 전략적 효과를 극대화할 수 있다는 점에서 매우 유리한 선택지였다. 만성적인 경제난에 시달리는 북한에게 핵무기는 저비용으로 고위협을 창출할 수 있는 최적의 군사적 수단이었다.

북한은 1991년 미국이 주한미군의 전술핵무기를 철수한 조치를 비핵화 노력의 일환으로 평가하며, 1992년 한반도 비핵화 공동선언에도 공식적으로 합의하는 모습을 보였다. 그러나 이후에는 국제사회의 핵사찰을 거부하고 비밀리에 핵개발을 지속하는 등, 겉으로는 비핵화를 표방하면서도 실제로는 '핵무력'을 고도화하는 이중적 행보를 보였다. 특히 2017년 말 '핵무력 완성'을 공식 선언한 이후에는, 한미동맹을 상대로 노골적인 핵사용 위협까지 감행하였다. 2019년 2월 하노이 북미정상회담에서 북한이 비핵화와 대북제재 해제, 경제지원 간의 교환을 거부한 것은 '핵클럽' 가입 의지가 확고함을 보여주는 사례이다.

이와 관련해 한미동맹의 대응 양상은 과거와 확연히 달라졌다. 북한이 군사적 위협 수위를 높이면, 그에 맞춰 무기체계를 확충하고 군사 대비태세를 강화하던 과거와 달리, 최근에는 북한의 '공포의 균형' 주장에 실질적으로 대응하는 조치가 부족한 실정이다. 북한은 오히려 미국의 '대북 적대시 정책' 철회를 요구하며, 한반도 확장억제 전략의 폐지를 주장하고 있다. 반면, 미국과 한국 간에는 저위력 핵무기의 배치나 공동 운용과 같은 현실적 대안에 대한 논의조차 진전되지 않고 있다.

경제력이나 재래식 군사력에서의 압도적인 격차도 북한의 '핵무력' 앞에서는 무력하게 느껴진다. 최근 일부 연구에서는 북한이 핵전력을 포함할 경우, 한국을 군사적으로 압도한다는 분석까지 제시되고 있다. 북한은 '핵무력'을 노골적으로 고도화하고 있다. 향후 2040년까지 300개의 핵탄두를 보유할 수 있다는 전망도 존재한다.36)

이와 같은 상황을 종합적으로 고려할 때, 북한이 핵무력을 통해 추구하는 진정한 의도에 대한 심층적 분석과 함께, 이에 대응하기 위한 실질적이고 전략적인 대책 마련이 절실한 시점이다.

동서냉전 시기, 미국 외에도 핵무기를 보유한 국가들이 차례로 등장하면서 핵의 압도적인 파괴력은 전쟁의 양상에 중대한 변화를 가져왔다. 특히 '총력전'의 시대가 종결되고, 전쟁의 목표와 지리적 범위가 제한되는 '제한전' 양상이 주류로 부상하는 계기가 되었다. 점차 총력전을 수행할 역량을 상실해가던 북한 역시 이러한 국제 안보 환경의 변화에 따라, 독자적인 핵무기 보유를 정책적으로 추진하게 되었다.

현재 북한은 이미 확보한 핵탄두와 탄도미사일의 양산 체제를 가동 중이며, 국방과학기술의 첨단화를 통해 세계적 수준의 핵·미사일 역량 확보에 주력하고 있다. 유도무기 체계 전반에 있어 발사체, 발사관, 지휘통제 체계 등에서 정밀화와 경량화를 추구하고 있으며, 향후에는 초정밀 유도무기체계 개발을 위해 핵심 기술의 독자적 확보에 더욱 박차를 가할 것으로 보인다.

북한의 핵 보유는 남북한 간 군사력 균형의 추를 북한 쪽으로 기울게 만드는 핵심 요인으로 작용하고 있다. 유사시 한미연합전력 및 미 증원전력에 대해 대량살상 능력을 발휘할 수 있으며, 이러한 핵·미사일 전력은 북한이 전략적으로 다양한 군사적 선택지를 확보하는 기반이 된다. 예컨대, 단기간에 한반도 전체를 석권하는 전면전 시나리오도 핵무기의 존재로 인해 현실적인 선택지로 고려될 수 있다.

또한, 북한은 서울 기습 점령 후 핵사용 위협을 통해 정치적 협상을 유도하는 제한전 양상, 혹은 전투에서 밀려 한미연합군의 북진이 예상되는 상황에서 핵사용을 위협하여 전쟁 종결을 유도하는 등, 전략·전술적 선택지를 다각화하고 있다.

2017년 신년사에서 김정은은 '주체무기' 개발을 강조하였다. 이 주체무기는 구체적으로 명시되지는 않았지만, 한미연합군에 결정적 타격을 줄 수 있는 비대칭 전략무기, 즉 전술핵무기로 해석되고 있다. 1990년대 초까지 주한미군의 전술핵무기와 대치 경험이 있는 북한은 전술핵무기의 실전적 효용성과 전략적 가치에 대해 잘 알고 있으며, 이를 새로운 군사 전략의 핵심 수단으로 활용하려는 것으로 보인다.

북한의 전략핵무기가 정치적·전략적 위협 수단이라면, 전술핵무기는 전장에서 실제 운용이 가능한 작전·전술적 무기이다. 전술핵무기를 실전에 배치할 경우, 북한은 한미연합군의 첨단 재래식 전력을 효과적으로 견제할 수 있게 되며, 이는 북한의 군사 전략에 대한 자신감을 크게 높이는 요소가 된다. 이는 곧 북한이 기존 군사전략 개념의 한계를 인식하고, 새로운 전략으로 전환하고 있다는 증거이기도 하다.

'핵무력'을 중심에 둔 북한의 군사전략은 다음 세 가지 측면에서 강점을 지닌다.

첫째, 북한은 한국의 전쟁수행 의지를 사전에 제압하거나 무력화할 수 있으며, 유사시에는 다양한 전략적 옵션을 활용해 전쟁 주도권을 쥘 수 있다.

둘째, 북한은 전술핵무기의 보유를 통해 재래식 전력의 열세를 보완하면서, 오히려 압도적인 공격 역량을 발휘할 수 있다.

셋째, 전방지역에서 전술핵무기와 재래식 무기를 작전적으로 융합할 경우, 한국군의 지휘통제 체계에 혼란을 유발할 수 있으며, 이를 기회로 북한군은 방어선을 돌파하고 다음 작전 단계로의 전환을 신속히 감행할 수 있다.

김정은은 핵개발의 템포를 가속화하며 '핵무력 완성'을 선언하였고, 그에 더해 "유연한 핵배합전략"이라는 새로운 군사전략 개념을 제시하였다. 이는 전통적으로 북한이 추진해온 배합전략(핵+재래식 전력 통합 운용)에 한층 더 정교한 유연성을 부여하는 것이다. 앞으로 북한은 핵억지력을 기반으로 한 제한전뿐 아니라, 핵무기의 직접 운용을 통한 전격전까지도 전술적으로 선택할 수 있는 전략적 공간을 확보하게 될 것이다.

결국 북한의 핵무기 보유와 고도화는 단순한 무기체계의 발전을 넘어, 군사 전략 및 국가안보 정책 전반에 결정적인 영향을 미치는 변화의 핵심이라 할 수 있다. 이러한 변화에 대한 면밀한 분석과 함께, 한국의 국가안보 전략 역시 새로운 차원에서의 대응 체계 정립이 요구되는 시점이다.

3.6. 4대 군사노선과 핵무력

북한의 '4대 군사노선'은 1962년 채택된 군사정책으로, 한마디로 요약하면 군사력을 정비·증강하고 전쟁에 대비하기 위한 포괄적 군사전략이라 할 수 있다. 이 노선은 단지 군사력의 양적 확대만이 아니라, 국민 전체를 전쟁에 대비시키는 체계적이고 전면적인 국방 준비를 의미한다. 오늘날 북한은 이 4대 군사노선을 기초로 핵·미사일 등 대량살상무기(WMD) 개발과 배치를 병행하며 군사정책의 중심축으로 삼고 있다.

특히 2012년 김정은 집권 이후에는 기존 4대 군사노선에 더해 '4대 전략적 노선'을 추가적으로 추진하며 군사력을 한층 고도화하고 있다. 북한은 자국의 군사력을 통해 한반도 전역을 점령할 수 있는 능력을 갖추는 것을 국가목표 달성을 위한 전략적 조건으로 보고 있으며, 이를 헌법 제60조에 명시해 두고 있다.

3.6.1. 자위적 국방정책의 배경과 등장

북한이 본격적으로 독자적 국방력 강화를 시작한 것은 한국전쟁 이후 인민경제 복구 1차 5개년 계획(1961년까지)을 마무리한 시점부터였다. 1961년 5월 김일성은 병기부문 당 열성자회의에서 "전체 인민을 무장시키기 위해 병기공업을 발전시켜야 한다"고 강조하면서 본격적인 군사자립 기조를 천명하였다.

이는 당시 중국과 소련에 대한 지나친 군사 의존에서 탈피하려는 의도와도 연결되어 있다. 특히 소련은 북한이 중소분쟁 당시 중국 편에 선 이후 군사·경제 원조를 중단하거나 축소하였고, 이는 북한이 군사적 자립을 추구하는 결정적인 계기가 되었다. 북한은 1962년 소련에 군사사절단을 파견한 직후 자위적 국방정책을 발표함으로써, 소련의 신뢰 약화에 따른 군사전략 전환을 본격화하였다. 또한, 1962년 쿠바 미사일 위기를 계기로 북한은 소련이 과연 유사시 미국과 핵전쟁까지 감수하며 북한을 방어해줄 수 있는가에 대한 깊은 회의를 갖게 되었다. 이에 따라 핵과 재래식 전력을 포함한 자주적 억지력 확보를 국가 전략으로 설정하였다.

3.6.2. 4대 군사노선의 구성 요소

북한의 4대 군사노선은 다음 네 가지 요소로 구성되어 있다.

(1) 전군의 간부화

북한군의 모든 병력이 상급 직책 수행이 가능하도록 지휘능력을 보유하게 하는 정책으로, 전시에 급속히 증가할 병력과 부대를 즉각 전력화하기 위한 평시 준비 태세이다. 이는 나치 독일이 평시에 일반 병사들에게까지 지휘능력을 교육·훈련시킨 사례를 참고한 것으로 보인다.

(2) 전군의 현대화

전쟁에서 승리하기 위한 현대식 무기의 확보와 군수공업의 발전을 목표로 하며, 특히 소련의 무기 지원 축소 이후 북한이 자체 무기 생산 역량을 키우는 계기가 되었다. 북한은 신무기 확보를 위해 적극적으로 노력하는 한편, 무기의 국산화 체계를 정립하는 데 주력하였다.

(3) 전민의 무장화

군뿐 아니라 전체 근로자들을 정치사상적으로, 군사기술적으로 무장시켜 유사시 군사작전에 투입할 수 있도록 준비하는 정책이다. 인구가 적은 북한은 항상 병력 자원 부족에 직면해 있었기 때문에, 전민무장화는 전략적 병력 보충 정책으로 기능했다.

(4) 전국의 요새화

국토 전역을 방어 거점으로 전환해 핵전쟁 등 총력전에 대비하는 전략이다. 김일성은 "우리에게는 원자탄이 없지만, 땅을 파고 들어가면 어떤 원자탄도 견딜 수 있다"고 언급하며, 요새화 전략이 핵억지의 일환임을 명확히 하였다. 이는 북한이 전쟁 지속 능력을 확보하려는 명확한 의지를 보여주는 대목이다.

3.6.3. 4대 군사노선의 전략적 함의

4대 군사노선은 단지 군사력 강화에 국한되지 않는다. 북한이 한반도 공산화를 이루기 위한 대남전략의 실천 지침으로 자리 잡았으며, 북한·한국·국제사회 등 이른바 '3대 혁명역량'을 강화하기 위한 핵심 군사정책으로 발전하였다.

특히 북한은 사회주의 건설의 군사적 기둥으로서 4대 군사노선을 강조해 왔다. 즉, 북한 내부에서의 사회주의 기지 강화와 체제 안정, 대남 전략 실행력 확보, 국제사회에서의 대결 구도 유지 등을 포괄하는 다차원적 정책기반으로 기능해왔다. 결국 4대 군사노선은 북한이 60여 년 이상 지속적으로 유지·강화해온 자위적 군사정책의 핵심축이며, 군사력과 정치·사상의 일체화를 바탕으로 한반도 전략적 주도권 확보를 목표로 하는 체계적 전략이라 평가할 수 있다.

1960년대 미국과 소련은 핵능력의 우위를 앞세운 패권경쟁을 본격화했다. 1945년 미국이 최초로 원자폭탄을 실전에 사용한 데 이어, 1949년에는 소련이 두 번째 핵실험에 성공했다. 이후 영국(1952), 프랑스(1960), 중국(1964)도 잇따라 핵무기 보유국으로 합류하며 핵무기 보유국 클럽이 형성되었다. 이러한 국제 정세 속에서 1960년대의 핵대결은 강대국들의 안보전략을 근본적으로 변화시켰고, 이로 인해 북한 역시 군사전략의 중심을 '현대전=핵전쟁'이라는 인식 하에 재편하게 된다.

북한의 정치용어에 따르면 '전군현대화'는 "현대전의 요구에 맞춰 현대적인 무기와 전투기술로 무장하고, 최신 군사과학기술을 갖추는 것"으로 정의된다. 북한은 1966년부터 전군현대화를 추진하며 핵개발을 군사정책의 핵심 과제로 삼았다. 이는 북한이 일찍부터 핵전쟁을 현실적인 위협으로 간주하고, 이에 대비해 핵보유를 전략적으로 추진했음을 보여준다.

1970년대 북한의 군사정책은 독자적인 전쟁 수행 능력 강화를 중심으로 급속한 군사력 증강에 초점이 맞추어졌다. 1970년 노동당 제

5차 대회에서 김일성은 "4대 군사노선을 적극 추진한 결과, 전체 인민이 총을 들 수 있고, 주요 생산시설까지 요새화했으며, 자립적 국방공업 기지를 바탕으로 자체 무기 생산이 가능하게 되었다"고 평가하였다. 이 시기 북한은 소부대·대부대, 정규·비정규 병행 교리를 개발하고, 휴전선 인근에 남침용 땅굴을 건설하는 등 전쟁 준비를 본격화하였다.

1980년대에 들어선 김일성은 제6차 당 대회에서 '자위적 군사로선 관철'을 통한 국방력 강화를 강조하였다. 이 시기 북한은 군내 사상통제, 전투력 증강, 전투동원태세 확립에 집중했으며, 스커드-B 미사일을 자체 개발하는 데 성공함으로써 미사일 전력의 초석을 마련했다. 이는 북한이 재래식 전력에서 한계를 인식하고 비대칭 전략무기인 핵과 미사일 개발에 정책 초점을 맞추기 시작했음을 보여준다.

1990년대에는 동유럽 공산권의 붕괴와 소련 해체라는 국제질서 변화 속에서 김정일이 정권을 승계하였다. 그는 군을 체제 수호의 마지막 보루로 보고 '군민일치'를 강조하며 전사회적 방위체계를 구축하였다. 특히 전략무기의 독자적 개발 기반을 갖추고, 본격적인 핵무력 증강에 착수하였다. 이는 1990년대 중반부터 가시화된 북핵 문제의 배경이 된다.

2000년대 들어 북한은 경제난으로 재래식 전력 강화에 제약을 받자, '선군사상'을 헌법에 명시하고 핵 중심 군사정책을 더욱 강화하였다. 제2차 핵위기 이후에는 북핵을 앞세운 협상 전략을 통해 한반도 비핵화, 미북 관계 정상화, 평화체제 구축 등 정치·외교·경제 전반에서 이익을 추구하고자 하였다.

김정일 사망 이후 권력을 승계한 김정은은 2012년 개정 헌법에 '핵보유국' 지위를 명문화하였다. 이어 전임자들의 경제·국방 병진노선을 계승하되, 이를 '핵·경제 병진 노선'으로 구체화하며 핵무력 고도화와 경제발전을 동시에 추진하는 전략을 내세웠다. 특히 2016년 제7차 당 대회에서는 병진 노선의 지속을 천명하고, 핵 개발을 국가전략의 최우선 과제로 명확히 했다.

이처럼 북한은 1962년 4대 군사노선을 선언한 이후 반세기 이상 군사력 증강을 최우선 국가과제로 설정해 왔다. 그 중심에는 통일 혁명 과업을 완수하기 위한 수단으로서의 군사력, 특히 한미동맹의 취약점을 공략할 수 있는 '핵무력'이 자리 잡고 있다. 최근 북한은 다수의 핵실험과 수백 회에 달하는 미사일 시험발사를 통해 전략무기 중심 군사력을 집중적으로 발전시켜 왔다. 이는 한반도 안보와 한미동맹에 중대한 도전이 되고 있다.

심화 주제 제3장 북한군의 사상과 정책

1. 북한의 군사사상은 마르크스-레닌주의의 이념적 연장선에 있는가?

2. 김정일 선군사상은 국가위기 속 군의 기능을 재정립한 이론인가, 아니면 군사독재를 정당화한 수단인가?

3. 북한의 "정치 우위 체제"에서 군사정책은 독자성을 가질 수 있는가?

4. 핵무력 중심 전략이 '자위적 억제'에서 '공세적 선제'로 이동하고 있다는 점에 대해 타당하다고 생각하는가?

5. 4대 군사노선(1962)과 4대 강군화 노선(2014)은 연속적 진화인가, 아니면 전략적 재구성인가?

제 2 부

북한의 군사적 위협

제1절 북한군의 주요 조직

북한 노동당 규약에 따르면, 북한군은 노동당의 군대이며, 노동당은 사실상 김정은 개인의 당으로 규정할 수 있다. 이에 따라 북한군이 당의 주인인 김정은의 명령과 통제에 절대적으로 복종하는 것은 자연스러운 결과이다. 그러나 군은 무력을 보유한 집단인 만큼, 단순한 명령 수용을 넘어 철저하고 체계적인 통제가 수반되어야 한다. 이를 위해 북한은 하드웨어적 통제뿐만 아니라 사상과 정신적 에너지를 지속적으로 군에 주입하고 있다.

북한군은 노동당의 노선, 즉 당이 부여하는 혁명과업을 수행해야 하며, 이에 따라 끊임없는 충성과 충성심의 갱신을 요구받는다. 특히 혁명사상과 당성(黨性)을 최고 수준으로 유지하기 위해 당은 군 통제를 위한 정교한 시스템을 구축하였다. 북한군에 대한 당의 통제는 군사적 지휘체계와 정치적 지도체계를 이중적으로 구축함으로써 확립되었으며, 이러한 제도적 완성에는 6·25전쟁 이후 약 20년이 소요되었다. 이는 김일성과 김정일의 1인 독재체제를 완성하는 데 있어 핵심적인 기반 작업이기도 하였다.[37]

북한은 '국방에서의 자위' 원칙에 입각해 1962년 4대 군사노선을 채택한 이후 지속적으로 군사력을 증강해왔다.[38] 2011년 김정일 사망에 따라 정권을 세습한 김정은은 2015년 인민군을 강군화하기 위한 새로운 전략적 방향으로 '정치사상 강군화, 도덕 강군화, 전법 강군화, 다병종 강군화'라는 4대 군 건설 노선을 제시하였다.

현재 북한군은 기습공격과 배합전, 속전속결 전략을 중심으로 군사전략을 구사하고 있으며, 핵무력 전략을 기반으로 다양한 전략·전술을 지속적으로 개발하고 있다. 특히 핵무기, 대량살상무기(WMD),

미사일, 장사정포, 잠수함, 특수전 부대, 사이버 및 전자전 부대 등 비대칭 전력의 강화와 함께 재래식 무기의 선별적 성능 개량도 병행 추진 중이다.

이와 함께 북한은 핵·미사일 능력의 고도화를 목표로 연이은 미사일 시험 발사를 감행하고 있으며, 약 6,800명 규모의 사이버 전력을 운용하면서 첨단 기술의 연구·개발에도 박차를 가하고 있다. 이러한 사이버 전력 증강은 전장 환경에서의 비대칭 능력을 더욱 강화하기 위한 조치로 풀이된다.

북한은 유사시 기습공격 등 비대칭 전력을 활용해 초기 전투 주도권을 확보한 뒤, 조속히 전쟁을 종결시키려는 전략을 구사할 가능성이 높다. 특히 2021년 1월 열린 제8차 당대회에서는 '강력한 국방력으로 조국통일의 역사적 위업을 앞당길 것'이라는 내용을 당 규약에 포함시켜 무력 통일 전략을 공식화하였다.[39] 이어 2022년 9월에는 최고인민회의를 통해 핵무기 사용 조건을 명시한 '핵무력 정책' 법령을 채택함으로써, 핵 사용 가능성에 대한 위협 수위를 한층 끌어올렸다.

앞으로 북한은 대외 전략 환경의 변화와 국내 경제 상황 등 여러 변수들을 종합적으로 고려하면서, 군사전략의 변화와 조정을 지속해 나갈 것으로 전망되며 이에 따라 북한군 군사지휘구조도 계속 변화될 것이다. 본 절에서는 북한의 군사지휘구조, 각 군별 군사능력과 위협을 살펴본다.

1.1. 군사지휘구조

김정은은 국무위원장이자 조선인민군 최고사령관, 그리고 조선로동당 중앙군사위원회 위원장을 겸임하면서 북한군에 대한 실질적인 지휘와 통제를 수행하고 있다. 그러나 북한군의 지휘체계는 일반적인 국가의 군 통수 구조와는 차별화되는 독특한 특징을 지닌다. 무엇보다 북한군은 헌법상 국가기관의 통제를 받는 통상적인 군대가 아니라, 조선노동당의 당군(黨軍)으로 규정된다. 즉, 북한군은 국가보다 당, 행정부보다 수령의 직접적인 명령과 지도를 받는 체계이며, 군은 '수령의 군대', '당의 군대'로 기능한다. 이러한 구조 속에서 군 통수권은 제도적 절차보다 최고지도자의 절대 권위에 의존하며, 명목상 직위보다는 '혁명적 혈통'과 '유일영도체계'에 따라 작동한다.

〈북한의 군사지휘기구도〉

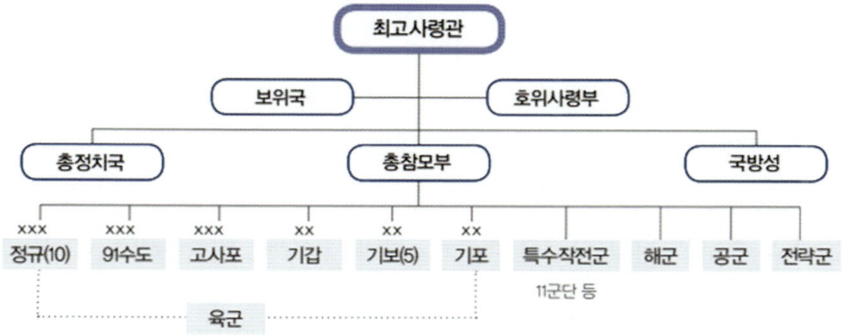

* xxx : 군단 xx : 사단

※ 출처: 「2022 국방백서」, (서울: 국방인쇄소, 2023.2), p. 26

북한군은 정치와 군사의 기능이 분리되어 있는 특징을 갖고 있다. 군사적으로는 총참모부가 군령 및 작전지휘를 담당하지만, 정치적으로는 총정치국이 당의 노선을 군대 내에 관철시키는 역할을 전담한다. 간부 임명, 사상교육, 군 내부 감찰 및 충성심 유지 등 군 내부의 모든 정치사업은 총정치국의 권한 하에 있으며, 총참모부나 다른 군사 기관은 이에 개입할 수 없다. 이로 인해 북한군은 군사 명령 체계와 별도로 당의 정치노선을 집행하는 이중 구조를 유지하고 있다.

북한의 국무위원회는 국가의 최고 정책결정기구로서, 국방력 건설을 포함한 주요 안보·군사 정책을 최종 결정하는 핵심 기관이다. 군 통수권자인 최고사령관 예하에는 총정치국, 총참모부, 국방성 등 주요 군사기관들이 배치되었다.

북한군은 육군, 특수작전군, 해군, 공군, 전략군 등 5개 군종으로 구성된 통합군 체제로 운영되고 있다. 총정치국은 군 내부의 당 조직 운영과 정치사상 교육 및 선전 활동을 총괄하며, 총참모부는 군사작전을 직접 지휘하는 군령권을 수행한다.

총정치국은 총참모부와 국방성을 포함하여 하위의 중대급 부대에 이르기까지 군 지휘체계와 일대일로 대응되는 형태로 전 부대에 걸쳐 조직되어 있다. 이는 조선인민군의 최상위 지휘기관부터 말단 부대에 이르기까지 당의 직접적인 지도와 통제가 체계적으로 작동되도록 설계되어 있다는 것을 의미한다. 조선인민군이 '당의 군대'라는 성격을 유지할 수 있는 핵심 요인은 바로 총정치국이 수행하는 철저한 통제 기능에 있다. 총정치국의 내부 조직은 조직부, 선전부, 청년사업부(또는 근로단체부), 간부부, 교육부, 공장당사업부, 총무부, 검열부(또는 검열위원회) 등으로 구성되어 있으며, 이를 통해 각 부문별로 정밀한 사상 지도와 행정적 통제를 실행하고 있다.[40]

총참모부는 최고사령관의 군령권을 실질적으로 집행하는 최고 군사집행기관으로서, 조선인민군 각 군종 및 병종 사령부의 군사전략과 작전 계획을 종합적으로 수립하고 이를 지휘·통솔하는 역할을 수행하고 있다. 인민군 무력은 국방성장이 아닌 총참모장 휘하에 군종·병종별 부대가 편성된 통합군 체제를 이루고 있으며, 모든 정치·군사적 제대와 부서들은 군사적 측면에서는 총참모부의 명령과 지시에 따라 복종하도록 되어 있다. 그러나 당의 정치사업, 보위사업, 간부사업 등과 같은 분야에 대해서는 총참모부라 하더라도 관여할 수 없도록 엄격히 구분되어 있다. 이러한 분야의 업무는 총정치국, 보위사령부 등 해당 전담기구가 전적으로 책임지고 독점적으로 수행하는 체제를 갖추고 있다.[41]

국방성은 군의 대외정책, 군수, 후방지원 및 군 행정 등 일부 기능을 담당하는 군사행정기관으로서 제한된 권한을 행사한다. 이는 남한의 국방부가 군정과 군령을 통합적으로 관리하며, 국방장관이 군의 최고 책임자로서 합참의장을 통해 군령권을, 각 군 총장을 통해 군정권을 위임받아 행사하는 체계와는 근본적으로 다르다. 한편 보위국은 군 내부의 감시와 통제, 군 관련 범죄 수사 등을 수행하며 군 기강 유지를 담당하고 있다. 호위사령부는 최고지도자와 그 가족의 신변 경호, 숙소 경계 및 관리 등을 책임지고 있으며, 비상시에는 반체제 쿠데타 진압 임무도 수행한다.

북한의 군사 지휘구조는 총정치국, 총참모부, 국방성이 병렬적으로 존재하는 구조로, 이들 기관 간에 상호 견제와 균형을 이루도록 설계되어 있다. 국방성은 총정치국의 정치지도 기능이나 총참모부의 작전·지휘 기능을 직접적으로 관장하지 않으며, 따라서 군 전체를 통제하거나 지휘하는 기능은 수행하지 않는다. 이러한 구조는 북한이 군의 절대권력이 한 기관에 집중되는 것을 방지하고, 당의 통제 하에 각 군 관련 기관이 상호 견제하도록 하기 위한 정치적 의도에서 비롯된 것이다. 특히 총정치국은 노동당의 군 통제 수단으로서 핵심적 기능을 수행하며, 총참모부는 군사작전과 지휘계통을 담당, 국방성은 그 외 군수 및 외교, 군사행정 기능을 분담함으로써 각기 다른 역할을 수행하도록 하고 있다.

1.2. 북한의 각 군별 군사능력과 위협

1.2.1. 육군

북한 육군은 총참모부 예하에 10개의 정규 전·후방군단, 91수도방어군단, 고사포군단을 비롯해 1개 기갑사단, 5개 기계화보병사단, 1개 기계화포병사단 등으로 구성되어 있다. 이외에도 국방성 산하에는 도로건설군단, 총정치국 산하에는 공병군단과 같은 전문 건설부대가 편성되어 있어 군사뿐 아니라 인프라 건설 역량도 함께 갖추고 있다.

북한은 전체 육군 전력의 약 70%를 평양-원산선 이남의 남하 가능한 지점에 집중 배치함으로써, 유사시 기습공격을 감행할 수 있는 태세를 상시 유지하고 있다. 특히 수도권을 겨냥한 170mm 자주포와 240mm 방사포는 대량 화력 집중을 가능하게 하며, 최근에는 사거리를 늘리고 정밀유도 능력을 갖춘 300mm 방사포를 전력화하고 있다. 또한 북한이 '초대형 방사포'로 명명한 600mm급 단거리 탄도미사일도 개발해, 한반도 전역을 타격할 수 있는 장거리 방사포 위주의 화력 체계를 강화하고 있다.

2023년 7월, 세르게이 쇼이구 당시 러시아 국방장관이 '북한이 주장하는 전승절(정전협정 체결 70주년)'을 계기로 평양을 공식 방문하였다. 이 방문을 계기로, 일부 전문가들과 외신 보도에서는 러시아가 북한으로부터 자주포 및 관련 탄약의 도입을 모색하고 있다는 관측이 제기되었다. 그로부터 얼마 지나지 않은 시점인 같은 해 가을, 북한은 실제로 자체 생산한 곡산 자주포(M1978형)를 러시아군에 최초로 인도한 것으로 알려졌다. 이후 러시아 서부 전선, 특히 쿠르스크 지역에서 곡산 자주포의 배치가 확인되면서 해당 관측이 사실로 드러났다.

2022년 2월 러시아의 불법 침공으로 발발한 러-우 전쟁에서, 2024년 2월 우크라이나군은 자국 동부 루한스크 지역에서 러시아군이 운용 중이던 북한제 M1978 곡산 자주포 1문을 격파했다고 공식 발표하였다. 이는 우크라이나 전쟁 개전 이후 처음으로 북한제 자주포가 실전에서 파괴된 사례로 기록되었다. 이어 2024년 3월, 우크라이나군은 러시아 서부 쿠르스크 지역에서 북한제 M1978 곡산 자주포 3문을 타격하여 파괴했다고 주장하였다. 이러한 일련의 정황은 북한제 무기체계가 러시아-우크라이나 전쟁에 실제로 투입되고 있음을 보여주는 사례로, 북한과 러시아 간의 군사협력 확대 가능성에 대한 국제사회의 주목을 받고 있다.[42]

1950년대 소련은 구식 해안포를 북한에 원조해 줬다. 북한은 그 해안포를 역설계하여, 모방 생산해왔다. 북한에서는 이를 '주체포'라고 부르며, 미국 등 서방 정보당국에서는 1978년 황해도 곡산군에서 이 자주포의 존재를 처음 발견해 '곡산포'(M1978)라고 부른다. 북한이 "서울 불바다" 위협 때마다 앞세우는 M1989 주체포는 기존 M1978에 새로운 차체를 결합한 대구경 장거리 자주포다. M1989라는 명칭도 미군 정보부가 이 자주포의 존재를 처음 확인하고 촬영한 해가 1989년이라는 의미다. 주체포는 북한이 자체 개발한 것으로 추정되는 170㎜ 화포가 가장 특징적이다. 다만 2008년 구소련제 180㎜ S-23포를 장착한 M1978 주체포가 발견된 바 있어 개조는 가능할 것을 전망할 수 있다.

북한의 곡산 자주포는 고폭 파편탄을 사용할 경우 최대 43㎞까지 포격이 가능하며, 로켓 보조 추진탄(RAP)을 사용할 경우 사거리는 54~60㎞에 달하는 것으로 알려져 있다. 이러한 장거리 포병 전력은 북한이 "서울 불바다"와 같은 위협 수사를 사용할 때 대표적으로 언급되는 전략무기 중 하나로, 수도권에 대한 위협 수단으로 지속 활용되고 있다.

기갑 및 기계화 전력 측면에서도 북한은 약 6,900여 대의 전차와 장갑차를 보유하고 있으며, 최근에는 기동성과 생존성이 향상된 신형 전차와, 대전차 미사일 및 기동포를 탑재한 장갑차를 새롭게 개발하여 일부 노후 전력을 점진적으로 대체하고 있다.

북한 육군의 주요 장비 현황과 최근 식별된 신형 장비는 아래 도표와 같다.

〈북한 육군의 주요 장비〉

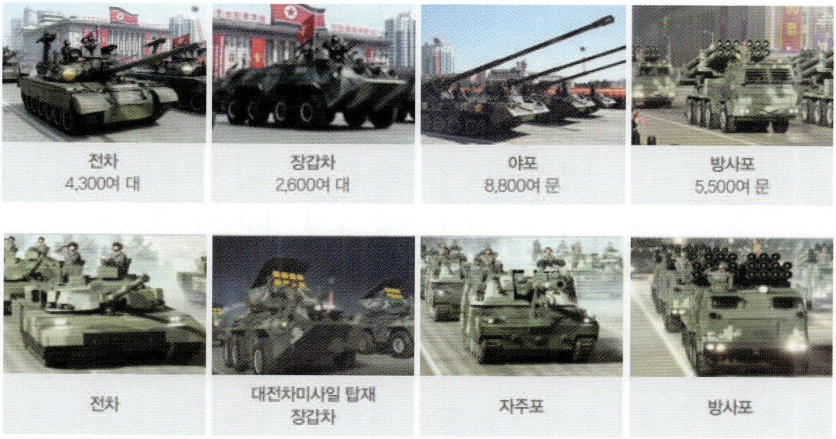

※ 출처: 「2022 국방백서」, (서울: 국방인쇄소, 2023.2), p. 27.

1.2.2. 해군

북한 해군은 해군사령부 예하에 동해함대와 서해함대를 포함한 2개의 함대사령부, 13개 전대, 그리고 2개의 해상저격여단으로 구성되어 있다. 전체 해군 전력의 약 60%는 평양~원산선 이남 지역에 전진 배치되어 있으며, 이는 유사시 기습적인 해상작전을 수행할 수 있는 능력을 갖추기 위한 것으로 평가된다. 다만, 해군 전력은 주로 소형 고속함정 위주로 편성되어 있어, 원해(遠海) 작전능력은 제한적이다. 북한 해군의 주요 함정 및 미사일 현황은 아래 도표와 같다.

〈북한 해군 주요 함정 및 지대함미사일〉

※ 출처: 「2022 국방백서」, (서울: 국방부, 2023.2), p. 28

북한의 수상전력은 유도탄정, 어뢰정, 소형 경비정, 화력지원정 등 약 460여 척의 함정으로 구성되어 있으며, 이들 대부분은 고속·소형 함정으로 연안 방어 및 지상작전 지원에 초점을 맞추고 있다. 해안과 가까운 해역에서 지상군의 진출을 지원하거나, 연안의 주요 거점을 방어하는 역할을 수행하며, 일부 함정에는 신형 대함미사일이 장착되어 원거리 타격 능력도 강화되고 있다. 최근에는 노후화된 일부 함정을 대체하기 위해 신형 함정의 건조와 작전배치가 이루어지고 있다.

수중전력은 로미오급 잠수함과 각종 소형 잠수함정 등 70여 척으로 구성되어 있으며, 이들은 전시 해상교통로 차단, 기뢰 부설, 적 함정 공격, 특수전부대 침투 지원 등의 임무를 수행한다. 특히 최근에는 일부 로미오급 잠수함을 개조하여 잠수함발사탄도미사일(SLBM)을 탑재할 수 있도록 하는 등 수중 핵전력 강화를 위한 노력이 지속되고 있다.

상륙전력은 공기부양정과 고속상륙정 등 약 250여 척으로 편성되어 있으며, 대부분 고속 소형 함정으로 구성되어 있다. 이들 전력은 수상전력의 엄호하에 특수전 부대를 아군 후방 지역에 침투시켜 주요 군사·전략 시설을 타격하고, 전략적 중요 해안을 신속히 점령하는 작전을 수행할 것으로 예상된다.

또한 북한은 동·서해안 전역에 걸쳐 다수의 해안포 및 지대함미사일을 배치하고 있으며, 이를 통해 해상에서 접근하는 적 함정을 공격하거나, 상륙을 저지하는 해안방어 임무를 수행하고 있다. 아울러, 지대함미사일의 성능 개량과 사거리 확장을 지속적으로 추진하여 연안 방어 능력을 점진적으로 향상시키고 있다.

이와 함께 북한은 2025년 4월 신형 해상공격함정 '최현호함'을 공개하며 해군력의 비약적인 도약을 과시하였다. 공식 발표에 따르면, 이 함정은 초음속 전략순항미사일, 전술탄도미사일을 포함한 다양한 무기체계를 탑재하고 있으며, 대공·대함·대잠·대탄도미사일 능력을 갖춘 복합 전투 플랫폼으로 평가된다. 특히 그 무기체계 구성과 성능 면에서 러시아 군사기술의 이전 가능성이 제기되고 있다.

국방 전문가들에 따르면, 최현호함의 선체에는 총 3개의 수직발사체계 구역이 존재하며, 각기 다른 크기의 발사관이 배열되어 있다. 이 가운데 소형 수직발사대(32기)는 함대공 미사일, 중형 발사대(32기)는 '화살' 계열 장거리 순항미사일, 대형 발사대(10기)는 KN-23 계열 함대지 탄도미사일을 운용하는 것으로 분석된다. 이로써 북한은 단일 함정에 다종의 미사일을 통합 운용할 수 있는 능력을 보유하게 되었다.43)

특히 주목할 점은 이 함정이 북한 해군 최초로 위상배열 레이더를 장착했다는 점이다. 이로 인해 '최현호'급은 명실상부한 '북한판 이지스 구축함'으로 불릴 수 있을 정도의 지휘통제 및 전장관리 능력을 갖춘 것으로 보인다.

2025년 4월 28일 북한은 해당 함정에서 순항미사일을 발사하였으며, 이는 '콜드 런치(Cold Launch)' 방식으로 실시되었다. 즉, 미사일을 발사관에서 가스를 이용해 공중으로 분리한 뒤, 일정 고도에서 추진체를 점화하는 방식이다. 이는 북한이 지난 1월 지상형 콜드 런치를 시연한 이후 3개월 만에 함정용 발사체계로의 전환에 성공했음을 의미한다.

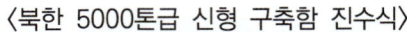

〈북한 5000톤급 신형 구축함 진수식〉

※ 출처: 『Sputnik News』. 2025년 4월 26일.

북한의 '화살' 계열 전략순항미사일은 최대 사거리가 1,500km 이상으로 평가되며, 한반도는 물론 주일 미군기지까지 타격이 가능한 전략자산이다. 순항미사일은 저고도로 회피기동하며 비행하기 때문에 탐지 및 요격이 어려운 특성을 지닌다.

한편, 북한은 이번에 초음속순항미사일의 시험발사에도 성공했다고 주장하였다. 초음속순항미사일은 일반적으로 사거리는 제한적이지만, 고속비행에 따른 짧은 반응 시간과 방어체계 무력화 가능성으로 인해 큰 위협 요소로 간주된다. 다만, 북한이 발사한 미사일이 실제 초음속으로 비행했는지에 대해서는 외부에서 명확히 확인되지 않았다.

이어 2025년 4월 29일에는 함정용 전술유도무기를 추가로 발사하였는데, 이는 KN-23 계열 탄도미사일을 해상 운용용으로 개조한 무기체계로, 핵탄두 장착 가능성이 있는 것으로 추정된다. 이 밖에도 최현호함에는 127mm 함포, 4연장 함대함 미사일 발사기, 중어뢰 발사기 등이 탑재되어 있어 종합적인 해상 전투능력을 갖춘 것으로 판단된다.

이러한 일련의 무장 강화는 북한 해군이 단순 연안방어 중심에서 벗어나, 원해 작전 및 타격능력을 강화하고 있음을 시사하며, 동북아 안보지형에 새로운 군사적 변수로 작용하고 있다.

1.2.3. 공군

북한 공군은 공군사령부 예하에 5개 비행사단, 1개 전술수송여단, 2개의 공군저격여단, 그리고 방공부대 등으로 구성되어 있다. 북한 전역은 4개 권역으로 구분되어 공군 전력이 배치되어 있으며, 총 1,570여 대의 항공기를 보유하고 있다. 항공기 및 지대공미사일 현황은 아래 도표와 같다.

〈북한 공군 주요 항공기 및 지대공미사일〉

※ 출처: 「2022 국방백서」, (서울: 국방인쇄소, 2023.2), p. 29.

전투임무기의 경우 약 810여 대가 운용되고 있으며, 이 가운데 약 40%는 평양~원산선 이남 지역에 전진 배치되어 기습공격이 가능하도록 준비된 상태이다. 특히 북한은 AN-2 경비행기 및 헬리콥터를 활용한 특수전 부대 침투 능력을 보유하고 있어 비대칭 전력 운용 측면에서도 위협 요인으로 평가된다.

북한 공군은 전력 효율화 및 현대화를 위해 노후 훈련기의 도태와 함께 AN-2기 및 경항공기의 추가 생산과 배치를 추진하고 있으며, 다양한 정찰 및 공격용 무인기 개발도 병행하고 있다. 그러나 제한된 재원과 기술력으로 인해 신형 전투임무기의 도입에는 한계가 있으며, 이에 따라 신형 지대공미사일 개발 및 배치를 통해 방공능력을 보강하는 전략을 추진 중이다.

북한의 방공체계는 공군사령부를 중심으로 항공기, 지대공미사일, 고사포, 레이더 부대 등을 통합한 형태로 구축되어 있다. 전방 및 동·서부 지역에는 SA-2와 SA-5, SA-3 등의 구형 지대공미사일 체계가 배치되어 있으며, 특히 평양 지역에는 SA-2 및 SA-3 계열의 미사일과 고사포가 집중적으로 배치되어 다층적인 대공 방어망을 형성하고 있다.

이와 함께 북한은 GPS 전파교란기를 포함한 다양한 전자전 장비를 개발하여 대공방어 체계에 적극적으로 활용하고 있는 것으로 추정된다. 전국적으로 분산 배치된 지상관제요격기지, 조기경보기지 등 레이더 방공부대는 한반도 전역에 대한 탐지 능력을 갖추고 있으며, 자동화 방공지휘통제체계를 통해 탐지 정확도를 높이고 작전 대응시간을 단축하는 등 체계적인 방공 역량 강화에도 힘을 쏟고 있다.

북한이 공중조기경보통제기(AEW&C)를 공개한 사실 또한 주목할 만하다. 2024년 3월 27일, 북한 관영 매체는 김정은 국무위원장이 '무인항공기술연합체' 및 '탐지전자전연구집단'을 시찰하였다고 보도하면서, 공중조기경보통제기로 추정되는 항공기에 탑승해 지시를 내리는 장면을 함께 공개하였다.

해당 항공기는 과거 고려항공이 보유했던 러시아제 일류신(IL)-76 수송기를 기반으로 개조된 기체로 보이며, 상부에 레이돔(radome)을 탑재한 형태를 갖추고 있다. 레이돔은 항공기 외부에 설치되는 레이더 안테나를 보호하기 위한 덮개로, 방수·방진 기능은 물론 전자파 특성을 고려한 설계가 필요하다. 이러한 구조는 러시아가 자국의

A-50 공중조기경보통제기에 적용한 방식과 유사하며, IL-76 기체를 기반으로 AEW&C 시스템을 통합하는 방식은 군사항공 분야에서 오랜 운용 경험이 축적된 기술이다.

〈북한군 공중조기경보통제기〉

※ 출처: 『Forsvaretsforum』. 2025년 3월 28일.

북한이 이와 유사한 형상의 기체를 자국 기술로 개조했음을 시사하고 있다는 점에서, 러시아로부터의 직접적 기술이전 혹은 운용 노하우 공유 가능성에 대한 분석이 요구된다. 이는 북한의 항공전자전 및 조기경보 체계 구축 역량이 새로운 단계에 진입했음을 보여주는 사례로 평가될 수 있다.

1.2.4. 특수작전군

북한은 특수전 부대의 전략적 가치를 높이 평가하며, '특수작전군'을 별도의 군종으로 분류하여 그 위상을 강화하고 있다. 현재 특수전 부대는 11군단을 중심으로, 특수작전대대, 전방군단 예하 경보병 사·여단 및 저격여단, 해군 및 공군 소속 저격여단, 그리고 전방사단의 경보병연대 등 다양한 형태로 각 군 및 제대별로 광범위하게 편성되어 있다. 전체 특수전 병력은 약 20만 명에 달하는 것으로 추산된다.

이들 부대는 유사시 땅굴, 잠수함, 공기부양정, 고속상륙정, AN-2 경비행기, 헬기 등 다양한 침투수단을 활용해 전방은 물론 후방지역까지 침투할 수 있는 능력을 보유하고 있다. 이러한 침투를 통해 주요 군사시설 및 기반시설을 타격하거나, 지휘부 요인을 암살하고, 후방을 교란하는 등 배합작전을 수행할 것으로 예상된다.

북한은 이러한 작전 능력을 강화하기 위해 공중·해상·지상 침투훈련을 정기적으로 실시하고 있으며, 대한민국 주요 전략시설의 실물모형을 제작해 정밀 타격훈련도 병행하고 있다. 아울러 무기·장비의 현대화 작업도 꾸준히 추진하고 있으며 러-우 전쟁에 특수작전군을 파병하여 실전 능력이 강화됨으로써 특수전 부대의 전투역량은 지속적으로 강화되고 있는 것으로 전망된다.

북한 특수작전군의 주요 활동 내용과 편성 현황은 아래 도표에 정리되어 있다.

〈북한 특수작전군 활동〉

특수작전군 기(旗) | 지상 타격(습격)훈련 | 도서 점령훈련 | 공중 침투(강하)훈련

※ 출처: 「2022 국방백서」, (서울: 국방인쇄소, 2023.2), p. 27.

1.2.5. 전략군

북한은 전략군을 별도의 군종사령부로 운용하며, 그 예하에 스커드, 노동, 무수단 등 총 13개 미사일여단을 편성하고 있다. 최근에는 작전 운용 효율성과 생존성을 강화하기 위해 정확성과 요격 회피 능력을 갖춘 신형 고체추진 탄도미사일과 대륙간탄도미사일(ICBM)의 개발을 적극 추진 중이다.

북한은 전략적 공격능력 강화를 위해 핵무기, 탄도미사일, 화생무기 등 대량살상무기(WMD)의 지속적인 개발에 집중해왔다. 핵 분야에서는 1980년대부터 영변 등 주요 핵시설을 가동해 핵물질을 생산해 왔으며, 플루토늄 약 70kg과 고농축우라늄(HEU)을 다량 확보한 것으로 평가된다. 2006년부터 2017년까지 총 6차례의 핵실험을 통해 북한은 핵무기의 소형화 및 실전배치 능력에서 상당한 진전을 이룬 것으로 보인다.

2018년 5월 24일, 북한은 풍계리 핵실험장의 3개 갱도를 공개적으로 폭파했으나, 이후 2022년부터 제3갱도 복구 정황이 포착되면서 추가 핵실험 가능성이 제기된 바 있다.

탄도미사일 전력 측면에서, 북한은 1970년대부터 탄도미사일 개발에 착수해 1980년대 중반 사거리 300km의 스커드-B, 500km의 스커드-C를 실전 배치했으며, 1990년대 후반에는 사거리 1,300km의 노동 미사일, 이후 사거리를 확장한 스커드-ER 등을 추가로 배치했다. 2007년에는 사거리 3,000km 이상의 무수단 미사일을 시험 없이 실전 배치했으나, 2016년 시험발사에서는 실패를 겪었다.

2012년 이후 북한은 액체 및 고체추진 방식의 신형 탄도미사일 개발에 착수했으며, 2016년에는 백두산 엔진을 기반으로 한 화성-12형 중거리탄도미사일(IRBM)을 개발, 2017년에는 일본 상공을 통과하는 방식으로 3차례 시험발사를 감행했다. 같은 해에는 미국 본토를 위협할 수 있는 사거리의 화성-14형, 화성-15형 ICBM을 시험 발사하였고, 2022년에는 그 후속형인 화성-17형을 여러 차례 고각으로 발사했다. 다만, 모든 ICBM 시험은 고각발사로 이루어졌으며, 정상각도 비행을 통한 재진입 기술 확보 여부는 아직 검증되지 않았다.

북한은 '극초음속 미사일' 개발도 시도하고 있으며, 2021년 이후 세 차례 시험발사를 진행하였다. 또한, 2019년부터는 작전 운용상 유리한 고체연료 추진 탄도미사일을 개발·시험하고 있으며, 북한판 이스칸데르형 전술유도탄을 바탕으로 에이태큼스형, 고중량탄두형, 근거리형 등 다양한 변형 단거리미사일을 개발하였다.

발사 플랫폼도 다양화되고 있다. 북한은 차륜형, 궤도형, 철도기동형, 잠수함 발사형 등 다양한 발사수단을 확보하고자 시도 중이며, 2019년부터 시험발사해온 초대형 방사포(600mm급 단거리 탄도미사일)는 2022년 12월 공식적으로 실전배치 되었다. 이러한 고체연료 기반 미사일은 향후 기존 스커드 및 노동 미사일을 대체할 것으로 예상된다. 같은 해 12월, 평안북도 동창리 '서해위성발사장'에서는 대형 고체연료 모터의 연소시험이 실시되었다.

〈북한이 보유한 탄도미사일〉

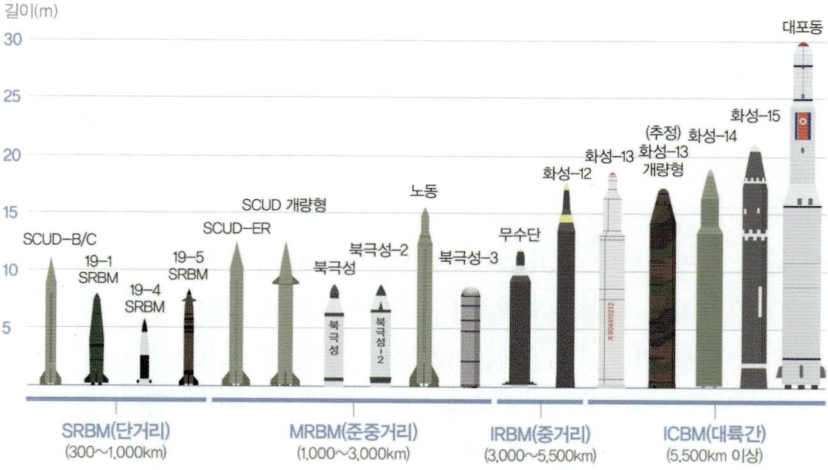

※ 출처: 「2022 국방백서」, (서울: 국방인쇄소, 2023.2), p. 31.

잠수함발사탄도미사일(SLBM)은 북극성 계열과 이스칸데르형 전술유도탄의 해상발사형이 시험발사된 바 있으며, 실제 SLBM을 운용할 수 있는 잠수함은 아직 개발 단계로 평가된다. 또한, 북한은 2022년 9월 8일 '핵무력정책'을 법제화하며 선제 핵사용 가능성을 공식화했다. 이후 전술핵 탑재가 가능하다고 주장하는 다양한 탄도미사일을 동·서해상에 발사하였고, 같은 해 11월 2일에는 한 발의 미사일을 의도적으로 북방한계선(NLL) 남쪽 26km 해상에 발사함으로써 「9·19 군사합의」를 위반하였다.

최근 북한군의 현대화 과정에서 러-우 전쟁에 파병한 북한군에 대한 답례로 러시아로부터의 군사기술 이전 가능성을 배제할 수 없다. 김정은 국무위원장은 2024년 3월 8일, 북한이 '핵동력 전략유도탄 잠수함'으로 명명한 핵추진 전략유도미사일 잠수함의 건조 현장을 시찰하였다. 현재 핵추진잠수함을 독자적으로 설계하고 건조할 수 있는 국가는 미국, 영국, 프랑스, 러시아, 중국 등 극소수에 불과하다. 특히 미국과 영국은 2021년 호주와 체결한 오커스(AUKUS) 협정을 통해 호주의 핵추진잠수함 확보를 지원하기로 하였으나, 세계적인 조선기술을 보유한 호주조차도 첫 자체 건조 핵추진잠수함의 진수 시점을 2030년대 중반으로 예정하고 있다.[44)]

핵추진잠수함의 핵심 기술인 잠수함용 원자로는 고도의 기술 집약체로, 소형·고효율 설계뿐만 아니라 방사선 차폐, 수중 장기 운용 안정성 등을 동시에 확보해야 한다. 북한이 이러한 고난도 기술을 단기간 내 자력으로 개발 및 적용할 수 있다는 주장은 현실성에 의문이 제기된다. 특히 북한이 공개한 핵추진잠수함은 5000~8000톤급 대형 선체로 추정되며, 이는 과거 북한이 건조한 1800톤급 로미오급(중국의 기술 지원으로 1970년대 제작)과 비교해도 기술 수준의 비약적 도약을 전제로 한다. 하지만 현재 북한의 조선기술은 열악한 수준이다. 2023년 개조한 전술핵공격잠수함 '김군옥함' 역시 정상적인 운용조차 이루어지지 못하고 있는 실정이다. 이러한 정황으로 볼 때 북한이 외부의 기술지원 없이 대형 핵추진잠수함을 독자적으로 건조하는 것은 매우 어려우며, 이는 러시아의 군사기술 이전 가능성을 시사하는 대목이다.[45)]

북한은 2000년대 초부터 지대함용 순항미사일을 개발해 왔으며, 이를 기반으로 최근에는 장거리 지대지 순항미사일과 초음속 순항미사일 개발에 주력하고 있다. 특히 2024년 4월 해군의 최신예 전투함 '최현함' 진수식 직후인 4월 28일과 29일, 북한은 동해상에서 초음속 순항미사일과 전략순항미사일을 시험 발사하였다. 이는 순항미사일 능력 고도화와 함께 실전 배치를 염두에 둔 무력시위로 평가된다.46) 향후 이러한 순항미사일 전력의 실전 배치가 이루어질 경우, 우리 안보에 대한 미사일 위협은 한층 더 복합적이고 심화된 양상으로 전개될 가능성이 높다.

〈북한 탄도미사일 사거리〉

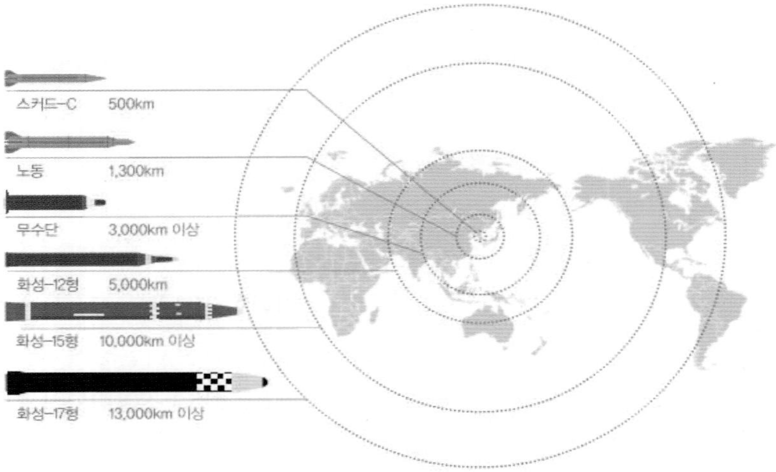

※ 출처: 「2022 국방백서」, (서울: 국방인쇄소, 2023.2), p. 32.

1.2.6. 예비전력과 전쟁지속능력

북한의 예비전력은 교도대, 노농적위군, 붉은청년근위대 등 다양한 준군사조직으로 구성되어 있다. 교도대는 전투동원 대상 예비전력으로, 정규군의 전투력을 보완하는 역할을 수행하며 약 60만여 명 규모로 추산된다. 이들은 정규군에 준하는 수준의 군사훈련을 받고 있으며, 전시 즉각적인 동원이 가능하도록 편성되어 있다.

노농적위군은 직장 및 지역 단위로 구성된 민병조직이며, 붉은청년근위대는 고급중학교(중등교육과정) 학생들로 구성된 청소년 군사조직이다. 북한은 만 14세부터 60세까지를 동원 가능 연령으로 규정하고 있으며, 이들 예비역을 모두 포함한 총 병력은 약 762만 명으로, 전체 인구의 약 30%에 달하는 규모로 추정된다. 북한 예비전력의 세부 현황은 아래 도표와 같다.

〈북한 예비전력 현황〉

구분	병력	비고
계	762만여 명	
교도대	62만여 명	동원예비군 성격(17~50세 남자, 17~30세 미혼여자)
노농적위군	572만여 명	지역예비군 성격(17~60세 남자, 17~30세 교도대 미편성 여자)
붉은청년근위대	94만여 명	고급중학교 군사조직(14~16세 남녀)
준군사부대	34만여 명	호위사령부, 사회안전성 등

※ 출처: 「2022 국방백서」, (서울: 국방인쇄소, 2023.2), p. 32.

한편, 북한은 유사시 약 1개월에서 3개월가량의 전쟁을 지속할 수 있는 수준의 전쟁물자를 비축하고 있는 것으로 분석된다. 군수지원 측면에서는 약 300여 개소의 군수공장을 보유하고 있으며, 이 중 100여 개는 평시 민수용 공장에서 전시에 신속히 군수품 생산으로 전환할 수 있도록 설계되어 있다. 이러한 체계는 북한이 단기간 내 전시 동원체제를 가동할 수 있도록 뒷받침하고 있다.

주요 군수물자 생산 및 비축시설은 대부분 지하에 구축되어 있어, 전시에도 높은 생존성을 유지할 수 있으며, 전투임무기를 제외한 무기와 탄약 등의 군수품을 자체적으로 생산할 수 있는 능력을 보유하고 있는 것으로 평가된다.

그러나 국제사회의 대북 제재가 지속됨에 따라 북한은 에너지 공급과 원자재 확보에 상당한 어려움을 겪고 있다. 이로 인해 군수산업의 장기적인 유지·발전에 제약이 있을 것으로 보인다. 다만 최근 우크라이나와 침략전쟁을 하고 있는 러시아에 1,200만 발의 포탄 및 미사일을 제공하고 사실상 러시아의 군수보급기지 역할을 하는 현실이 북한의 전쟁지속능력 강화에 기여하고 있는 것으로 우려되고 있다.

북한의 전쟁지속능력은 단순히 군사적 요소뿐만 아니라 정치적 안정성, 경제력, 사회적 결속력, 기반시설의 유지 수준 등 복합적인 요소에 의해 영향을 받을 것으로 전망된다.

제2절 북한의 병역제도

2.1. 의무복무 제도의 구조와 실태

북한의 병역제도는 헌법에 명시된 공민의 의무이자 영예로 규정되어 있다. 북한 사회주의헌법 제86조는 "조국 보위는 공민의 최대 의무이며 영예이다. 공민은 조국을 보위하여야 하며 법이 정한 데 따라 군대에 복무하여야 한다"고 밝히고 있다.[47] 이 조항은 병역 의무가 단순한 법적 규정 차원을 넘어, 이념적 충성과 체제 유지의 수단으로 기능하고 있음을 보여준다. 이러한 헌법적 기초 위에 북한은 강력한 의무복무제도를 구축하고 있으며, 이를 통해 대규모 병력 자원을 안정적으로 확보하고 있다.

북한군 병역제도의 장·단점을 북한 정권의 관점에서 살펴보면 아래와 같다.

2.1.1. 북한 병역제도의 장점

북한은 헌법과 법률을 근거로 모든 국민에게 병역의 의무를 부과하고 있으며, 특히 고교 졸업 후 즉시 군에 징집하는 제도적 구조를 갖추고 있다. 이를 통해 북한은 군사력의 질적 우위보다는 양적 우위를 확보하고 있으며, 최대 128만 명에 달하는 상비군을 안정적으로 유지하고 있다. 이는 첨단 무기 체계 확보에 제약이 있는 북한이 전면전 대비 전투 지속능력 확보라는 전략적 목표를 실현하는 데 기여하고 있다.

(1) 체제 충성심 강화 및 정치적 통제 수단

병역제도는 단순한 국방의무를 넘어, 충성심 강화와 이념적 재사회화의 장으로 기능한다. 군 복무는 당과 수령에 대한 충성도를 반복적으로 주입받는 공간이며, 체제 이탈이나 반체제 정서를 사전에 차단하는 장치로 활용된다. 특히 여성까지 실질적 의무복무 대상에 포함시킨 것은 김정은 체제의 전민 군사화 정책이 체계적으로 작동하고 있음을 보여준다.

(2) 사회적 보상구조 연계

군 복무 경력은 북한 내에서 교육, 취업, 주택, 당 입당 등 사회 자원에 대한 우선권을 부여받는 전제 조건으로 작용한다. 이는 복무 동기를 강화하며, 병역을 사회적 계층 상승의 수단으로 활용하게 만든다. 이와 같은 사회적 인센티브 구조는 징병율을 높이는 데 효과적이다.

(3) 정예 인력 선별과 배제 장치의 병존

성분에 따라 병역 대상자를 선별하거나 배제하는 구조는 군 내 반체제 인물 유입을 방지하고, 정권 충성 인력 중심의 전력 구성을 가능하게 한다. 또한 특수학교 및 엘리트 대학 진학자를 예외 처리함으로써, 국가 핵심 인재를 장기 복무로부터 보호하며 기술·과학 분야 인력 풀 확보에도 기여한다.

2.1.2. 북한 병역제도의 단점

(1) 과도한 복무 기간과 인권 문제

북한의 남성 복무 기간은 최대 10~13년, 여성도 최대 10년에 달할 수 있어, 이는 세계적으로 유례없는 장기 복무 형태이다. 이는 개인의 사회 진입 시기를 극도로 지연시키며, 병사 개인의 인권 침해와 교육·직업 기회의 박탈로 이어진다. 특히 강제성, 고립성, 통제성이 강한 북한 병영문화는 또 다른 인권유린의 현장이다.

(2) 경제활동 기회 손실과 사회적 비효율성

청년층의 장기 군 복무는 생산가능인구를 군대로 흡수하는 구조로 이어지며, 이는 경제 전반의 노동력 부족과 생산성 저하로 연결된다. 특히 산업 및 농업 분야에서는 숙련 노동력 부족 문제가 지속되고 있으며, 이는 군사 우선주의가 경제 효율성을 저해하는 대표적 사례로 지적된다.

(3) 편중된 군 복무로 인한 계층 간 격차 확대

성분에 따른 병역 면제는 사회적 위화감을 조성하며, 복무자와 비복무자 간의 격차를 심화시킨다. 이는 장기적으로 충성도 기반의 계층 구조를 고착화하고, 능력 중심의 사회발전을 저해하는 구조적 장애물이 된다.

(4) 징병 기준의 완화로 인한 전투력 저하

체격 조건 완화(신장 기준 150cm → 142cm)는 병력 수급의 한계를 보여주는 사례로, 이는 전반적인 전투체력 저하 및 군의 질적 약화로 이어질 수 있다. 북한은 경제난과 영양 결핍으로 인한 청소년의 건강 악화로 정상적 전투 병력 유지에 어려움을 겪고 있는 실정이다.

(5) 여성 군 복무의 강제화와 성별 불균형

명목상 선택제인 여성 군 복무가 사실상 의무복무로 강제되고 있다는 점은 인권 문제뿐 아니라, 결혼·출산 연령의 지연, 성비 불균형 등 사회 전반의 인구 구조에 악영향을 미친다. 특히 복무 중 여성에 대한 폭력이나 차별은 내부 정보 유출이 어려운 북한 사회 특성상 국제사회에 제대로 보고되지 않고 있다.

2.2. 여성 병역의 실질적 의무화

북한에서 여성은 원칙적으로 본인의 의사에 따라 군 복무 여부를 선택할 수 있도록 되어 있다. 그러나 실상은 이와 다르다. 수령에 대한 충성과 조국수호라는 명분 아래 여성들에게도 조직적이고 강압적인 군 복무가 요구되며, 이에 따라 상당수 여성들이 본인의 의사에 반하여 군 복무를 수행하고 있다. 특히 조선노동당 입당이나 교육, 취업, 주택 등 사회적 자원 접근에 있어서 군 복무 경력이 긍정적인 영향을 미치기 때문에, 여성에게도 군 복무는 사실상 회피할 수 없는 경력 요건으로 작용한다.

김정은 정권 출범 이후에는 여성도 의무복무 대상에 포함된 것으로 추정된다. 기존에는 지원제를 기반으로 여성 복무가 이루어졌으나, 최근에는 실제로 여성 대부분이 의무적으로 군에 편입되고 있는 실정이다. 이는 북한 사회 전반에 걸친 군사화 추세와, 전 주민의 군사화라는 체제 방향성을 반영하고 있다.

2.3. 의무교육과 병역 연계 구조

북한은 2012년 최고인민회의 제12기 제6차 회의에서 '전반적 12년제 의무교육' 시행 법령을 발표하였고, 이를 2013년 시범운영을 거쳐 2014년부터 전국적으로 시행하였다. 의무교육은 유치원 고반(우리의 유치원 2년차)에 해당하는 과정부터 시작하여 초급중학교(초등학교 및 중학교에 해당)와 고급중학교(고등학교에 해당)를 포함한 12년간의 교육과정으로 구성된다.

이와 같은 교육 제도 하에서 북한 주민은 대부분 17세 전후에 고급중학교를 졸업하게 되며, 이 시점부터 병역 대상자로 분류되어 징집 절차가 시작된다. 과거에는 11년제 의무교육이 시행되었으나, 2014년부터 12년제로 개편되면서 징집 연령이 자연스럽게 1년 연장되었으며, 자료마다 징집 연령에 대한 서술이 상이한 이유도 이 제도 변화에 기인한다.

2.4. 병역 선발 과정: 신체검사와 기준

징집대상자로 등록되면, 시·군 인민병원 또는 도 인민병원에서 두 차례에 걸친 신체검사를 받는다. 과거에는 신장 150cm 이상, 체중 48kg 이상을 합격 기준으로 삼았으나, 1990년대 심각한 경제난으로 인한 영양 결핍으로 인해 주민들의 체격이 전반적으로 왜소해졌다. 이에 따라 1994년 8월부터는 기준이 신장 148cm, 체중 43kg 이상으로 완화되었고, 최근에는 성별 구분 없이 신장 142cm 이상이면 합격하는 사례도 보고되고 있다. 이러한 기준 완화는 병력 확보에 어려움을 겪는 북한의 현실을 반영하는 것이다.

여성에 대한 구체적인 신체검사 기준은 외부에 잘 알려져 있지 않지만, 체격 조건이 남성보다 더 낮은 수준으로 적용되고 있다는 관측이 있다. 실질적으로 병력 자원의 확보가 우선되는 북한 체제의 특성상, 기준의 지속적인 완화와 탄력적 적용은 불가피한 현실이다.

2.5. 성분에 따른 병역 차별과 예외

북한은 1958년 이후 중앙당 집중지도사업과 주민재등록 사업을 통해 모든 주민을 계층화하였다. 주민은 성분(출신 배경)에 따라 '핵심계층', '동요계층', '적대계층'으로 나뉘며, 다시 51개 세부 부류로 나뉘어진다. 이 계층화는 정권에 대한 충성도와 정치적 신뢰도를 기준으로 사회적 접근권을 결정하는 체계로 작동한다.

성분이 불량하다고 분류된 주민은 군 복무를 제한받는다. 이는 이들이 군에서 무장을 통해 체제에 위협이 될 가능성을 사전에 차단하기 위한 조치이다. 실제로 북한 지도부는 불만세력에게 총칼을 맡기는 상황을 원치 않으며, 군 복무를 통한 계층 상승의 가능성도 철저히 억제하고 있다.

또한 성분이 불량하지 않더라도, 산업 필수 인력이나 핵심 직무 종사자, 또는 고급 교육을 받는 학생들은 병역에서 면제되거나 복무 기간이 대폭 축소된다. 만경대혁명학원, 금성제1고급중학교 등 엘리트 교육기관이나 김일성종합대학 등 주요 대학 진학생은 복무가 연기되거나 짧은 기간의 복무 후 제대하게 된다. 이들은 북한 정권이 직접 양성하는 국가 핵심 인력으로 간주된다.

북한에서 대학에 진학하려면 예비시험, 학교 추천, 본시험의 3단계를 통과해야 한다. 일반적으로 고급중학교 졸업생 중 약 10%만이 대학에 진학할 수 있으며, 이중 실제 입학에 성공하는 비율은 더욱 낮다. 대학 진학은 성적 우수 외에도 성분이 양호하고 당과 수령에 대한 충성심이 높은 학생에게 유리하게 작용한다. 1990년대 중반에는 학급당 평균 10%의 대학 진학 지표가 부여되었지만, 실제로는 5% 이내에 그쳤다는 증언도 존재한다.

이처럼 대학 진학이 제한적이기 때문에, 대다수의 청년층은 졸업 즉시 군에 징집되며, 이는 북한 병역제도의 구조적 특징으로 작용하고 있다. 북한은 사실상 군 복무를 전 국민의 의무로 만들기 위한 사회적·제도적 장치를 다층적으로 설계해두고 있다.

2.6. 복무 기간의 변화와 병력 유지 전략

북한의 병역 복무 기간은 시대에 따라 여러 차례 변화하였다. 1958년 내각결정 제148호에 따라 지상군은 3년 6개월, 해·공군은 4년으로 규정되었으나, 실제로는 지상군 5~6년, 해·공군 및 기술병과는 8~9년 복무가 일반적이었다. 1993년 김정일의 지시로 '10년 복무연한제'가 도입되어 법적 기준과 실제 복무 기간이 일치되었고,

병력 자원의 장기 확보가 가능해졌다.

1996년에는 군복무 조례가 개정되어, 남성은 만 30세까지, 여성은 만 26세까지 복무해야 한다는 조항이 포함되었다. 해당 조례에 따르면 남성은 약 13년, 여성은 10년가량 군 복무를 하게 된다. 이후 2003년에는 '전민 군사복무제'가 법제화되어 남성 10년, 여성 7년으로 복무 기간이 조정되었으며, 2014년에는 남성의 복무기간이 다시 11년으로 늘어났다는 언론 보도도 존재한다. 2017년에는 남성 10년, 여성 5년으로 복무 기간이 축소되었다는 주장이 있으나, 이에 대한 공신력 있는 검증은 필요하다. 실제로는 특수부대, 기술병과, 특정 주특기를 보유한 인원은 여전히 10년 이상 복무하는 경우가 많다.

북한이 128만 명에 달하는 상비 전력을 장기간 유지할 수 있는 핵심 배경에는 이와 같은 강력한 병역 의무제도가 자리하고 있다. 군 현대화에 대한 투자 여력이 부족한 북한은 양적 병력 유지에 의존할 수밖에 없으며, 이를 가능하게 하는 사회적 장치로서 병역 제도가 작동하고 있다.

군 복무는 북한 사회에서 정치적 충성, 계층 이동의 수단, 사회적 승인과 밀접히 연결되어 있으며, 군사화된 국가체제의 유지에 결정적인 역할을 수행한다. 특히 김정은 체제 들어 군의 정치적·사회적 위상이 현저히 강화되었으며, 이는 군 수뇌부의 당 정치국 진입 확대, 군 관련 기념일의 국가 행사화, 노동당 규약 내 군의 역할 명시, 군 출신의 당·정 진출 증가, 핵무력 운용에서의 군 중심성 강화 등에서 확인할 수 있다. 이처럼 군의 위상이 제도적·정치적으로 격상됨에 따라, 병역제도는 인력 충원 수단을 넘어 체제 유지와 권력 재생산을 위한 핵심 통치 수단으로 기능하고 있다.

제3절 북한의 군사 관련 산업

북한은 정권출범 이래 "군사 중심 국가"의 노선을 지속적으로 고수해왔다. 김일성 시대의 항일 유격대 전통, 김정일 시대의 선군정치, 김정은 시대의 핵무력 병진노선에 이르기까지, 군(軍)은 국가 방위 기구를 넘어 정권 유지의 핵심 수단이자 체제 안정의 주축으로 기능해왔다. 이러한 북한의 특수한 정치·군사 구조 속에서 군사조직 체계와 군수산업은 단절된 두 축이 아니라, 상호 의존적이고 유기적인 구조로 얽혀 있는 하나의 통합 체계로 이해되어야 한다.

북한의 군수산업은 단순히 무기와 장비를 생산하는 산업 부문에 그치지 않는다. 이는 조선노동당의 전략적 의도와 국방경제 병진노선에 따라, 국가 자원 배분과 기술 개발, 노동력 동원 체계까지 포함하는 종합적 군사 운영체계의 일환이다. 특히, 군수공업부·제2경제위원회와 같은 조직들은 당-군-산업이 하나의 명령체계로 연결된 구조를 통해 전시 동원체제의 기반을 형성하며, 북한군의 전투태세 유지와 전략무기 개발에 결정적 역할을 수행하고 있다.

국가경제는 일반적으로 다양한 시장과 부문으로 구성된다. 이는 하나의 국가경제 체계 안에 여러 기능적 하위체계가 포함되어 있다는 것을 의미한다. 그러나 국가가 발전을 도모하기 위해서는 이들 시장 또는 부문 중 특정 분야에 우선순위를 두고 자원을 집중시키는 전략이 필요할 때가 많다. 물론 전반적인 균형 성장을 지향하는 '균형발전전략'도 가능하지만, 이는 효과가 나타나기까지 장기간이 소요되며, 산업 간 파급효과의 편차로 인해 경제 전반에 즉각적이고 강력한 동력을 불어넣기에는 한계가 있다. 이러한 배경에서 많은 국가는 '불균형발전전략'을 채택하고, 특정 선도 부문에 정책과 자원을 집중함으로써 전체 경제를 견인하려는 방식을 택한다. 과거 대한민국이 농업, 중공업, 수출산업 등을 전략적으로 육성했던 사례 역시 이와 같은 '불균형발전전략'의 일환이라 볼 수 있다.

사회주의 계획경제 체제를 기반으로 한 북한 역시 예외는 아니다.

표면적으로는 모든 경제활동이 국가계획위원회의 '유일적 계획'하에 운영된다고 명시되어 있지만, 실제로는 자원 배분에 있어 특별한 우선권을 가지는 분야가 존재한다. 즉, 법적·제도적 틀을 초월해 자율적 요구와 자원 확보가 가능한 '우선 부문'이 실질적으로 존재하며, 대표적으로 '궁정 경제'와 '군사경제'가 이에 해당한다.

이러한 우선 부문은 정해진 국가계획과 무관하게 필요 시 언제든지 예산과 자원을 요구하고 배정받을 수 있는 권한을 지닌다. 특히 군사경제는 김일성 시대의 '국방·경제 병진노선', 김정일 시기의 '선군노선', 그리고 김정은 체제의 '핵무력·경제 병진노선' 등 북한의 역사적·이념적 노선을 통해 확고한 정책적 정당성을 확보하고 있다. 이와 같은 맥락에서 군사경제는 북한 경제 전반에서 가장 우선순위가 높은 부문이라 할 수 있다.

북한에서 군사경제란 군사력의 건설과 운용에 필요한 모든 자원과 요소들을 포괄하는 개념으로, 물적·재정적 기반뿐 아니라 생산체계, 연구개발, 수출입 활동 등 전반적인 경제활동을 포함한다. 구체적으로는 군사 예산을 포함한 군의 재정 능력, 무기 및 군수물자의 연구개발과 생산능력, 무기 수출입 및 군이 보유한 기업체의 경제활동까지 모두 군사경제의 범주에 포함된다.

이 군사 경제를 총괄하는 기관은 '제2경제위원회'이며, 이 위원회는 군사 자원의 배분과 정책 기획을 주도하며, 무기 및 군수물자의 생산계획을 수립하고 관리한다. 제2경제위원회는 조선노동당의 전문부서 중 하나인 '기계공업부(구 군수공업부)'의 감독을 받으며, 전국에 분포한 수백 개 군수공장을 실질적으로 통제한다. 이들 군수공장은 수십만 명에 달하는 인력을 고용하고 있는 것으로 추정되며, 이를 통해 군사 경제가 북한 전체 경제에서 차지하는 비중이 상당히 크다는 사실을 알 수 있다.

무기 연구개발은 '제2경제위원회' 산하의 '제2자연과학원'이 전담하고 있으며, 북한의 국방과학기술 역량을 담당하는 핵심 기관이다.

아울러, 병사들의 피복·장비 등 군수물자의 일상적 생산과 공급은 '인민무력성' 산하의 군수일용품공장에서 담당하고 있다.

주목할 점은 북한군이 소비 주체를 넘어 생산 주체로서도 기능하고 있다는 사실이다. 북한군은 자체적으로 무역회사, 농장, 목장, 수산기업소 등 다양한 기업체를 운영하며 외화 획득과 자급자족형 경제활동에 참여하고 있다. 특히 현재 북한의 공식 배급체계가 사실상 붕괴된 상황에서는, 각 부대가 생존을 위해 자율적으로 기업 운영과 시장 참여에 적극 나설 수밖에 없는 실정이다. 이는 북한 군대가 국방 조직뿐 아니라, 경제 활동의 실질적 주체로도 기능하고 있음을 시사한다.[48]

3.1. 군수산업 운용체계와 제2경제의 제도적 기반

3.1.1. 제2경제와 군수산업 운용체계의 기본 틀

북한의 군수산업은 '제2경제'로 통칭되며, 이는 국가경제의 일반부문과 분리된 독립적인 군수경제 체계를 의미한다. 제2경제는 국무위원회를 정점으로 당, 내각, 군이 삼위일체적으로 관여하는 체계적 구조 아래 운영되고 있으며, 이러한 운영구조는 북한 군수산업의 특징인 중앙집권적 통제와 이중경제 체제를 명확히 보여준다.

1992년 헌법 개정 이전까지 북한의 군수산업을 지도한 최고기관은 조선노동당 중앙군사위원회였다. 그러나 헌법 개정 이후에는 국무위원회가 상위 기관으로 격상되면서, 무력과 국방건설사업을 총괄하는 최고 군사지도기관의 지위를 가지게 되었다. 개정된 북한 헌법 제100조에 따르면, 국무위원회는 "국가주권의 최고군사지도기관이며 전반적 국방관리기관"이며, 제102조는 국무위원회 위원장이 "일체의 무력을 지휘·통솔하고 국방사업 전반을 지도한다"고 규정함으로써 국방정책의 핵심 권한이 국무위원회에 집중되었음을 명시하고 있다.

3.1.2. 제2경제위원회의 위상과 조직 구조

북한에서 군수산업의 실질적인 운영을 담당하는 중심 기구는 국무위원회 산하의 '제2경제위원회'이다. 이 위원회는 내각의 일반 경제 조직과는 분리되어 독립적인 군수경제 시스템을 구성하며, 무기 생산, 군수물자 계획·관리, 분배, 대외무역 등 군수산업 전반을 총괄하는 최고 기관이다. 따라서 제2경제위원회는 북한 군수산업체계의 중추적 기관이라 할 수 있으며 최근 김정은 국무위원장이 제2경제위원회 산하 중요군수기업소들을 현지 지도하는 모습이 북한 언론을 통해 공개되기도 하였다.[49]

제2경제위원회는 평양시 강동군에 본부를 두고 있으며, 아래로는 ① 군수무기 설계 및 생산을 담당하는 8개 총국, ② 연구개발 기능을 수행하는 '제2과학원', ③ 군수무기 수출입을 포함한 대외경제 업무를 전담하는 '대외경제총국', ④ 자재 조달 및 공급을 담당하는 '자재상사' 등을 갖추고 있다.

3.1.3. 하부 구조: 군수공장, 병기창, 협력체계

제2경제위원회는 직속 하부기관으로 약 130여 개의 군수공장과 기업소, 60여 개의 병기 수리창 및 부속품 제조소를 통제하고 있다. 이들 공장은 일련번호 또는 위장 명칭을 사용하여 존재를 은폐하고 있으며, 생산하는 무기의 유형과 성격은 외부로부터 철저히 차단되어 있다.

이외에도 약 100여 개의 민수용 공장들이 전시 전환 대비체계로 편성되어 있어, 유사시 군수품 생산에 즉시 투입될 수 있는 체제를 갖추고 있다. 실제로 북한 내 대부분의 중·대형 공장들은 군수 생산 전환이 가능하도록 설비와 인력을 사전에 배치하고 있으며, 평시에도 일정 비율로 군수생산에 참여하고 있는 것으로 확인된다.

3.1.4. 국방성 군수 생산과의 역할 분담

북한의 군수산업 운용은 제2경제위원회 중심의 무기 생산뿐만 아니라, 국방성의 병행적인 군수품 생산체계와도 조화를 이루고 있다. 국방성은 군의 유지에 필요한 물자, 장비, 소모품 생산 및 무기 수리에 주력하고 있으며, 이러한 기능은 제2경제위원회가 수행하는 신규 무기 생산 및 중장비 생산 기능과 상호 보완적 관계에 있다.

〈국방성 조직 구성 및 역할〉

부　　서	주요 역할
총참모부	작전, 군령, 전략 지휘 총괄. 국방성 내 실무 부서의 실질 운영 기관
장비관리국	무기·장비의 보급, 정비, 재고관리
운수관리국	군수 물자의 수송 및 물류 지원
검수국	군수품과 장비의 품질 검사 및 기술 점검 수행
후방총국	병참 및 후방지원, 군 급식, 의류, 생활물자 등 전반적 지원 담당
제15국 (기술총국)	해외에서의 무기 및 장비 수입 담당
매봉총국 (매봉무역상사)	군수물자 및 미사일 부품 등의 수출입 전담. 해외 지사를 보유한 특수 무역기관

국방성 내에는 ① 장비관리국, ② 운수관리국, ③ 검수국, ④ 후방총국 등의 실무 부서가 존재하며, 장비의 해외 도입과 관련해서는 총참모부 제15국(기술총국)이 수입 업무를 담당한다. 아울러, 총참모부 산하에 존재하는 매봉총국(매봉무역상사)은 미사일 부품을 포함한 군수물자의 수출입을 전담하는 조직으로, 해외에도 사무소를 둔 유일한 국방성 소속 무역기관이다.

3.1.5. 민수경제 속 군수 협동 생산체계

북한의 군수산업체계의 특징 중 하나는 민수경제 내 공장과 기업소가 군수품 생산에 참여하는 구조이다. 내각 산하의 일반 산업기업 내에는 군수품 생산을 담당하는 '일용분공장' 또는 '일용직장'이 설치되어 있으며, 이들은 제2경제위원회의 지시에 따라 특정 무기류나 부품을 전문적으로 협동 생산한다.

이러한 분공장들은 북한 전역의 민수경제망 속에 거미줄처럼 퍼져 있으며, 수만 개의 군수 협동품을 생산하는 중요한 역할을 담당한다. 군수공장들은 이 협동품을 받아 조립을 수행하며, 협동품의 생산 지연은 전체 군수생산 일정의 차질로 직결되기 때문에, 이 부문에 대한 당과 국가의 통제와 감시가 특히 강력하다.

협동품 생산에 대한 생산과제는 조선노동당 중앙군사위원회의 명령으로 하달되며, 제2경제위원회의 '일용생산지도국'이 생산 공정을 실질적으로 지도한다. 또한 내각 방대한 사무국 조직을 운영하며 협동품 생산을 독려하고 있어, 민수와 군수가 전방위적으로 융합된 산업구조를 형성하고 있음을 알 수 있다.

북한의 군수산업 운용체계는 중앙집권적 구조와 이중경제 체계의 특성을 바탕으로 하여, 국무위원회-제2경제위원회-민수 협력공장체계로 수직적이고 체계적으로 구성되어 있다. 제2경제위원회를 중심으로 하는 군수공장과 병기창, 국방성 내 병행 체계, 그리고 민수경제 내 분공장들 간의 유기적인 연결은 북한이 전시동원 체제로의 전환에 매우 신속하고 탄력적으로 대응할 수 있는 능력을 보유하고 있음을 시사한다.

특히 무기 생산뿐 아니라 연구개발, 부품 협동생산, 외화벌이 무역까지 포괄하는 군수산업의 전방위적 운영은 북한의 국방전략이 군사력 유지에 그치지 않고, 경제와 체제의 존속을 위한 전략적 생존 수단으로 군수산업을 활용하고 있다는 사실을 잘 보여준다.

3.2. 군수산업에 의한 생산과 소비

3.2.1. 군수산업 생산품의 주요 소비자: 국가 군대

군수산업의 가장 본질적인 존재 목적은 군대의 작전 수행과 국방력 유지에 필요한 무기와 장비를 생산하는 데 있다. 이는 전 세계 모든 국가의 군수산업의 공통적인 특징인데, 군수산업에서 생산된 제품의 주요 소비자는 해당 국가의 군대이다. 북한 또한 예외는 아니며, 군수산업이 생산한 대부분의 무기체계와 군사장비는 북한군이 직접 소비하는 구조를 갖추고 있다.

북한은 이미 1970년대에 들어서면서 지상군 군단급 부대의 전투작전 수행에 필요한 모든 군수품과 무기를 자체적으로 생산할 수 있는 능력을 확보하였다. 이는 북한 군수산업이 일정 수준의 자급자족 능력과 자립적 군수능력을 확보했음을 보여주는 지표로, 북한 지상군이라는 내부 소비자의 요구를 일정 부분 충족시킬 수 있는 수준에 도달했음을 의미한다.

3.2.2. 군수산업의 과잉공급과 대외 수출로의 전환

북한의 군수산업은 1970년대 중반 이후 내수 수요 이상의 생산 능력을 확보하면서, 군수품의 과잉 생산 현상이 발생하게 되었다. 이는 국가 안보와 전면전 대비 체제를 강조하는 정책 기조 속에서, 무기 생산 능력의 극대화를 지향한 결과로 해석된다. 그러나 군대가 소비할 수 있는 수량을 초과하여 무기가 생산되면서, 과잉 재고를 처리하기 위한 방안으로 대외 수출이 적극 검토되고 실행되기 시작하였다.

북한은 이러한 상황을 돌파하기 위해 무기 수출을 통한 외화 획득 전략을 본격화하였다. 제2경제위원회와 군부는 무기 수출을 위한 전용 무역회사와 금융기관(은행)을 직접 운영하며, 생산된 무기를 해외에 판매하기 위한 조직적 기반을 마련하였다. 이러한 무기 수출은 북한의 외화 확보 수단일 뿐만 아니라, 과잉 공급된 군수품의 재고를

제4장

전략적으로 활용하는 방식이었다.

3.2.3. 북한의 무기 수출 역사와 주요 품목 변화

북한의 무기 수출은 1970년대 중반부터 시작되어 현재까지 수십 년간 지속적으로 이루어져 왔다. 초기에는 포병화기, 장갑차, 항공기, 소형 함정 등 재래식 무기의 수출이 중심이었으며, 주로 중동 및 아프리카 지역의 분쟁국가 및 권위주의 정권이 주요 수입국이었다.

1980년대에 들어서면서, 북한은 장갑차와 단거리 미사일을 포함한 보다 정교하고 위력적인 무기체계를 수출하기 시작하였으며, 점차 미사일이 북한 무기 수출의 주력 품목으로 자리 잡게 되었다. 특히 1990년대에 들어서는 북한 재래식 무기의 경쟁력이 저하되고, 국제 시장에서 선진국의 고성능 무기에 밀리면서, 재래식 무기 수출은 감소하고, 미사일 수출이 급증하는 현상이 나타났다. 이러한 변화는 북한이 무기 수출 전략에서 경쟁력 있는 품목에 선택과 집중하는 방식을 채택했음을 의미한다. 고도의 기술과 장거리 타격 능력을 갖춘 미사일은 북한이 독자적 기술을 축적하고 있는 분야 중 하나로, 일부 국가에선 비교적 저렴하고 실전적인 무기로 평가되면서 수요가 유지되었다.

최근 러시아-우크라이나 전쟁이 장기화되면서 러시아는 심각한 군수물자 부족에 직면하게 되었다. 이에 따라 북한은 러시아에 대한 군수지원 국가로 부상하였다. 2023년부터 북한은 러시아에 대량의 포탄과 로켓, 그리고 탄약을 지속적으로 공급하고 있는 것으로 알려졌다. 특히 152mm 포탄과 122mm 다연장로켓 등 재래식 탄약의 공급이 집중적으로 이루어졌으며, 위성사진과 미 정보당국의 분석에 따르면 북한산 무기가 실제 전장에 배치되어 사용되고 있는 정황도 포착되었다.[50]

이러한 북한의 대러 군수지원은 유엔 안보리 결의안 위반이라는 국제적인 비판에도 불구하고 계속되고 있으며, 북한은 이를 통해 러시아로부터 식량, 원유, 위성 기술 등 전략물자를 확보하려는 전략적 접근을 취하고 있다. 양국은 공식 외교 채널뿐 아니라 군사 및 정보 채널을 통한 비공식 루트를 통해 무기 거래를 유지하고 있으며, 이는 양국 간 '제재 회피형 전략적 동맹'의 성격을 띠고 있다.

3.2.4. 무기 수입국의 지역 분포와 정치적 특성

북한은 지금까지 총 16개국에 무기를 판매한 것으로 알려져 있으며, 수출 대상국은 주로 중동과 아프리카 지역의 분쟁국 및 권위주의 정권에 집중되어 있다. 이들 국가의 공통점은 ① 내전 또는 군사 분쟁을 겪고 있으며, ② 서방 국가들과의 외교 관계가 원활하지 않고, ③ 인권 문제 및 대량살상무기 개발과 관련하여 국제사회로부터 제재를 받고 있다는 점이다. 가장 대표적인 수입국은 이란과 시리아이다.

이란은 1980년대 이란-이라크 전쟁 기간 동안 북한으로부터 대량의 재래식 무기와 미사일을 수입하였다. 이 시기 북한의 군수산업은 이란의 전시 수요를 맞추기 위한 공급 거점으로 활용되었다.

시리아는 1990년대부터 2000년대까지 북한으로부터 화학무기를 포함한 다양한 무기를 지속적으로 수입해온 국가이다. 특히 시리아는 국제사회에서 제재를 받고 있음에도 불구하고, 북한과의 군사 거래를 유지하며 전략적 협력관계를 형성하였다.

이외에도 아프리카 국가들, 특히 내전이나 인종 갈등을 겪은 국가들이 북한 무기의 주요 수입국이었다. 일부 무기는 인종청소와 같은 인권 유린 행위에 사용되었다는 국제적 비난도 존재한다.

아시아 국가 중에서는 베트남이 북한의 무기를 수입한 대표적인 국가로, 1990년대 후반 소량의 미사일 부품을 수입한 바 있다. 그러나 베트남은 2000년 이후 북한과의 무기 거래를 전면 중단하고, 국제사회의 제재 기조에 동참하고 있다.

3.2.5. 무기 수출의 목적과 국제적 파장

북한의 무기 수출은 단지 군수품 재고 처분을 위한 경제적 선택이 아니라, 외화 획득, 국제적 정치 영향력 확대, 체제 생존 전략이라는 복합적 목적을 내포하고 있다.

1970년대에는 재래식 무기의 과잉공급 해결과 외화 유입을 1990년대 이후에는 경쟁력 있는 미사일 수출을 통한 고부가가치 실현과 기술 기반 확대를 추구하였다. 그러나 이러한 무기 수출 행위는 국제사회로부터 지속적인 비판을 받고 있으며, 북한에 대한 국제적 경제 제재의 주요 원인 중 하나로 작용하고 있다. 특히 대량살상무기(WMD) 관련 기술의 수출 및 이전 의혹은 핵·미사일 개발과 연계되어 더욱 강한 제재를 불러오고 있으며, 북한의 국제적 고립을 심화시키는 요소로 작용하고 있다.

북한 군수산업의 생산과 소비 구조는 자국 군대 중심의 내수 소비와 과잉 공급을 기반으로 한 대외 수출이라는 이중 구조로 구성되어 있다. 1970년대 중반 이후 자체 생산 능력의 확대, 무기 체계의 다변화, 외화 확보 수단으로서의 수출 확대는 북한 군수정책의 핵심 흐름을 구성하고 있으며, 이로 인해 국제사회와의 긴장도 역시 증대되고 있다.

북한의 무기 수출은 경제 활동을 넘어, 정치적·전략적 목적을 동시에 달성하기 위한 수단으로 사용되고 있으며, 이는 북한 군사정책의 전방위적 특성과 무기산업의 기능적 확장을 잘 보여주는 사례라 할 수 있다.

3.3. 북한 군수산업의 구조적 특성과 평가

3.3.1. 제2경제와 군수산업 체계의 위상

북한의 군수산업은 국가 군사경제체제의 핵심 축으로 기능하고 있으며, 이 체제는 크게 세 가지 구성 요소로 이루어져 있다. 즉, ① 군수산업 정책과 생산계획을 수립하고 총괄하는 제2경제위원회, ② 무기 및 군수품을 생산하는 전국의 군수산업 시설, ③ 그리고 이들 생산품을 최종 소비하는 조선인민군으로 구성된다. 이 구조는 일종의 군산복합체로서의 특성을 띠며, 그 정점에 제2경제위원회가 위치한다.

제2경제위원회는 1970년대 초반에 신설되었으며, 설립 초기부터 내각 소속의 일반 경제기관들보다 높은 위상과 독립적인 권한을 부여받았다. 국방성과도 분리되어 있으며, 행정적으로도 내각의 통제를 받지 않는 독립적인 군수경제 조직으로 운영되고 있다. 제2경제위원회의 주요 기능은 무기 및 군수품 생산에 필요한 예산 편성과 각 군수생산 단위의 통제 및 관리이며, 이는 북한의 군수산업 전체를 실질적으로 주도하는 역할을 수행하고 있다.

3.3.2. 제2경제위원회와 한국 군수체계와의 비교

대한민국과 비교했을 때, 북한의 군수산업 체계는 본질적으로 국가주도의 중앙통제형 구조라는 점에서 큰 차이를 보인다. 한국의 경우, 대부분의 무기 및 군수품 생산은 민간 방산업체를 통해 시장 메커니즘에 따라 이뤄지며, 국방부는 예산 집행 및 조달계획 수립을 담당하지만 생산 활동 그 자체에는 직접 관여하지 않는다.

반면 북한의 제2경제위원회는 자체 예산 편성권을 보유하고, 무기생산의 전 과정을 직접 계획·조정·관리하는 독립기구로 기능하고 있다. 이러한 구조는 당과 군의 핵심 기구인 국무위원회(현재의 국무위원회)의 통제 아래, 군사경제가 내각 경제와 분리되어 작동하고 있음을 보여준다.

3.3.3. 군비경쟁과 국방비 편성의 구조적 차이[51)]

1950년 한국전쟁 이후 남북한은 재래식 군사력 우위를 확보하기 위한 군비경쟁을 지속해왔다. 실증적 분석 결과에 따르면, 북한의 군비 확충은 남한의 국방예산 증가에 일정한 영향을 미쳤지만, 남한의 군비 증강은 북한의 군비 결정에 큰 영향을 주지 않은 것으로 나타났다.

1970년대에 접어들면서 남한은 북한을 능가하는 군사비 지출을 기록하게 되었고, 이후부터는 지속적으로 북한보다 더 많은 군비를 편성해 왔다. 그러나 예산 총액과는 별개로 국가예산 대비 국방비 비중에서 북한은 여전히 상대적으로 매우 높은 비율을 유지하고 있는 것으로 추정된다. 반면 대한민국은 1960년대 이후 지속적으로 국방비 비중이 하락하는 추세를 보이고 있다.

이러한 구조적 차이는 북한의 군사경제체제가 국가 전체 경제체계에서 차지하는 비중이 매우 크며, 국방 부문이 민생 부문보다 우선시되는 정책 기조가 현재까지도 지속되고 있음을 의미한다.

3.3.4. 군수산업의 경제적 영향과 산업 간 상관관계

다수의 자본주의 국가에서는 군수산업의 팽창이 민수산업에 부정적인 영향을 미치는 음의 상관관계가 존재한다고 분석된다. 이는 군수산업에 집중된 자원이 민간 부문으로의 이전을 제한하기 때문이다. 그러나 북한에서는 이러한 관계가 다소 다르게 나타나고 있으며, 일부 연구에서는 군수산업이 민수산업과 국가경제에 긍정적 기여를 한다는 분석도 존재한다.

이는 북한의 군수산업이 전체 산업 생산에서 매우 큰 비중을 차지하고 있기 때문으로 해석된다. 그러나 실질적으로는 군수산업에 편중된 중공업 중심 구조는 경공업의 발전을 저해하고, 결과적으로 국가 전체 경제성장과 생활수준 향상에는 부정적인 영향을 주고 있다.

3.3.5. 군수산업 발전의 경로와 전략적 변화

북한은 대한민국보다 상대적으로 이른 시기부터 군수산업의 발전을 국가적 핵심과제로 설정하고, 체계적인 투자와 자원 집중을 통해 빠르게 발전시켜왔다. 초기에는 소화기 위주의 저자본·소규모 군수산업에서 출발하였으나, 중공업이 성장하면서 자주포, 전차, 장갑차 등 중화기 생산으로 점차 확장되었다.

1970년대에는 중소 분쟁(중소 갈등)으로 인한 외교적 고립과 안보 불안 심화에 따라 북한은 대한민국에 대한 공세적 군사전략을 채택하였고, 이를 달성하기 위한 무기 생산의 양적 및 질적 증강을 병행하였다. 실제로 이 시기 장갑차, 자주포 등 고도의 기술력을 요하는 무기들이 대량 생산되기 시작하였다.

1980년대에는 남한과의 군비경쟁에서의 열세를 극복하고, 국제 공산권의 붕괴라는 구조적 위기를 타개하기 위해 대량살상무기(WMD) 개발이 본격화되었고, 1990년대에 들어서는 고성능 미사일 생산 체계가 본격적으로 정립되었다.

이와 같은 흐름 속에서 북한의 군수산업은 지속적으로 군대 내부에서 소비되고 있으며, 일부는 과잉 생산의 해소와 외화 확보를 위한 수단으로 해외 수출에도 활용되고 있다.

3.3.6. 국제 안보에 대한 영향과 평가

북한이 생산한 무기는 자국의 군사력 증강을 넘어, 적극적인 해외 수출을 통해 분쟁 지역에 공급되고 있으며, 이는 국제 안보 질서에 심각한 위협 요소로 작용하고 있다. 중동, 아프리카, 동남아시아 등지의 분쟁국가나 비국가 무장세력이 북한산 무기를 수입하면서 지역 내 군사적 긴장을 고조시키고 있으며, 이는 국제사회의 지속적인 비판과 유엔 안전보장이사회의 제재를 유발하는 주요 원인 중 하나다.

북한의 군수산업은 한반도를 넘어 동아시아와 국제사회의 안보 지형에 영향을 미치는 전략적 변수로 작용하고 있다. 이로 인해 북한은 고립과 제재의 악순환 속에서도 군수산업을 정권 생존의 핵심 기반으로 간주하고 있으며, '강성대국 건설'과 '자립적 국방력'이라는 국가 목표를 실현하기 위한 핵심 수단으로 지속적으로 강화해왔다.

특히 북한은 2006년 첫 핵실험을 단행한 이후 국제사회의 전방위적인 제재에 직면하게 되었다. 유엔 안보리는 다수의 대북 제재 결의를 통해 북한의 무기 수출입, 금융 거래, 석유 및 금속 자원 수입, 군수 물자 기술 이전을 전면 금지하였으며, 이는 북한 군수산업의 부품 조달, 해외 시장 접근, 기술 이전 경로에 큰 제약을 초래했다. 이에 따라 북한은 기존의 무기 수출 루트를 우회하거나, 불법 해상 환적, 제3국을 통한 중개 무역 등의 비공식·불법 경로에 의존하게 되었다.

이러한 제약을 타개하기 위해, 북한은 최근 러시아와의 전략적 협조체제를 강화하고 있다. 2023년 이후 러시아와 북한 간의 군사협력은 표면적으로는 외교적 교류 수준에 머무르고 있으나, 무기·탄약 공급, 기술 이전, 군사 노하우 공유 등 보다 실질적인 협조가 진행되고 있는 것으로 분석된다. 특히 러시아가 우크라이나 전쟁의 장기화로 인해 포탄, 자주포, 미사일 등 재래식 탄약 부족에 직면한 가운데, 북한은 자국이 보유한 구형 소련식 무기체계와 호환 가능한 군수품을 러시아에 제공하고 있으며, 실제 전장에 투입되고 있다.

2023년부터 2024년 상반기까지 북한은 러시아에 약 1,200만 발 이상의 포탄과 미사일을 제공한 것으로 알려져 있으며,[52] 약 15,000명 규모의 병력도 우크라이나 점령지 재건 및 병참 지원용으로 파견되었다는 보도도 존재한다.[53] 이러한 협력은 단순한 군수 물자 차원을 넘어, 북러 간 군사전략 동맹의 실질적 심화이자, 북한이 국제 분쟁에 직접적으로 개입하는 전략적 전환점으로 평가된다.

북한의 군수산업은 정권 유지, 체제 수호, 대외 전략 수행, 경제 생존 수단이라는 다층적 성격을 지닌다. 제2경제위원회를 중심으로 구축된 군수경제체계는 내각 및 국방성, 당과도 일정 부분 구분되는 독립적 군사경제 블록으로 존재하며, 북한 산업구조의 중심축을 형성하고 있다.

이러한 구조는 북한 내부의 자립적 국방 체제를 일정 부분 가능하게 하였으나, 동시에 민수경제의 구조적 낙후와 자원 편중, 대외경제의 외화 수출 의존도 심화, 국제 제재와 경제 봉쇄의 악순환 지속과 같은 부정적 결과를 초래하였다. 특히 군수산업의 과잉 생산 및 밀거래형 해외 수출 구조는 각국의 내전, 분쟁 상황에서 지역 안보 불안정성을 심화시키고 있으며, 국제사회의 군비경쟁과 신냉전 구도를 자극하는 요인으로 작용하고 있다.

북한 군수산업에 대한 평가는 국가 내부에서의 자립성과 체제 방어의 성공이라는 긍정적 요소와, 국제사회의 안정성과 규범 질서를 위협하는 불안정 요인이라는 부정적 영향이 혼재된 복합적 현실로 이해되어야 한다. 특히 향후 러시아와의 군사협력이 제도화되거나 기술 이전이 가속화될 경우, 북한 군수산업의 확장성과 무기 확산 능력은 더욱 정교화 되고 위협적으로 변모할 가능성이 높아 국제사회의 지속적인 감시와 대응이 요구된다.

심화 주제 제4장 북한 군사제도와 군수산업

1. 북한군은 "당이 군을 지휘한다"는 원칙 아래 총참모부가 실질적 작전권을 갖고 있다고 생각하는가?

2. 북한의 여성 병역은 '선택제'인가, '의무복무'인가? 이와 같은 제도 운영 방식이 북한 사회에 미치는 영향은 무엇인가?

3. 북한은 병력 확보를 위해 신체 조건을 지속적으로 완화하고 있다. 이것이 내포하는 문제는 무엇이며, 향후 전투력과 군 조직에 어떤 영향을 미칠 것인가?

4. 북한의 군수산업을 주도하고 있는 기관은 어디인가?

5. 대북 제재가 북한 군수산업에 어떤 영향을 미치고 있는가?

제5장 북한의 재래식 군사력과 위협

제1절 북한 재래식 군사력의 이해

북한의 군사력은 한반도의 안보 환경을 결정짓는 핵심 요소 중 하나로, 국제 사회와 대한민국의 안보 정책에 지속적인 영향을 미치고 있다. 북한은 핵과 미사일 능력뿐만 아니라 대규모의 재래식 전력을 보유하고 있다. 이러한 재래식 군사력은 전면전뿐만 아니라 국지적 충돌이나 군사적 도발의 주요 수단으로 사용되기 때문에 한국군의 입장에서는 관심을 갖고 파악해야 한다. 따라서 북한의 재래식 군사력을 체계적으로 분석하고 평가하는 것은 한반도 안보 전략을 수립하는 데 필수적이다.

북한의 재래식 군사력을 살펴보기 위해 먼저, 군사력의 개념과 평가 방법을 정리한 후, 북한의 재래식 군사력 수준과 특징을 살펴볼 것이다. 또한, 남한과 북한의 군사력을 비교함으로써 상대적인 전력 차이를 이해하고, 이를 통해 한반도 군사 균형과 안보 전략 수립에 필요한 시사점을 분석한다.

북한의 재래식 군사력은 육군, 해군, 공군을 중심으로 구성되며, 병력 규모나 장비의 수량 면에서는 세계적으로도 상당한 수준에 속한다. 하지만 경제적 제약과 기술적 낙후로 인해 전력의 질적 수준은 상대적으로 낮다는 평가를 받고 있다. 이러한 양적 우위와 질적 한계를 고려할 때, 북한의 재래식 군사력이 실질적인 위협으로 작용하는 방식과 한계를 정확히 분석하는 것이 중요하다.

특히, 북한은 비대칭전력 운용을 통해 재래식 군사력의 한계를 보완하고 있으며, 기습적이고 공격적인 군사전략을 채택하고 있다. 이는 단순한 전력 비교만으로 북한의 위협을 평가하기 어려운 이유 중 하나이다. 따라서 북한의 재래식 군사력을 평가할 때는 단순한 병력과 장비 수량의 비교를 넘어, 북한의 전략적 의도와 전력 운용 방식까지 고려해야 한다.

그리고 북한의 군사력 발전은 외부 요인과도 밀접한 관련이 있다. 북한은 오랜 기간 국제 제재를 받아 왔으며, 경제적 어려움 속에서도 군사력 유지를 최우선 과제로 삼아왔다. 중국 및 러시아와의 군사협력, 자체적인 무기 개발 능력, 그리고 군사력 현대화 수준 등은 북한의 재래식 군사력을 평가하는 중요한 변수이다.

남북한 군사력 비교 또한 중요하다. 대한민국은 경제력과 기술력을 바탕으로 지속적인 군사력 현대화를 추진하고 있으며, 미국과의 동맹을 통해 군사적 우위를 유지하고 있다. 하지만 북한은 비대칭 전력과 특수작전부대를 활용하여 이러한 격차를 상쇄하려는 전략을 구사하고 있다. 따라서 단순한 전력 비교가 아닌, 실질적인 작전 수행 능력과 군사전략을 종합적으로 분석해야만 북한의 재래식 군사력이 갖는 의미를 정확히 이해할 수 있다.

여기에서는 북한의 재래식 군사력의 현황을 분석하고, 이를 평가하는 기준과 방법을 제시함으로써 한반도 안보 환경에 대한 종합적인 이해를 돕고자 한다. 이를 통해 북한의 군사력이 한반도와 국제 안보에 미치는 영향을 보다 정확하게 파악하고, 효과적인 대응 전략을 마련하는 데 기여할 수 있을 것이다.

제2절 군사력의 개념과 평가 방법

2.1. 군사력의 개념

군사력(Military Power)은 국가가 보유한 군사적 자원과 이를 운용하는 능력을 총체적으로 의미한다. 이는 단순히 병력의 규모나 무기체계의 보유량만으로 평가되지 않으며, 국가의 정치적, 경제적, 기술적 요인과 결합하여 안보 역량을 결정짓는 요소로 작용한다. 군사력의 개념은 시대와 기술의 발전에 따라 지속적으로 변화해 왔으며, 현대전에서는 전통적인 재래식 군사력뿐만 아니라 비대칭 전력, 정보전, 사이버전 등의 새로운 개념들이 포함되면서 더욱 복합적인 의미를 갖게 되었다.

군사력은 국가의 주권을 수호하고 외부의 위협으로부터 자국을 방어하는 핵심 요소로 기능한다. 강력한 군사력을 보유한 국가는 외교적으로 유리한 입지를 확보할 수 있으며, 이를 바탕으로 국제관계에서 더욱 능동적으로 자국의 이익을 추구할 수 있다. 또한 군사력은 전쟁 수행 능력을 넘어 국제적 억지(deterrence) 효과를 창출하여 평화를 유지하는 역할도 수행한다. 따라서 군사력은 단순한 군사적 자원의 집합이 아니라 국가의 전략적 의사 결정과 밀접한 연관을 가진 요소라고 할 수 있다.

군사력의 개념은 크게 두 가지 차원에서 정의될 수 있다. 첫째, 물리적 차원에서는 군사력이 구체적으로 어떤 형태로 존재하는지를 설명하며, 여기에는 병력의 규모, 무기체계의 현대화 수준, 군사기술력, 국방산업의 발전 정도 등이 포함된다. 둘째, 운영적 차원에서는 이러한 군사 자원을 어떻게 효과적으로 활용할 것인가에 대한 문제를 다루며, 전략적 사고, 전력 운용 방식, 지휘 체계, 군사 훈련의 질 등이 중요한 요소로 작용한다.

과거의 군사력 개념은 주로 병력의 수와 보유한 무기의 양적 규모를 중심으로 평가되었다. 즉, 군대의 크기가 클수록, 그리고 보유한 무기가 많을수록 강한 군사력을 가진 것으로 간주되었다. 그러나 20세기 후반 이후 군사력의 개념은 점차 양적인 요소보다 질적인 요소를 강조하는 방향으로 발전했다. 현대전에서는 병력과 장비의 숫자보다 지휘통제시스템(C4ISR: Command, Control, Communications, Computers, Intelligence, Surveillance, and Reconnaissance), 정보전 능력, 신속한 기동성, 그리고 실전에서의 운용 능력이 더욱 중요한 요소로 평가되기 때문이다.

또한, 현대 사회에서는 전통적인 군사력 개념뿐만 아니라 비전통적 요소들이 결합된 '하이브리드전쟁(hybrid warfare)', '인지전(congnitive warfare)' 등의 개념이 중요하게 여겨지고 있다. 하이브리드전쟁은 물리적 충돌뿐만 아니라 정보전, 사이버전, 경제 제재, 심리전 등의 다양한 요소가 결합된 형태의 전쟁을 의미한다.[54] 예를 들어, 2014년 러시아의 크림반도 합병 과정에서 나타난 '회색지대 전략(Grey Zone Strategy)'은 하이브리드전쟁의 대표적인 사례로 꼽힌다. 이러한 변화는 군사력 개념이 단순히 군대와 무기뿐만 아니라 국가 전체의 대응 역량과 전략적 사고에 따라 달라질 수 있음을 보여준다.

인지전은 정보와 기타 수단을 활용하여 인간의 인지·능력과정을 공격함으로써 표적이 되는 개인·집단의 인식과 사고방식을 변화시키고, 궁극적으로 그들의 의사결정과 행동을 변화시키는 전쟁이다.[55] 전통적 심리전 및 정보전과 비교할 때 인지전은 '적의 의사결정을 교란'시키는 유사한 목표를 갖지만 뇌신경 등 인지분야를 공격하는 수단에 초점을 맞추고 신경과학, 사회공학적 관점에서 적대 국가 수뇌부들의 의사결정과정과 군사적 대응의지를 파괴시킨다는 차별성을 갖는다.[56]

군사력은 국가의 정치, 경제, 사회적 요소와도 밀접하게 연결되어 있으며, 특히 경제력이 강한 국가는 지속적인 군사력 강화를 위한 충분한 자원을 확보할 수 있다. 하지만 경제력이 강하다고 해서 반드시 강한 군사력을 보유하는 것은 아니며, 국가의 군사전략과 정책 방향에 따라 군사력의 성격과 강도가 결정된다. 예를 들어, 스위스와 같은 국가는 강한 경제력을 보유하고 있지만 군사력보다는 중립 외교와 국제 협력을 통해 안보를 유지하는 전략을 택하고 있다. 반면, 이스라엘과 같은 국가는 상대적으로 제한된 경제력을 갖고 있음에도 불구하고 강력한 군사 기술력과 전쟁 수행 능력을 갖춘 국가로 평가된다.

따라서 군사력의 개념을 논의할 때는 물리적 전력뿐만 아니라, 이를 운용하는 국가의 전략과 정책도 함께 고려해야 한다. 군사력이 단순한 군사적 요소의 집합이 아니라, 국가의 생존과 번영을 결정짓는 중요한 요소로 작용한다는 점에서, 이를 효과적으로 관리하고 발전시키는 것이 안보의 핵심 과제다.

2.2. 현대 군사력의 변화와 새로운 개념

군사력의 개념은 시대에 따라 변해 왔다. 특히 21세기 들어 4차 산업혁명과 함께 부상하는 새로운 군사 개념이 등장하고 있으며, 그 주요 변화는 다음과 같다.

첫째, 비대칭 전력의 부상이다. 재래식 전력(병력, 전차, 전투기 등)보다 사이버전, 드론전, 전자전 등의 비대칭 전력이 중요해지고 있다. 북한의 핵무기와 미사일 전력, 중국의 사이버전 역량, 러시아의 하이브리드전쟁 등이 대표적인 사례다.

둘째, 기술혁신과 군사력 발전이다. 인공지능(AI), 자율무기, 양자컴퓨팅 등 신기술이 군사력의 핵심 요소로 자리 잡고 있다. 미국은 AI 기반 전투 시스템과 무인 전력 강화에 집중하고 있으며, 중국은 정보전 및 우주전 역량을 확대하고 있다. 대한민국도 국방혁신 4.0을 발표하면서 인공지능에 기반한 과학기술 강군을 지향하겠다는 의지를 분명히 밝히고 있다.

셋째, 경제력과 군사력의 상관관계이다. 강한 군사력을 유지하려면 막대한 국방예산이 필요하다. 미국, 중국, 러시아 등 군사 강국은 경제력을 바탕으로 지속적인 군사 현대화를 추진하고 있다. 반면, 북한과 같은 국가들은 경제적 제약 속에서 제한적인 자원을 활용해 군사력을 유지하려 한다.

넷째, 군사동맹과 협력의 중요성이다. 현대전에서는 단일 국가의 군사력보다 다국적 협력이 중요해지고 있다. 북대서양조약기구(NATO: North Atlantic Treaty Organization), 미국-일본-호주-인도 협력(QUAD: Quadrilateral Security Dialogue), 한미동맹 등 군사동맹이 강력한 군사력을 형성하는 핵심 요소로 작용하고 있다. 저명한 국제정치학자인 왈츠(Kenneth N. Waltz)는 국력을 증가시키는 요소로 국내에서의 산업 등 경제발전(internal balancing)과 국제적으로 국가 간 동맹 결성 등 군사협력(external balancing)을 주장했다.

2.3. 군사력의 구성 요소

군사력은 다양한 요소로 구성되지만, 크게 다섯 가지 주요 부문으로 구분할 수 있다. 첫째, 병력 규모이다. 병력 규모는 상비전력과 예비전력을 포함하는 총 병력수, 징병제 및 모병제 운영 방식, 예비군 체계 및 동원 능력 등이 포함되는 종합적인 개념이다.

둘째, 무기체계 및 기술력이다. 육군의 무기체계는 전차, 장갑차, 자주포, 다연장로켓, 개인 화기 등이 대표적이다. 해군에는 항공모함, 구축함, 잠수함, 연안 방어 체계 등이 포함된다. 공군에는 전투기, 폭격기, 공중조기경보통제기(AWACS) 등이 포함된다. 또 전략무기에는 탄도미사일, 순항미사일, 핵무기, 화생무기 등이 포함된다. 최근에는 신기술이 접목된 다양한 무기체계가 등장하고 있는데, 드론, 인공지능(AI) 기반 전력, 레이저 무기 등이 있다.

셋째, 전투수행능력에는 지휘통제체계(C4ISR), 병력의 훈련 수준 및 실전 경험, 합동작전 수행 능력, 전장 환경 적응력 및 군수지원체계 등이 있다.

넷째, 군사전략 및 운용능력에는 국가안보전략 및 국방정책, 전쟁수행 방식(기동전, 심리전, 전자전 등), 비대칭 전력 활용(사이버전, 특수전 등), 동맹국과의 연합 작전 능력 등이 있다.

끝으로 경제 및 산업 기반에는 국방 예산 규모 및 GDP 대비 비율, 국방 산업 발전 수준 및 무기 자급률, 해외 무기 수출입 의존도 등이 있다.

〈군사력의 구성 요소〉

구 분	내용
병력규모	총병력수, 징병제/모병제, 동원체계
무기체계 및 기술력	육·해·공군 무기체계, 전략무기, 신기술 무기 (드론, 레이저 등)
전투수행능력	지휘통제체계, 훈련수준, 실전 경험, 군수지원체계
군사전략 및 운용능력	국가안보전략, 국방정책, 전쟁수행방식, 동맹국과 연합작전능력
경제 및 산업기반	국방예산, 국방산업, 무기자급률, 해외무기 의존도

2.4. 군사력 평가 방법

군사력의 구성요소 못지않게 중요한 것이 바로 군사력을 평가하는 방법이다. 군사력 평가는 단순히 병력 규모나 무기 보유량을 비교하는 것만으로는 충분하지 않다. 현대전에서는 경제력, 기술력, 전력 운용 방식, 국제적 협력 수준 등을 종합적으로 고려해야 한다. 대표적인 군사력 평가 방법은 정량적 분석과 정성적 분석 등의 방법이 있으며, 최근에는 이를 종합적으로 반영한 종합평가지표를 이용한 평가 방법이 활용되고 있다.

먼저 정량적 평가 방법이다. 정량적 평가는 객관적인 수치를 기반으로 군사력을 평가하는 방식이다. 이는 국가 간 군사력 비교에서 가장 기본적인 평가 방법으로 활용된다. 일반적으로 정량적 평가 방법에서는 아래의 표에서 제시한 요소들을 종합적으로 고려하여 군사력을 평가한다. 그러나 정량적 분석은 단순한 숫자 비교에 의존한다는 한계가 있으며, 실제 작전환경에서의 효율성 및 전략적 운용 능력을 충분히 반영하지 못할 수 있다. 따라서 정량적 분석은 정성적 분석과 함께 활용될 때 더욱 효과적인 평가 도구가 될 수 있다.

〈정량적 평가 요소〉

주요 지표	구성 요소
병력규모	• 상비군 및 예비군 총병력 규모 • 징병제 또는 모병제 운용 방식 • 예비군 및 동원체계의 효율성
무기 보유량 및 현대화 수준	• 육군: 전차, 장갑차, 자주포, 다연장로켓 등 • 해군: 항공모함, 구축함, 잠수함 등 • 공군: 전투기, 폭격기, 무인기(드론) 등 • 전략무기: 핵무기, 미사일 전력, 방공 시스템 등 ※ 무기 현대화 수준 및 실전 운용 가능성
국방예산 및 경제력	• 연간 국방비 총액 및 증가율 • GDP 대비 국방비 비율 • 1인당 병력 유지 비용 ※ 군사 연구개발(R&D) 투자 및 방위산업 발전 수준
전력 투사 및 작전수행 능력	• 해외 작전 및 파병 가능 여부 • 장거리 작전 수행을 위한 공중급유기, 수송기 보유 • 신속 대응 능력 및 군사 기동력
군사동맹 및 협력 관계	• 군사동맹 체결 여부(NATO, 한미동맹 등) • 다자안보협력 체제 및 연합훈련 참여도 • 국제평화유지 활동(PKO) 기여도

둘째, 정성적 평가 방법이다. 정성적 평가는 정량적 평가 방식의 문제점을 반영하여 군사력을 평가할 때 단순한 수치적 비교를 넘어 군대의 질적 요소와 운용 능력을 종합적으로 고려하는 방법이다. 이는 군사력의 실질적인 전투력과 전쟁 지속 능력을 평가하는 데 필수 요소로 작용하며, 단순히 병력의 수나 무기의 양뿐만 아니라, 군사 조직의 효율성, 전략적 운용 능력, 병사들의 사기와 훈련 수준 등 다양한 변수를 포함한다. 이러한 정성적 분석은 군사력의 실질적인 효과성을 평가하기 위해 다음과 같은 핵심 요소들을 중심으로 이루어진다. 정성적 평가는 정량적 평가와 결합하여 군사력을 더욱 포괄적으로 평가하는 데 활용되며, 특히 현대전에서 요구되는 군사력의

실질적 운용 능력을 파악하는 데 필수적인 평가 방법이라고 할 수 있다.

〈정성적 평가 요소〉

주요 지표	구성 요소
전략적 운용 능력	• 군사력의 실질적인 작전수행 능력 및 전략적 기동성 • 신속 대응 부대 및 특수전 부대의 운용 능력 • 실전 경험 및 전쟁 수행 능력 • 군사 전략 및 전술 혁신 능력
군사교리 및 전력구조	• 현대전 개념에 부합하는 군사 교리 채택 여부 • 통합 작전 수행 능력(육·해·공군 간 협력 체계) • 방어 및 공격 작전 계획의 현실성과 실행 가능성 • 비대칭전력 운용능력(드론, 사이버전, 전자전 등)
지휘통제 및 정보 능력	• 지휘통제(C4ISR) 시스템의 효율성 • 실시간 정보 획득 및 분석 능력 • 네트워크 중심전(NCW) 수행 능력 • 인공지능 및 자동화 시스템 도입 여부
군사훈련 및 사기	• 군사 훈련의 강도 및 실전과의 유사성 • 군대의 내부 규율 및 조직 문화 • 병사, 부사관 및 장교의 사기 수준과 전투 의지 • 병력의 전문성 및 첨단 무기체계 운용 능력
국방정책 및 외교적 요소	• 국가 안보 전략 및 군사력 운용 방향 • 국제 군사 협력 및 연합 작전 참여도 • 군사 외교 및 전략적 연대 구축 여부 • 다자간 군사 협력 및 동맹 체계 강화 노력

셋째, 종합평가지표(composite index)를 이용한 평가 방법이다. 종합평가지표를 이용한 평가는 군사력의 복합적인 특성을 수치화하여 비교 분석할 수 있도록 하는 도구이다. 기존의 정량적·정성적 평가 방식의 한계를 보완하고, 현대전의 요구에 맞춰 군사력을 다차원적으로 분석할 수 있는 기준을 제공한다. 종합평가지표를 이용한 평가는 국가 간 군사력 평가에서 단순한 병력 수나 무기 보유량 외에

도 다양한 요소를 고려하기 때문에 객관적 비교가 가능하고, 전력 운용의 현실적 평가 측면에서 단순한 보유 능력이 아니라 작전 수행 능력, 신속 대응력 등을 반영하여 실제 전쟁 수행 능력을 측정한다는 점에서 중요하다고 할 수 있다. 또 국가의 군사력 건설 방향을 설정하고 국방정책 수립에 활용될 수 있다는 점에서도 중요성을 갖는다.

종합평가지표를 이용한 평가는 일반적으로 물리적 전력, 운용 능력, 전략적 환경 등의 요소를 종합적으로 평가하여 점수화하는 방식으로 이루어진다. 주요 지표는 아래 표와 같다.

〈종합평가지표 평가 요소〉

주요 지표	구성 요소
물리적 전력 (Physical Strength, 40%)	• 병력 규모(육·해·공군 및 예비군 포함) • 주요 무기체계(전차, 전투기, 군함 등) • 핵 및 비대칭 전력(탄도미사일, 전자전, 사이버전) • 국방 예산 및 방위산업 수준
운용 능력 (Operational Capability, 35%)	• 작전 수행 능력 • C4ISR 시스템 효율성 • 실전 경험 및 전술 혁신 능력 • 통합 작전 능력(육·해·공군 협력 수준)
전략적 환경 (Strategic Environment, 25%)	• 국제 군사협력 및 동맹 체계 • 국가안보정책 및 방위 전략 • 지정학적 요인(국경 분쟁, 주변국과의 군사적 관계) • 경제력과 국방 지속 능력

종합평가지표를 이용한 평가 방식은 요소별 점수를 평가하여 총합을 산출하며, 일반적으로 100점 만점으로 군사력을 수치화한다. 예를 들면 다음과 같이 적용할 수 있다.

〈종합평가지표 적용 '예'〉

평가요소	배점(%)	국가 A	국가 B
물리적 전력	40	35	30
운용 능력	35	30	28
전략적 환경	25	20	22
총합	100	85	80

이러한 종합평가지표를 이용한 평가 방식을 활용하면 군사력의 질적·양적 요소를 통합적으로 평가할 수 있으며, 특정 국가의 강점과 약점을 보다 명확하게 분석할 수 있다. 군사력을 보다 정밀하고 객관적으로 평가하기 위해 이러한 종합평가지표를 활용한 연구가 지속적으로 발전하고 있으며, 향후 AI 및 빅데이터 분석 기법을 적용한 평가 방식도 도입될 것으로 전망된다.

제3절 북한의 재래식 군사력 수준과 평가

북한은 세계에서 가장 폐쇄적인 군사 체제를 유지하고 있으며, 군사력의 상당 부분을 재래식 무기에 의존하고 있다. 비록 북한이 핵과 미사일 개발에 주력하고 있다고 해도, 재래식 군사력은 여전히 북한의 군사전략에서 핵심적인 요소로 남아 있다. 본 절에서는 북한 재래식 군사력의 주요 구성 요소를 분석하고, 그 수준을 평가하며, 현대 전장에서의 효용성을 살펴본다.

3.1. 북한의 재래식 군사력의 발전[57)]

북한은 대규모 병력과 다양한 재래식 무기체계를 보유하고 있다. 북한은 1948년 김일성 정권을 수립하면서 군사력 건설에 박차를 가해왔으며, 이를 적화통일을 위한 수단으로 활용하고 있다. 1950년 발발한 6.25 남침전쟁이 단적인 예라고 할 수 있다. 북한은 1962년 12월 조선 노동당 중앙위원회 제4기 5차 전원회의에서 인민경제의 발전에서 일부 제약을 받더라도 우선 군사력을 강화하여야 한다고 강조하면서 '국방에서의 자위' 원칙을 천명하였다. 구체적인 실천 방법으로 '전민 무장화', '전군 간부화', '전군 현대화', '전국 요새화'라고 하는 '4대 군사노선'을 채택하여 군사력을 강화하고 있다. 이후 북한의 군사력은 1990년대 이전까지 급성장하였다.

〈연도별 남북한 병력 규모 비교〉 (단위: 만 명)

연도	총계		육군		해군		공군	
	남한	북한	남한	북한	남한	북한	남한	북한
1950	11	20	9	19	1.4	0.5	0.2	0.2
1960	58	37	52	33	4.1	0.7	2.2	3.5
1970	63	45	55	39	5.1	1.4	2.8	4.5
1980	61	79	52	70	5.4	3.4	4	5.2
1990	65.5	99	55	86.5	6	4.5	4.5	8
2000	69	117	56	100	6.7	6	6.3	11
2010	65	119	52	102	6.8	6	6.5	11
2022	50	128	36.5	110	7	6	6.5	11

위에서 보면 북한은 1970년대까지 남한보다 적은 병력수를 유지하였다. 이것은 한국이 6.25 전쟁으로 급속히 확장된 부대를 그대로 유지하였기 때문이기도 하지만, 한편으로는 무기체계 위주의 군구조로 변환할 수 없었던 경제적 어려움이 있었기 때문이기도 하다. 북한은 병력의 열세에도 불구하고 1960년대부터 한국에 대한 국지적 무력도발을 확대하였는데, 이는 북한의 경제력과 군사능력이 한국보다 앞섰기 때문이었다.

북한은 1980년대부터 군사력을 급속히 증가시켰다. 이때부터 북한은 병력수에 있어서 한국군을 초과하기 시작하였다. 병력수뿐만 아니라 육·해·공군의 무기체계에서도 숫적으로 급증하기 시작했다(아래 표 참고). 이는 한국의 군사력 증강을 상쇄시키면서 전쟁 시 신속하게 무력으로 적화통일하려는 북한의 군사전략 목표에 따른 것으로 풀이된다.

〈연도별 남북한 육군 군사력 비교〉

연도	전차		장갑차		야포		다련장/방사포		지대지미사일	
	남한	북한	남한	북한	남한	북한	남한	북한	남한	북한
1950	0	250	0	0	100	550	0	0	0	0
1960	750	450	380	0	1400	2200	0	0	0	0
1970	700	750	420	20	1800	2700	0	500	0	0
1980	1300	2600	1000	1100	2900	4400	0	2000	10	20
1990	1500	3600	1550	2300	4200	7200	-	2200	-	-
2000	2400	3700	2400	2200	5000	9800	200	4400	30	70
2010	2400	4100	2600	2100	5200	8500	200	5100	30	100
2022	2200	4300	3100	2600	5600	8800	310	5500	-	-

※ 출처: 허욱·테런스 로릭 저, 이대희 역, 『한미동맹의 진화』(서울: 에코리브르, 2019), pp. 128-130; 국방부, 『국방백서 2022』 (서울: 국방부, 2023)에서 발췌 정리.

〈연도별 남북한 해군 군사력 비교〉

연도	전투함정		상륙함정		기뢰전함정		지원함정		잠수함	
	남한	북한	남한	북한	남한	북한	남한	북한	남한	북한
1950	5	20	0	0	30	0	2	0	0	0
1960	20	90	20	0	10	0	10	0	0	0
1970	50	120	20	10	10	0	10	1	0	5
1980	90	310	20	100	10	0	10	1	0	20
1990	130	400	10	130	10	20	10	1	0	60
2000	130	420	10	260	10	30	10	1	10	90
2010	120	420	10	260	10	30	20	30	10	70
2022	90	420	10	250	10	30	20	40	10	70

※ 출처: 허욱·테런스 로릭 저, 이대희 역, 『한미동맹의 진화』(서울: 에코리브르, 2019), pp. 128-130; 국방부, 『국방백서 2022』 (서울: 국방부, 2023)에서 발췌 정리.

〈연도별 남북한 공군 군사력 비교〉

연도	총계(헬기 제외)*		전투기		감시·통제·훈련기		헬기	
	남한	북한	남한	북한	남한	북한	남한	북한
1950	20	200	10	90	10	110	0	0
1960	300	910	160	750	140	160	5	20
1970	290	770	210	600	80	170	60	20
1980	570	1090	380	680	190	410	350	70
1990	690	1320	500	840	190	480	530	280
2000	810	1390	540	870	270	520	600	320
2010	730	1350	460	820	270	530	680	300
2022	680	1340	410	810	270	530	700	290

※ 출처: 허욱·테런스 로릭 저, 이대희 역, 『한미동맹의 진화』(서울: 에코리브르, 2019), pp. 128-130; 국방부, 『국방백서 2022』 (서울: 국방부, 2023)에서 발췌 정리함.
* 총계에서 헬기를 제외한 것은 남한의 경우 700여 대의 헬기 가운데 600여 대 이상이 육군 헬기이기 때문임.

1990년대에 들어서도 북한의 병력은 꾸준하게 증가하여 약 100만 명에 이르는 대규모 병력을 보유하게 된다. 반면 한국은 이전 시기보다 조금 증가한 수준에 그치고 있다. 이는 한국의 급속한 경제성장에 따라 국방보다는 산업현장에서 많은 인력이 필요하였고, 북한이 1990년대 '고난의 행군' 시기를 거치면서 장비보다는 병력 증강을 통한 군사력 확대를 꾀하였기 때문이다.58) 또한 한국은 계속된 경제와 과학기술의 발전으로 병력 중심에서 첨단 무기체계 중심의 군사력 확대를 추진하였기 때문이다.

끝으로, 현재의 군사력을 보면 북한의 병력은 128만 명으로 증가한 반면, 한국은 50만 명으로 오히려 감소한 것을 알 수 있다. 북한은 1980년대 초반부터 한국과의 경제력 차이 때문에 군비경쟁에서 상대가 되지 않는다고 판단하여 이때부터 핵무기, 미사일과 같은 대량살상무기(WMD)를 본격적으로 개발하였다. 북한의 군사력은 양적으로는 증가한 반면, 질적인 변화는 두드러지게 나타나지 않았다. 그러나 한국은 세계 10위의 경제대국으로 성장하였고 과학기술에 있어서도 엄청난 발전을 이룬 결과 국내총생산(GDP) 대비 북한보다 30배 이상의 경제력을 갖게 되었다. 한국은 이를 바탕으로 질적인 군사력 발전을 도모하였으며, 그 결과 아래 표에서 보는 바와 같이 첨단 무기체계 중심의 군사력을 갖춘 군대로 변모하였다.

〈2022년 남북한 군별 군사력 비교〉

구분	북한군	한국군
육군	• 병력 110만 명 • 포 8,800여 문 • 다련장/방사포 5,500여 문 • 전차 4,300여 대 • 장갑차 2,600여 대	• 육군 36.5만 명 • 포 5,600여 문 • 다련장/방사포 310여 문 • 전차 2,200여 대 • 장갑차 3,100여 대
해군	• 병력 6만 명 • 전투함 420여 척 • 잠수함 70여 척 • 상륙함 250여 척 • 지원함 40여 척	• 해군 7만 명 • 전투함 90여 척 • 잠수함 10여 척 • 상륙함 10여 척 • 지원함 20여 척
공군	• 병력 11만 명 • 전투기 810여 대 • 공중기동기 350여 대 • 감시통제기 30여 대 • 헬기 290대	• 공군 6.5만 명 • 전투기 410여 대 • 공중기동기 50여 대 • 감시통제기 70여 대 • 헬기 700여 대
전략군	• 병력 1만 명	• 없음.
계	• 병력 128만여 명 • 예비전력 762만여 명	• 병력 50만여 명 • 예비전력 310만여 명

※ 출처: 국방부, 『국방백서 2022』(서울: 국방부, 2023)에서 발췌 정리.

위에서 살펴본 내용을 정리하면, 북한은 1970년대까지 병력수보다는 무기체계 측면에서 군사력을 발전시킨 것을 알 수 있다. 이것은 북한이 1962년 12월 노동당 중앙위원회 제4기 5차 전원회의에서 '4대 군사노선'을 채택하고 군사력을 증강했기 때문이다. 4대 군사노선은 '전민 무장화', '전국 요새화', '전군 현대화', '전군 간부화'를 핵심으로 하는 북한의 군사전략 노선이다.

북한은 4대 군사노선에 따라 위의 육·해·공군 군사력에서 보는 것처럼 1960년대와 1970년대 각 군의 무기체계 수를 획기적으로 증가시켰다. 이러한 증강추세는 1980년대까지 계속 이어졌다. 한국은 이 시기 6.25 전쟁으로 인한 전후복구와 경제개발에 중점을 두면서 무기체계보다는 병력수 중심의 군사력을 유지하였다.

북한은 1994년 김일성 사망과 이어진 자연재해로 인해 1990년대부터 2000년까지 극심한 경제난과 식량난을 겪게 된다. 국제적으로도 동서독의 통일, 구 소련의 붕괴, 탈냉전의 도래 등 많은 변화가 발생하면서 북한의 국제적 고립이 심화되었다. 이 시기 북한은 소위 '고난의 행군'과 '선군정치'를 통해 체제를 유지하였는데, 이러한 어려움을 반영하듯 무기체계보다는 병력을 중심으로 군사력을 발전시킨 것을 알 수 있다. 반대로 한국은 경제발전을 토대로 첨단 무기체계 중심으로 군사력을 발전시켜 나가기 시작했다.

북한 육군의 군사력에서 특징적인 것은 북한이 야포, 방사포 등 포병 중심의 군사력을 집중적으로 강화했다는 것이다. 지금도 북한은 한국의 수도권을 대상으로 방사포와 야포를 집중 배치하고 있으며, 이는 한국에 큰 위협이 되고 있다. 또 북한은 전차와 같은 기계화부대의 군사력을 크게 증가시켰다. 이는 북한의 작전술 차원에서 전방 1제대(최전방 배치 부대)가 전선에서 돌파구를 형성하면 후방에 있던 기계화부대가 2제대로써 돌파구를 통과하여 신속히 한국군 후방으로 돌진하는 전법을 구사하기 때문이다. 북한은 1990년대 이후 경제적 여건이 어려워 신형 전차 개발을 하지 못하다가 2000년대 들어서면서 선군호 등 최신 전차를 개발, 배치하고 있다.

해군에서 북한은 잠수함 전력을 집중 증강시킨 것을 알 수 있다. 잠수함 수만 고려했을 때, 미국과 거의 같은 규모를 유지하고 있다. 북한이 잠수함에 전력을 기울이는 것은 잠수함이 갖고 있는 은밀성 때문이라고 할 수 있다. 잠수함은 북한이 한국을 기습공격할 수 있는 효과적인 수단으로 한국에 심각한 위협이 되고 있다. 또 북한의 상륙함이 한국에 비해 월등히 많은 것을 확인할 수 있다. 이를 통해서 알 수 있는 것은 북한 해군이 한국 해군과의 교전보다는 육군 병력을 한국 지역에 신속히 상륙시켜 한국군 후방지역을 공격하기 위한 전력구조라는 것이다.

북한의 공군 군사력 역시 수적으로는 한국군보다 우위에 있다. 그러나 북한의 경제여건과 기술수준 때문에 최신 전투기를 도입하지 못하고 있어, 질적으로 한국군보다 열세한 것으로 평가된다. 다만 북한이 보유하고 있는 200여 대의 AN-2기는 특수작전부대를 한국군 후방에 은밀히 침투시킬 수 있는 수단으로 후방지역작전 시 상당한 위협이 될 수 있다.

3.2. 북한 재래식 군사력의 특징과 위협 평가

북한 재래식 군사력의 특징을 한국군과 비교하여 살펴보면 다음과 같다.

첫째, 한국군에 비해 양적으로 우위에 있다는 것이다. 북한은 병력 및 장비 보유량에서 세계적으로 높은 수준을 유지하고 있다. 특히 육군 전력과 포병 전력의 규모는 상당하다. 하지만 북한군 무기의 대부분이 1990년대 이전에 생산된 것으로 현대 전장에서의 실질적인 전투력으로 이어지기는 어려울 가능성이 크다.

둘째, 질적인 측면에서 한계를 보인다는 것이다. 북한의 재래식 무기들은 대부분 구식 장비로 구성되어 있다. 구 소련제 무기의 개량형을 주로 사용하고 있으며, 일부 국산 무기도 존재하지만, 최신 군사기술과 비교했을 때 성능 면에서 상당한 격차가 있는 것으로 보여진다.

셋째, 기동성과 유지보수 측면에서 한계를 보인다. 북한군은 전력 운용에 있어 기동성과 유지보수 측면에서 어려움을 겪고 있다. 연료와 부품 조달이 어려운 상황이며, 정비 및 유지보수 역량도 제한적이다. 이로 인해 장기전보다는 속도에 바탕을 둔 기습전을 선택할 가능성이 높다.

넷째, 비대칭 전력과의 결합을 추구한다는 것이다. 이같은 북한은 재래식 전력의 한계를 극복하기 위해 사이버전, 전자전, 특수전과 같은 비대칭 전력을 적극 활용하고 있다. 특히 재래식 군사력과 함께 화학무기, 생물무기, 미사일 전력과 연계한 작전 수행 능력을 고도화시키고 있다.

북한의 재래식 군사력은 양적 우위와 질적 한계를 보인다는 특징이 있으며 현대전에서 다음과 같은 방식으로 활용될 가능성이 있다.

첫째, 기습전 및 단기 속전속결 전략 추구이다. 북한은 장기적인 소모전보다 기습적인 공격을 통해 단기간 내 전황을 유리하게 이끌 전략을 선호할 가능성이 크다. 전격전을 통해 주요 목표를 점령하고 빠르게 전쟁을 마무리하는 전략을 취할 가능성이 높다.

둘째, 수도권에 대한 위협이다. 북한의 장사정포와 방사포 전력은 수도권을 직접적으로 타격할 수 있는 능력을 갖고 있으며, 단기전 수행 시 초기 혼란을 극대화하는 수단이 될 수 있다. 또한 북한의 장사정포는 대부분이 고지의 후사면 갱도 속에 설치되어 있어 초기 식별 및 타격이 어려운 면이 있다.

셋째, 특수전 전력의 위협이다. 북한의 특수전 부대는 후방 침투, 교란 작전, 주요 시설 파괴 등을 수행함으로써 한국 사회를 혼란에 빠뜨리고 초기 대응을 어렵게 할 가능성이 있다. 북한의 특수전 부대는 20만 명으로 알려져 있는데, 땅굴, 공중, 해상, 수중 등 다양한 침투 경로를 이용하여 한국의 후방을 교란하고 한미동맹 전력의 전방증원을 방해할 가능성이 있다. 특히 2024년 10월 경 북한은 특수작전군 병력 1,500여 명을 러시아에 파병했는데, 이는 전략적으로 한국에 큰 위협이 될 수 있다. 왜냐하면 북한 특수작전군은 파병을 통해 러시아군과 연합작전을 수행하기도 하고, 드론 등 최신 무기체계를 실전에서 운용해 보거나 상대함으로써 실전경험을 축적했기 때문이다.[59]

북한의 재래식 군사력은 한반도의 군사적 균형에 중요한 요소로 작용하고 있다. 대규모 병력과 다양한 무기 체계를 보유하고 있지만 기술적 한계와 유지보수 문제로 인해 현대전에서의 경쟁력이 떨어질 가능성이 크다. 그러나 비대칭 전력과의 결합을 통해 약점을 보완하고 있으며, 특정한 군사적 목표(수도권 타격, 특수전 수행 등)는 여전히 강력한 위협으로 작용할 수 있다.

제4절 남북한의 군사력 비교와 북한군의 위협

앞에서 6.25 전쟁 이후 현재까지 북한의 재래식 군사력을 살펴보고 평가를 하였다. 그러나 국가들은 적국에 대해서는 물론 잠재적인 적국, 심지어 우방국들에게도 자국의 정확한 군사력을 알리려 하지 않는다. 상대방을 오도하기 위해 일부러 자신의 국력을 부풀리거나 축소하는 경우도 있다. 특히 북한의 경우 폐쇄적인 국가 특성상 정확한 군사력을 파악하기 어려운 것이 현실이다. 따라서 남북한 군사력 비교는 국제적인 연구기관이나 우리 정부가 발표하는 자료를 의존할 수밖에 없다.

북한의 군사력은 우리의 군사력과 비교할 때 양과 질에서 어떻게 평가할 수 있을까? 이는 매우 어려운 문제로 정확하게 파악하는 것은 사실상 불가능하다. 그래서 많은 국가들은 상대방의 능력을 알아내기 위해 온갖 수단과 방법을 동원하여 정보수집 및 분석 활동을 벌이는 것이다. 현재 북한의 군사력을 파악하는 데는 영국의 국제전략문제연구소(IISS, International Institute for Strategic Studies)에서 발간하는 『군사력 균형』(The Military Balance), 스웨덴의 스톡홀름연구소에서 발행하는 『스톡홀름연구소 연감』(SIPRI Annual, Stockholm International Peace Research Institute Annual), 대한민국 국방부가 격년으로 발간하는 『국방백서』 등을 종합하여 분석하는 것이 최선이다. 본 절에서는 대한민국 국방부가 발간하는 『국방백서』에 기초하여 남북한의 군사력을 비교 분석할 것이다.

남북한 군사력을 비교하기 위해서는 단순한 수적 비교만으로 평가할 수 없으며, 질적 요소 및 동맹 관계까지 고려해야 한다.

〈남북한 군사력 비교: 2022년 12월 기준〉

① 병력(평시)

남한	구분	북한
50만여 명	계	128만여 명
36.5만여 명	육군	110만여 명
7만여 명 (해병대 2.9만여 명 포함)	해군	6만여 명
6.5만여 명	공군	11만여 명
-	전략군	1만여 명

② 주요전력

가. 육군(부대)

남한	구분	북한
12개(해병대 포함)	군단(급)	15개
36개(해병대 포함)	사단	84개
32개(해병대 포함)	여단(독립여단)	117개
	장비	
2,200여 대 (해병대 포함)	전차	4,300여 대
3,100여 대 (해병대 포함)	장갑차	2,600여 대
5,600여 문 (해병대 포함)	야포	8,800여 문
310여 문	다련장·방사포	5,500여 문
발사대 60여기	지대지 유도무기	발사대 100여기(전략군)

나. 해군(수상함정)

남한	구분	북한
90여 척	전투함정	420여 척
10여 척	상륙함정	250여 척
10여 척	기뢰전 함정(소해정)	20여 척
20여 척	지원함정	40여 척
10여 척	잠수함정	70여 척

다. 공군

남한	구분	북한
410여 대	전투임무기	810여 대
70여 대(해군포함)	감시통제기	30여 대(정찰기)
50여 대	공중기동기 (AN-2 포함)	350여 대
190여 대	훈련기	80여 대
700여 대	헬기(육해공군)	290여 대
310만여 명 (사관후보생, 전시근로소집, 전환/대체 복무인원 등 포함)	예비병력	762만 명 (교도대, 노농적위군, 붉은청년근위대 등 포함)
육군 18개월, 해군 20개월, 공군 21개월	복무기간	남성 10년, 여성 7년

※ 출처: 국방부, 『2022 국방백서』(서울: 국방부, 2023), p. 334; 국립통일교육원, 『2025 북한이해』(서울: 국립통일교육원, 2025), p. 101에서 발췌 정리.

4.1. 병력 비교

병력 수는 군사력 비교의 첫 번째 조건이라고 할 수 있다. 다른 조건이 같다면 병력 수가 많은 나라가 강하다는 것은 상식이다. 북한이 보유하고 있는 병력의 숫자는 북한이 완전히 군사화된 "병영국가"(garrison state)라는 사실을 웅변적으로 보여준다. 2,600만 명의 인구를 가진 북한이 현역 128만여 명이 넘고 예비군이 762만 명이라는 사실은 성년 인구의 절반이 군인이라는 의미와 같다. 현대 국가들은 첨단 과학기술에 바탕을 둔 무기체계를 개발함으로써 병력을 줄이는 대신 전력을 강화하는 정책을 추진하고 있다. 냉전 당시 500만 명에 육박하던 중국군 병력이 최근에는 200만 명 수준에서 유지되고 있는 것이 대표적인 사례라고 할 수 있다. 그러나 북한은 일반적인 경향과는 정반대로 19세기식 대군주의를 지향하고 있다.

북한의 병력은 예비병력에서도 압도적이다. 북한은 14세부터 60세까지 전 인구의 약 30%에 달하는 762만여 명을 교도대, 노농적위군(직장 및 지역 단위 조직), 붉은청년근위대(고급중학교 군사조직), 준군사부대 등에 동원하여 예비전력을 구성하고 있다. 유사시 정규전 부대의 전투력을 보강할 수 있는 교도대는 60만여 명에 달하며, 정규군에 준하는 훈련 수준을 유지하고 있다.[60]

〈북한의 예비전력 현황〉

구분	병력	비고
교도대	62만여 명	동원예비군 성격 (17~50세 남자, 17~30세 미혼 여자)
노동적위군	572만여 명	지역예비군 성격 (17~60세 남자, 17~30세 교도대 미편성 여자)
붉은청년근위대	94만여 명	고급중학교 군사조직 (14~16세 남녀)
준군사부대	34만여 명	호위사령부, 사회안전성 등
계	762만여 명	

※ 출처: 국방부, 『2022 국방백서』(서울: 국방부, 2023), p. 32.

북한은 전시 약 1~3개월 동안 지원이 가능한 수준의 전쟁 물자를 확보하고 있는 것으로 추정된다. 전시 단기간 내 전환 가능한 100여 개소 이상의 민수용 공장을 포함하여 약 300여 개소 이상의 군수공장이 있는 것으로 추정되며, 유사시 신속하게 군수품 생산이 가능하도록 전시 동원체제를 갖추고 있다.[61] 주요 군수 생산 및 비축 시설은 주요 무기 및 탄약을 자체 생산할 수 있는 능력을 갖추고 있는 것으로 추정되나, 국제사회의 대북제재가 장기화됨에 따라 지속적인 군수산업 육성 및 전쟁지속능력 유지에 어려움이 있을 것으로 평가된다.

완벽한 동원체제 속에 있는 북한의 특성을 감안하면 762만 명이라는 예비전력은 언제라도 즉시 사용 가능한 실질적인 군사력이라는 점에서 현역에 버금가는 위협이라고 할 수 있다. 북한의 이러한 예비병력에 비하면 절반 정도에도 미치지 못하지만 한국이 보유하고 있는 310만여 명의 예비병력 역시 적은 숫자는 아니다. 그러나 규모면에서 북한의 절반 정도에 불과하고, 자유주의 특징으로 동원의 신속성 측면에서는 북한보다는 느릴 수밖에 없다는 측면은 한국의 또 다른 위협이라고 할 수 있다.

복무기간 역시 중요한 고려요소라고 할 수 있다. 한국의 경우 2024년 현재 육군은 18개월, 해·공군은 각각 20개월과 21개월로 북한의 7~10년 복무에는 미치지 못한다.[62] 복무기간은 조직에 대한 충성심과 개인 전기, 부대 전술의 숙련도에서 많은 차이를 가져오기 때문에 중요하다.

북한은 1956년 민족보위성 명령으로 '인민군 복무조례'를 발표하고, 형식적으로는 지원제였으나 사실상 징병제를 실시하였다. 이후 1958년 내각 결정 제148호에 의해 군 복무 연한을 육군은 3년 6개월, 해·공군은 4년으로 정하였으나, 실 복무기간은 육군은 5~6년, 해·공군은 8년, 기술병과는 8~9년이었다. 이후 몇 차례 복무기간을 변경하던 북한은 1993년 4월 징병 남성은 10년, 지원여성은 7년으로, 군복무기간 10년을 공식화하는 '10년 복무연한제'를 실시하였다.[63] 그러나 1996년 군 복무조례를 개정해 남성은 만 30세까지, 지원여성은 만 26세까지 복무하는 복무연령제로 전환하였다.[64]

북한군 병사들은 10년의 장기간 복무를 통해, 대다수가 부사관 내지는 장교로 근무할 수 있을 정도의 군사적 역량을 갖추게 된다. 북한에서 1962년 공표된 '4대 군사노선' 가운데 '전군의 간부화'는 이러한 장기복무에 따라 자연스럽게 실현된 것으로 볼 수 있다. 신속한 동원능력과 유사시 간부화할 수 있는 능력을 갖춘 북한의 군사력은, 양적 측면에서 한국에 비해 절대적으로 우세한 병력을 갖고 있다고 할 수 있다.

그러나 군의 사기 문제를 고려할 필요가 있다. 최근 북한 군내에 식량이 제대로 조달되지 못한다는 소식이 들리는 것은 그만큼 북한군의 사기가 많이 저하되고 있다는 것을 증명한다. 2003년 이전까지 북한은 초모제를 시행해 왔다.[65] 북한의 모든 남자는 만 14세가 되면 초모대상자로 등록하고, 군 입대를 위한 두 차례의 신체검사를 받으며, 고급중학교 졸업 후 사단 또는 군단에 입대하였다. 신체검사 합격 기준은 신장 150cm, 체중 48kg 이상이었다. 그러다가 식량난으로 청소년들의 체격이 왜소해지자 2004년 8월부터 신장 148cm, 체중 43kg 이상으로 기준을 조정했다.[66] 북한군 병사는 평균 군 복무 기간의 3분의 1에서 2분의 1을 건설, 영농 등 비군사 활동에 종사하는 것으로 알려져 있어 전기 전술 숙달 측면에서 많은 제한사항이 있는 것을 알 수 있다.

또한 미사일 발사, 핵실험 등 군사적 도발로 국제사회의 대북지원이 감소 또는 중단되면서 주식은 보급되고 있지만, 부식은 직접 구매하거나 부대가 소재한 지역의 특징에 따라 영농, 어로, 채취 등 방식을 통해 자체적으로 해결하는 것으로 전해졌다. 군인들의 단백질 보충을 위해 많은 부대가 염소와 돼지 등의 가축을 직접 사육하고 콩작물을 경작하는 등 다양한 방식으로 식량 문제를 해결하려고 노력하는 것으로 알려져 있다. 이러한 열악한 현실로 인해 일부 군인들의 일탈 행위가 나타나고 군민관계를 해치는 사례가 다수 발생하고 있다. 이런 북한군의 현실은 사기에 직접적인 영향을 미치고 전투력의 약화로 이어질 가능성이 높다.

결론적으로 북한군은 병력 수에 있어서 한국군보다 우위에 있다. 그리고 10년에 이르는 복무기간은 전기 전술 숙달과 간부화라는 측면에서 우세로 평가할 수 있다. 그러나 황금기 같은 젊은 시절을 군에서 장기간 복무해야 한다는 상실감은 오히려 역효과를 가져올 수 있다. 또한 계속된 경제 침체로 군에 대한 보급사정이 좋지 못하다는 점 역시 부정적인 영향을 줄 것이라 짐작해 볼 수 있다.

4.2. 무기체계 비교

남북한 간에 전쟁이 발발한다면 해·공군보다는 지상군 위주의 전쟁이 될 가능성이 높다. 한국과 미국의 압도적인 해·공군 전력을 고려한다면 북한이 해·공군으로 이에 맞대응할 가능성은 높지 않다. 그러나 육군의 무기체계만 비교한다면 양적으로 북한의 군사력은 한국군보다 월등히 앞서 있다. 병력 수에 있어서도 북한이 한국보다 2.5배 이상 많다는 점을 고려하면 북한의 지상전력이 수적으로 한국을 앞선다고 할 수 있다. 물론 북한의 장비가 대부분 노후화되었다고 볼 수 있지만, 북한이 주요 전력의 70%를 평양-원산선 이남의 전방 지역에 전진 배치하여 상시 기습공격을 감행할 태세를 갖추고 있다는 점을 고려한다면 장비의 노후화는 초기 선제 기습공격을 하는데 문제가 없을 것으로 판단된다.

〈북한 육군의 주요 장비〉

전차 4,300여 대	장갑차 2,600여 대

야포 8,800여 문	방사포 5,500여 문

※ 출처: 국방부, 「2022 국방백서」(서울: 국방부, 2023), p. 27에서 발췌 정리.

북한의 육군은 전차 및 특수부대를 중심으로 구성되어 있다. 최근 북한은 기계화 및 전차사단이 한반도 지형에서 운용하기에 적합하다고 판단하여 여단급 부대의 전차, 기계화부대, 미사일부대 등을 강화함으로써 현대전 수행을 위한 전력구조로 개편하였다.67) 기갑 및 기계화부대는 6,900여 대의 전차와 장갑차를 보유하고 있다. 최근에는 기동성이 향상된 신형 전차와 다양한 대전차미사일, 기동포를 탑재한 장갑차를 개발하여 일부 노후 전력을 대체하고 있다.

〈남북한 육군의 주요 보유 장비 현황〉

남한(해병대 포함)	장비	북한
2,200여 대	전차	4,300여 대
3,100여 대	장갑차	2,600여 대
5,600여 문	야포	8,800여 문
310여 문	다련장·방사포	5,500여 문

※ 출처: 국방부, 「2022 국방백서」(서울: 국방부, 2023) 발췌 정리.

전차의 경우 북한은 한국에 비해 성능이 열세한 것이 사실이지만, 한국군보다 거의 두 배에 달하는 전차를 보유하고 있다. 북한군 전차의 대부분은 60년대 개발된 T-54, T-55 등 구형이지만, 최근 기동성과 생존성이 향상된 신형 전차인 천마호, 폭풍호, 선군호 등도 보유하고 있어 한국군에 위협이 되고 있다. 선군호는 2012년부터 식별되기 시작한 북한군의 최신형 전차 모델명이다.

선군호는 125mm 활강포를 장착하고 적외선 야시장비, 레이저 거리측정기, 컴퓨터 사격통제장치, 화생방 방호체계를 갖춰 종전 북한군 전차들에 비해 사격 정확도가 높아졌고 주야간 사격능력도 갖추고 있다. 선군호 전차의 승무원은 4명으로 전투중량 44톤, 길이 7m, 폭 3.5m, 최고속도 시속 60km인 것으로 알려졌다. 선군호는 북한군 최정예 기갑부대인 '근위 서울 류경수 제105땅크사단'에 배치된 것으로 알려졌다.68) 또한 북한은 1990년대 이후 어려운 경제 여건 속에서도 신형 전차 900여 대를 전력화한 것으로 알려졌다. 이는 같은 기간 한국 육군이 전력화한 전차의 2배가 넘는 규모이다.

〈북한군 최신 전차 선군호〉

※ 출처: Laura Bicker, “North Korea: Six months’ training for 10 minutes on parade,” *BBC*, 8 September, 2018.

한편, 2025년 ‘천마-XX’라고 알려진 북한의 신형 전차가 공개되었다(사진: p. 176). 이 전차는 대한민국의 K-2 전차와 같은 3.5세대급으로 각종 첨단장비를 장착해 기존 ‘선군호’와는 크게 차별화된 것으로 알려졌다. 통상 3.5세대급 전차는 기술 발전을 적용해 개선된 사격통제장치를 비롯한 전자장비와 강화장갑, 전술 데이터링크, 통합전장관리, 생존성 및 명중률 제고 등을 채택한 전차를 의미한다.

국제적 제재를 받고 있어 경제적으로 어려운 상황에 있는 북한이 이런 첨단 전차를 개발할 수 있었던 데에는 2024년 체결한 북러 군사동맹의 역할이 컸을 것으로 추정된다. 북한의 3.5세대 전차 개발로 인해 대한민국 K-2 전차의 비교우위가 약해질 가능성이 있으며, 이는 한국에 심각한 위협이 될 수 있다.

〈북한 신형 전차(천마-XX) 분석도〉

※ 출처: 유용원 국민의힘 의원실

질적인 측면에서 한국군이 보유하고 있는 K-1, K-2 계열의 전차가 북한군 전차에 비해 훨씬 앞선 것으로 평가되고 있으나, 문제는 북한의 수적 우위를 어떻게 극복하느냐 하는 것이다. 북한이 어려운 경제 상황 속에서도 꾸준히 전차를 최신화하였을 뿐만 아니라 전력화 규모도 한국군의 2배가 넘는 등 수적인 측면에서 한국군을 능가하는 상황이 되었기 때문이다. 특히 북한은 대 전차포를 1,700여 문을 보유하고 있어 한국군에 큰 위협이 될 수 있다.[69]

장갑차의 경우 한국군이 수적으로 앞선 것으로 나타나고 있지만, 중요한 것은 장갑차가 직접 전투를 수행하기보다는 병력을 수송하는 용도로 쓰인다는 것이다. 물론 최근 한국군이 개발한 K-21 장갑차의 경우 40mm 기관포를 장착하고 있어 전차와 교전이 가능한 것으로 알려져 있다. 하지만 한국군이 보유한 대부분의 장갑차가 병력 수송용이기 때문에 북한군보다 양적으로 우월하다고 해도 전장에서의 효과는 크지 않을 것으로 예상된다. 결국 장갑차는 병력을 이동하는 수단이지 전투 수단이 아니기 때문이다.

북한군이 한국군에 비해 압도적 우위를 차지하는 분야는 야포 분야라고 말할 수 있다. 야포는 성능을 비교하기보다는 숫자가 중요한 무기체계라고 할 수 있다. 야포는 먼저 쏘는 쪽, 그리고 많이 보유한 쪽이 유리하다. 현대전에서 가장 많은 인명피해를 야기하는 무기체계가 바로 야포라고 할 수 있다. 야포는 '살인자'(the Killer)라고 부를 정도로 전쟁에서 많은 인명 피해를 야기하는 무기체계이다.70)

북한군의 야포는 한국군에 비해 1.5배 정도 숫적으로 앞서 있을 뿐만 아니라 지하화, 갱도화 하여 초기 전투시 한국군의 대포병사격을 어렵게 하고 있다. 가장 큰 문제는 북한군이 압도적으로 많이 보유하고 있는 다연장로켓과 방사포라고 할 수 있다. 수적으로도 한국군보다 15배 이상 우세할 뿐만 아니라 대한민국의 수도권을 타겟으로 집중 배치되어 있어 북한군이 선제공격할 경우 많은 인명 피해가 불가피하기 때문이다. 따라서 재래식 군사력에 있어서 가장 큰 북한의 위협은 바로 야포와 다연장로켓, 방사포라고 할 수 있다.

다음은 해·공군의 무기체계이다. 해·공군의 무기체계에서도 북한군이 한국군보다 수적으로 우위에 있다. 북한 해군의 경우 질적으로는 한국군에 비해 상대가 되지 않지만, 수적 우위를 앞세워 해상에서 기습공격, 혹은 게릴라식 전쟁모드를 유지하고 있다. 가장 큰 위협은 북한의 잠수함이라고 할 수 있다. 현재 북한은 미국에 이어 세계에서 두 번째로 많은 잠수함을 보유한 국가로 알려져 있다. 70여 척에 이르는 잠수함은 북한이 자행한 2010년 3월 천안함 공격에서 드러난 것처럼 한국군에 큰 피해를 입힐 수 있다. 특히 북한은 2023년 9월 잠수함에 핵무기(SLBM)를 탑재할 수 있게 했다고 발표하였는데, 이는 은밀하게 한국의 어떤 목표물에 대해서도 핵무기 공격할 수 있다는 것을 의미하기 때문에 큰 위협이 될 수 있다.

제
5
장

〈북한의 전술핵 공격 잠수함 '김군옥영웅함'〉

※ 출처: Maksim Panasovskiy, "DPRK unveils Hero Kim Gun-ok nuclear submarine with a vertical launch system for 10 nuclear-tipped missiles," *gagadget.com*, September 09, 2023.

공군 분야는 북한군이 한국군에 비해 가장 열세한 분야라고 할 수 있다. 공군은 그 특성상 최첨단 기술이 반영되어야 하는 무기체계이기 때문에 현재 북한이 처한 국제사회의 대북제재와 북한의 경제상황을 고려했을 때 낙후된 북한의 공군 무기체계가 개선될 가능성은 높지 않다. 다만 북한이 약 300대 정도 보유하고 있는 AN-2에 관심을 가질 필요가 있다. 1947년 소련에서 농약 살포용으로 개발된 이 수송기는 지금까지 1만 8천대 이상이 생산되었고, 길이 13m, 폭 18.2m, 최고속도 257.5km/h, 항속거리 957.5km의 제원을 갖고 있다.

특히 기체는 가벼운 합금으로 제작하였고, 위아래 날개는 특수 피복 천을 재질로 사용해 레이더에 잘 포착되지 않는다. 프로펠러도 목재이며 200m 정도의 짧은 활주로에서 얼마든지 이착륙이 가능하고 완전무장한 특수부대병력 10명을 탑승시킬 수 있다. 북한은 이러한 이점을 이용해 300대 이상의 AN-2기를 통해 특수부대원 3천 명 이상을 한국 후방지역에 투입할 수 있을 것으로 예상된다. 또 개전 초기 한국군의 레이더망에 걸리지 않고 다수의 특수부대원을 공군기지, 핵발전소, 백령도와 연평도를 포함한 서해 전략도서 등에 낙하산으로 저공 침투시킬 수 있다. 특히 AN-2기의 은밀성을 이용하여 북한군 특수부대원들이 '핵배낭' 같은 소형 핵무기를 실어나를 수 있는 끔찍한 상황이 발생할 수 있다는 점에서 중대한 위협이 아닐 수 없다. 실제로 2023년 하마스가 이스라엘을 공격하면서 레저용으로 사용하는 '동력패러글라이더'를 이용하여 이스라엘에 많은 피해를 입혔다.

대한민국의 국민 가운데 북한의 군사적 위협이 더 이상 없을 것이라고 낙관하는 사람들이 많다. 그러나 앞에서 살펴본 것처럼 북한의 핵, 화생방무기와 같은 대량살상무기(WMD)를 제외한 재래식 군사력에서도 북한은 한국에 많은 위협이 되고 있다. 특히 이렇게 낙관적인 생각을 가진 사람들 대부분이 수적으로는 북한군이 우위에 있더라도 질적인 면에서 한국군의 상대가 되지 못한다고 주장한다. 그러나 북한군의 재래식 군사력이 질적으로 조잡하더라도 전혀 위력을 발휘하지 못하는 것이 아니라는 사실을 앞에서 이미 확인했다.

〈북한의 AN-2기〉

※ 출처: 국방부, 「2022 국방백서」(서울: 국방부, 2023), p. 32.

간단하게 말하면 작은 총알을 맞든 정밀유도탄을 맞든 살상을 하는데는 문제가 없다는 것이다. 특히 북한군이 육군에서 병력의 우위로 그리고 해·공군에서는 잠수함과 AN-2기라는 비대칭전력의 우위를 앞세워 공격적인 전략을 취할 경우 한국에 심각한 위협을 줄 수 있다. 2010년 11월 23일 발생한 북한의 연평도 포격도발은 북한의 재래식 군사력이 갖는 위협의 심각성을 단적으로 보여준 사건이라고 할 수 있다.

북한의 재래식 군사력 우위를 상쇄하면서 북한이 먼저 도발하지 못하도록 할 수 있는 방법은 한국의 단호한 태도에 달려있다. 비록 북한의 소규모 국지전 도발이라 하더라도 한국군은 이를 곧 전면전으로 간주하여 보복공격할 것이라는 입장을 분명히 하고, 충분한 방어 능력을 갖추고 있을 때 북한의 도발은 억제될 수 있을 것이다.

2010년 3월 발생한 천안함 사건에 대해 미국의 정치학자인 부에노 데 메스키타(Bruce Bueno de Mesquita)는 북한이 한국 해군에 공격을 가하더라도 그것이 전쟁으로 확대될 확률은 그다지 높지 않다고 분석했다.[71] 북한이 만약 천안함 수준의 군함을 공격해서 격침시킬 경우, 한국은 도저히 그냥 있을 나라가 아니라고 생각했어도 천안함 도발을 감행할 수 있었을까? 천안함이 한국 군함이 아니라 미국 군함이었다 할지라도 북한은 이를 공격했을까? 중요한 것은 '의지'의 문제라고 할 수 있다. 한국군이 갖고 있는 질적인 우위를 정치적 의지와 결단을 통해 단호하게 대응함으로써 북한의 양적 우위를 극복하고 도발을 억제할 수 있는 방법이다.

4.3. 북한 재래식 군사력의 위협 평가

북한의 재래식 군사력은 방대한 병력과 전통적인 무기체계를 기반으로 유지되고 있지만, 기술적 현대화의 부족과 경제적 제약으로 인해 실질적인 작전 수행 능력에는 한계가 있다. 반면, 한국은 첨단 무기체계와 군사동맹을 활용하여 질적 우위를 확보하고 있으며, 전략적 차원에서 효율적인 방어 체계를 구축하고 있다. 그러나 2024년 6월 북한이 러시아와 '북러 포괄적 전략적 동반자 관계 협정'을 체결하고, 같은 해 10월부터 러시아의 우크라이나 전쟁에 병력을 파병하면서 북한과 러시아의 군사협력이 강화되고 있다. 북한은 러시아와의 협력을 통해 실전 경험을 축적하는 한편, 러시아로부터 첨단 무기, 기술, 경제적 지원을 받고 있어 향후 대한민국에 중대한 위협이 될 것으로 평가된다. 이러한 북한과 러시아의 군사협력은 유엔 안보리 결의 1718호, 1874호를 정면으로 위반한 명백한 불법행위로 국제사회의 제재와 비판이 이어지고 있다.

남북한의 군사력을 종합적으로 비교하여 평가할 때, 북한은 양적 우세를 바탕으로 한 대규모 군사력과 비대칭 전력을 강화하는 전략을 유지하고 있으며, 이에 비해 한국은 경제적·기술적 우위를 활용한 현대적인 군사력을 발전시키고 있다. 북한의 전력의 70% 이상을 평양-원산선 이남에 집중 배치하여 언제라도 한국에 대해 기습공격할 수 있는 준비를 갖추고 있기 때문에 비록 북한의 장비가 노후화되었다 하더라도 개전 초기 전력발휘를 하는데는 문제가 없을 것이다.

특히 북한이 한국에 비해 월등히 우세한 장비가 다연장로켓, 방사포라고 할 수 있다. 이들은 서울과 인접한 수도권 지역 방향에 집중적으로 배치되어 있어 한국에 엄청난 위협이 될 수 있다. 또 북한의 야포가 대부분 휴전선 인근 고지 후사면에 갱도화된 진지에 배치되어 있기 때문에 전쟁 발발 시 파괴하기 어려워 한국군에 큰 위협이 될 수 있다. 북한의 지상군 전력은 이와 같이 매우 공세적인 무기체계 중심으로 발전되어 왔으며, 전력의 배치 또한 매우 공세적이다. 따라서 북한이 선제공격을 감행할 경우 대응할 수 있는 시간이 짧을 수밖에 없고, 한국의 피해를 최소화하기 위해서는 단호한 대응 의지를 밝힘으로써 북한의 공격을 억제하고, 이것이 실패할 경우 과감한 대응 공격을 실시해야 한다.

북한 해군에서 가장 위협이 되는 것은 70여 척에 달하는 잠수함 전력이라고 할 수 있다. 해군 전력 역시 북한이 양적으로 한국보다 우세하지만, 질적으로는 연안작전을 위한 함정들로 편성되어 있어 기습공격에 적합하게 발전시켜 왔다. 북한이 특히 집중적으로 전력을 발전시킨 것이 바로 잠수함인데 현재 북한의 잠수함 보유량은 미국에 이어 두 번째로 큰 규모라고 할 수 있다. 물론 성능적인 측면에서 디젤 잠수함의 한계를 가진 것도 사실이지만, 그렇다고 하더라도 북한이 개발하고 있는 소형 핵무기를 탑재하여 한국을 공격한다면 그것은 한국에 재앙이 될 수 있다. 그렇기 때문에 한국은 북한의 잠수함을 탐지할 수 있는 능력을 발전시켜야 하며, 이에 대응할 수 있도록 잠수함 전력을 증강시킬 필요가 있다.

공군 분야는 북한이 한국에 비해 가장 열세한 분야라고 할 수 있다. 한국은 스텔스기 등 첨단 전투기를 확보하고 있으며, 조기경보기, 공중급유기 등 지휘통제 및 장거리 전력 투사가 가능하다. 이에 비해 북한의 전투기는 노후화된 기종이 대분이어서 한국군의 우세가 예상된다. 다만 북한 공군이 300여 대 보유하고 있는 AN-2기를 이용하여 북한군 특수부대가 한국의 후방지역에 침투한다면 한국 사회에 많은 혼란을 가져올 것으로 예상된다. 레이더에 잘 포착되지 않고 짧은 거리에서도 이착륙이 가능하다는 장점을 갖고 있기 때문이다.

결과적으로 북한의 군사력은 양적으로 한국군을 능가하고 있으며, 질적으로도 어려운 경제상황 속에서도 비대칭전력 중심으로 발전시켜 나가고 있어 한국이 갖고 있는 질적 우세를 상쇄시키려고 하고 있다. 이러한 군사력의 차이는 향후 한반도 안보 상황에 중요한 변수로 작용할 것이다. 북한의 지속적인 군사적 위협에 대응하기 위해서는 한국의 방위력 강화, 한미동맹과 한미일 안보협력 강화, 유엔군사령부 활성화 등 국제협력이 전제되어야 한다. 향후 남북한 군사력의 변화는 경제적 여건, 기술 발전, 국제 정세 등에 의해 영향을 받을 것이며, 군사적 긴장을 완화하고 평화적 공존을 위한 방안을 모색하는 것이 중요한 과제가 될 것이다.

심화 주제 제5장 북한의 재래식 군사력과 위협

1. 북한의 재래식 군사력은 양적으로 우위에 있으나 질적으로는 한계를 보인다고 평가된다. 이러한 양적·질적 특성이 실제 한반도 안보에 미치는 영향은 무엇이며, 한국의 대응 전략은 어떠해야 하는가?

2. 북한이 비대칭 전력(사이버전, 특수전, 장사정포 등)을 적극 활용하는 전략을 지속하는 이유는 무엇이며, 이에 대한 한국의 효과적인 억제·대응 방안에는 어떤 것이 있을까?

3. 남북한 군사력 비교에서 단순한 병력과 무기 수량 외에 반드시 고려해야 할 질적 요소(지휘통제, 훈련 수준, 동맹 등)는 무엇이라고 생각하는가?

5. 최근 북한과 러시아 간 불법적 군사협력 강화가 남북한 군사력 균형 및 한반도 안보 환경에 미칠 수 있는 잠재적 변화를 토의해 보라.

5. 북한의 군사력 발전과정에서 '4대 군사노선'(전민 무장화, 전국 요새화, 전군 현대화, 전군 간부화)이 갖는 전략적 의미와 한계는 무엇인가?

제6장 북한의 비대칭 전력과 위협

제1절 안보환경 변화와 북한의 대응 인식

21세기 전쟁 양상은 급격하게 변화하고 있으며, 특히 정보화와 첨단 기술 발전은 전통적인 전쟁 개념을 넘어선 새로운 위협을 등장시켰다. 이러한 변화 속에서 북한은 재래식 군사력의 한계를 극복하고, 상대적으로 열세한 군사력을 보완하기 위한 전략으로 비대칭 전력을 적극적으로 활용하고 있다. 북한의 비대칭 위협은 단순히 군사적인 측면에 국한되지 않고, 정치적·경제적·사회적 차원까지 영향을 미치며, 한국뿐만 아니라 동아시아 및 국제사회의 안보를 위협하는 주요 요인으로 작용하고 있다.

비대칭 위협(asymmetric threat)은 군사력이 상대적으로 열세한 국가나 세력이 강대국과의 전면적인 대결을 피하면서도 효과적으로 자신의 이익을 관철하기 위해 사용하는 전략적 접근 방식이다. 이는 핵무기, 미사일, 생화학 무기 등 대량살상무기(WMD)를 비롯하여, 특수전부대, 사이버전력, 무인기전력 등의 군사적 수단을 포함한다. 또한 하이브리드전, 인지전과 같은 비대칭 전술을 통해 상대국의 정치·군사 체계를 교란하고 심리적 영향을 미치려는 전략적 기만 행위도 포함된다. 이러한 비대칭 위협은 전통적인 군사 충돌과는 다른 방식으로 전개되며, 북한의 경우 체제 유지를 위한 필수적인 요소로 자리 잡았다.

북한은 핵무기를 중심으로 한 전략적 억지력을 강조하면서도, 비대칭 전력을 활용한 전략적 우위를 확보하려는 노력을 지속하고 있다. 핵무기를 기반으로 한 확전우세전략(escalation dominance strategy)을 통해 상대국이 쉽게 대응할 수 없는 방식으로 위기 상황을 조성하고, 정치·군사적 주도권을 확보하려는 것이 북한의 주요 전략 중 하나이다.

이러한 전략은 군사적 대응만으로 해결할 수 없는 복합적인 위협을 의미하며, 이에 대한 종합적인 분석과 대응책 마련이 시급하다.

북한의 비대칭 위협은 핵무기, 화학무기, 생물학무기와 같은 대량살상무기에서 비롯된다. 또한 대한민국과 일본, 그리고 미국까지도 도달할 수 있는 탄도탄미사일 등이 주요한 비대칭 전력이라고 할 수 있다. 북한의 비대칭 위협은 비대칭 전력뿐만 아니라 비대칭 전술에서도 나타나고 있다. 하이브리드전, 인지전과 같은 비대칭 전술을 통해 평상시에도 대한민국을 공격하는 경우가 발생하고 있다. 2024년 오물풍선 살포, 2000년대 이후 GPS 전파 교란, 2010년대 이후 금융기관, 언론사, 공공기관 등에 대한 사이버 해킹공격 등의 사례가 대표적이다. 이 같은 비대칭 전술을 이용한 공격은 전통적인 군사적 공격과는 거리가 있지만, 정치적, 심리적 효과를 노린 전략적 차원의 도발이라고 할 수 있다. 이는 북한이 대한민국과의 직접적인 무력 충돌을 피하면서도 대한민국에 부담을 주는 방식으로, 저비용, 고효율의 비대칭 전략이라고 할 수 있다.

북한의 비대칭 위협은 군사적 대응만으로 해결할 수 없는 복합적 도전 과제를 제시하고 있으며, 이에 대한 국제사회의 협력과 전략적 대응이 요구된다. 한국과 동맹국들은 북한의 비대칭 위협을 효과적으로 억제하고 대응하기 위해 정보전, 외교적 압박, 기술적 방어 체계 구축 등의 다각적인 접근이 필요하다.

제2절 북한의 대량살상무기(WMD)

대량살상무기(WMD: Weapons of Mass Destruction)란 한 번 사용되었을 때 매우 많은 사람의 생명을 앗아가고, 광범위한 지역에 피해를 주며, 심각한 환경적·사회적 후유증을 남기는 무기를 의미한다. 이런 무기들은 일반적인 총이나 포탄과 달리 특정 지역이나 사람만을 겨냥하는 것이 아니라 무차별적인 파괴와 죽음을 가져온다.

대량살상무기는 단일 사용으로도 대규모의 인명 피해와 파괴를 일으킬 수 있는 무기체계이며, 대표적인 것이 바로 핵무기(Nuclear weapon), 화학무기(Chemical weapon), 생물학무기(Biological weapon)이다.

첫째, 핵무기는 핵분열 또는 핵융합 반응을 이용하여 폭발을 일으킴으로써 무기효과를 발휘한다. 인류 역사상 핵무기는 단 2차례밖에 사용되지 않았는데, 그것은 바로 미국이 1945년 8월 일본의 히로시마와 나가사키에 원폭을 투하한 것이다. 이때 발생한 인명피해는 사망자, 부상자, 피폭자를 포함해 약 100만 명에 이른다. 핵무기는 이와 같이 엄청난 피해를 발생시키기 때문에 대표적인 대량살상무기라고 할 수 있다.

둘째, 화학무기는 독성 화학물질을 이용해 인명 살상 또는 무력화하는데 사용되는 무기이다. 대표적인 화학무기는 사린, VX계열의 화학물질 등이 포함된다.

셋째, 생물학무기는 병원균, 바이러스 등을 이용해 인체에 감염 및 피해를 주는 무기이다. 탄저균, 천연두, 콜레라 등이 대표적인 생물학무기에 해당한다. 2020년 전 세계를 팬데믹에 빠뜨린 '코로나' 사태는 생물학무기가 얼마나 무서운가 하는 것을 실제적으로 보여준 하나의 사례라고 할 수 있다.

북한은 6.25 전쟁이 끝나자 핵무기 개발에 착수하는 등 대량살상무기 개발의 오랜 역사를 갖고 있다. 대량살상무기는 국제적으로 개발이 금지되거나 규제가 심한 무기임에도 불구하고 북한은 아랑곳하지 않고 핵무기, 화학무기, 생물학무기 등 대량살상무기를 불법적으로 개발, 보유하고 있다.

2.1. 핵무기

핵무기 개발은 오랜 역사를 갖고 있다. 본격적으로 핵무기 개발에 착수한 것은 1980년대부터였지만, 그 시작은 한참 전인 1950년대부터였다. 북한이 핵무기 개발에 관심을 기울인 것은 6.25 전쟁에서 미국이 언제든지 북한을 초토화시킬 수 있다는 인식을 갖게 되면서였고, 전쟁 이후 이러한 미국의 위협을 억제하고 정권을 유지하기 위한 수단으로 핵무기 보유의 필요성을 인식하였기 때문이다.

북한은 2006년 10월 1차 핵실험을 시작으로 2009년 5월, 2013년 2월, 2016년 1월과 9월, 2017년 9월 등 총 6차례의 핵실험을 실시했다.72) 아울러 장거리 미사일도 여러 차례 발사했다. 북한의 핵실험과 장거리 미사일 발사는 국제적으로 공감대를 형성하고 있는 대량살상무기 비확산 체제에 대한 중대한 도전이자 불법행위이기 때문에 유엔을 비롯한 국제사회의 비난과 제재를 받고 있다.73)

특히 김정은 집권 이후 북한은 핵무기에 대한 안보 의존도를 더욱 높이고 있다. 재래식 무기의 경우 새로운 무기를 개발할 때마다 고비용이 수반되고 대량생산이 요구됨으로써 비용적 부담이 크지만, 핵무기의 경우 초기 비용은 많이 들지만 일단 핵기술을 한번 확보하게 되면 지속적인 개발이 용이해지며 다른 어떤 무기보다도 강력한 억지력을 가지는 위협적인 무기가 된다.74) 이에 북한은 핵무력 강화를 통한 핵전략을 중요한 군사전략으로 삼고 있다.

북한은 1956년 '조소원자력협력협정'을 체결하면서 구소련의 드브나 핵연구소에 과학자들을 파견하여 선진기술 확보 및 전문인력 양성의 기초를 마련하였다.75) 1959년에는 중국과도 원자력협력협정을 체결하였다. 1963년 구소련의 도움을 받아 연구용 원자로(IRT-2000)를 도입하였고, 이를 토대로 1965년부터 평안북도 영변 지역에 대규모 핵단지를 조성하기 시작하였다.

북한은 1980년대 들어 핵 전문 인력의 양성과 함께 핵물질 생산시설 구비, 핵실험장 건설 등 핵무기 개발이 긴요한 기반시설을 본격적으로 갖춰 나갔다. 영변에 조성된 핵단지에 플루토늄 생산에 필요한 핵심시설인 5MWe 원자로, 폐연료봉 재처리 시설, 핵연료봉 제조공장 등이 차례로 완공되어 가동되었다.

1989년 프랑스 상업위성에 의해 영변 핵단지가 노출되면서 북한의 핵개발 의혹이 국제사회에 제기되었다. 북한은 국제원자력기구(IAEA)와 1991년 체결한 안전조치협정에 따라 사찰을 받았다. 그런데 사찰 결과와 북한의 핵활동 신고 내역 사이에 중대한 불일치가 발견되면서 이른바 '제1차 북핵 위기'가 국제사회의 주요 이슈가 되었다.

〈북핵문제 관련 주요 비핵화 합의〉

합의	주요 내용(요약)
제네바 기본합의 (1994.10.21.)	• 흑연감속로를 경수로로 대체하기 위한 협력 • 미북간 정치, 경제 관계의 완전 정상화 지향 • 비핵화된 한반도의 평화, 안보를 위한 협력 • 핵 비확산체제 강화를 위한 협력
9.19 공동성명 (2005. 9.19.)	• 한반도의 검증 가능한 비핵화 재확인 • 에너지, 교역, 투자 분야에서의 경제협력 증진 약속 • 동북아의 항구적 평화와 안정을 위한 공동 노력 약속 • 단계적 방식의 합의 이행 조치 합의
2.13 합의 (2007. 2.13.)	• 북한 내 핵시설의 폐쇄 봉인 및 국제원자력기구 사찰관 복귀, 모든 핵프로그램 목록 작성 협의 • 미북, 북일 관계 정상화을 위한 양자대화 개시 • 대북 경제, 에너지, 인도적 지원 • 직접적 관련 당사국간 적절한 별도 포럼에서 한반도 평화체제 협상
10.3 합의 (2007.10. 3.)	• 북한의 모든 현존 핵시설 불능화 및 모든 핵 프로그램의 완전하고 정확한 신고 완료 • 북한은 핵 물질, 기술 및 노하우를 이전하지 않는다는 공약 재확인 • 중유 100만 톤 상당 대북 경제, 에너지, 인도적 지원 제공
2.29 합의 (2012. 2.29.)	• 북한, 비핵화 사전조치 실행 • 미국, 24만 톤의 영양지원 제공 • 미국, 대북 적대의사 없음을 확인 • 미북관계 개선 및 문화, 교육, 체육 등 민간 교류 확대
판문점 선언 (2018. 4.27.)	• 공동번영 및 자주통일 • 군사적 긴장상태 완화 • 한반도의 항구적이고 공고한 평화체제 구축 • 완전한 비핵화를 통한 핵 없는 한반도 실현
미북공동성명 (2018. 6.12.)	• 새로운 미북관계 수립 • 한반도의 항구적, 공고한 평화체제 구축을 위한 공동 노력 • 북한의 판문점선언 재확인 및 한반도의 완전한 비핵화 노력 • 전쟁포로, 전쟁실종자의 유해수습 및 신원확인, 유해송환
평양공동선언 (2018. 9.19.)	• 군사적 적대관계 종식, 교류협력 증대 • 동창리 엔진 시험장과 미사일 발사대 폐기 • 미측의 상응조치에 따라 영변 핵시설 영구적 폐기

※ 출처: 국방부, 「2022 국방백서」 (서울: 국방부, 2023), p. 337.

제1차 북핵위기는 1994년 북한과 미국 사이의 '제네바 기본합의' 타결로 일단락되었으며, 북한의 핵활동은 2002년까지 동결되었다. 그러나 북한은 '제네바 기본합의'에도 불구하고 1990년대 중반에 파키스탄의 지원을 받아 비밀리에 우라늄 농축 프로그램을 추진하였다. 이러한 우라늄 농축 추진에 대해 북한은 한동안 존재 자체를 부인하였으나, 2010년 미국의 해커 박사를 초청하여 우라늄 농축 시설을 대외에 전격 공개함으로써 국제사회의 우려를 가중시켰다.

2002년 부시 행정부는 '제네바 기본합의'의 불안정성과 우라늄 농축활동 의혹을 제기하여, '제네바 기본합의'를 파기하고 북한에 대한 중유 지원과 경수로 건설을 중단하겠다고 선언하였다. 이로써 소위 '제2차 북핵 위기'가 시작되었다. 북한도 국제원자력기구 사찰관 추방, 영변 핵시설 동결 해제, 폐연료봉 재처리 등으로 대응했다.

제2차 북핵 위기를 해결하기 위해 6자회담이 2003년 8월 시작되어 2005년 '9.19 공동성명', 2007년 '2.13 합의' 및 '10.3 합의' 등의 성과를 거뒀지만, 2008년 12월 열린 수석대표 회의를 마지막으로 다시 재개되지 않고 있다. 이러한 가운데 북한은 2006년 10월 9일 제1차 핵실험을 전격적으로 단행한 이후 2017년 9월까지 총 6차례의 핵실험을 하며 핵능력 고도화에 박차를 가하였다.

〈북한의 핵실험 현황〉

구분	1차	2차	3차	4차	5차	6차
일시	2006.10.9. 10:36	2009.5.25. 09:54	2013.2.12. 11:;57	2016.1.6. 10:30	2016.9.9. 09:30	2017.9.3. 12:29
규모(Mb)	3.9	4.5	4.9	4.8	5.0	5.7
위력(kT)	약 0.8	약 3~4	약 6~7	약 6	약 10	약 50

※ 출처: 국방부, 「2022 국방백서」 (서울: 국방부, 2023), p. 339.

김정은은 2018년 4월 당중앙위원회 제7기 제3차 전원회의에서 2013년 4월부터 추진하였던 '경제건설 및 핵무력건설 병진노선'의

사실상 종료와 함께 풍계리 핵실험장 폐기, 핵실험 및 ICBM 시험발사 중단 등을 선언하였다. 김정은은 2018년에만 3차례 열린 남북정상회담, 역사상 처음으로 개최된 미북 정상회담 등에서 '완전한 비핵화'를 공약하였으며, 2018년 5월에는 풍계리 핵실험장을 전격적으로 폭파하는 쇼를 연출하였다.

그러나 2019년 2월 베트남 하노이에서 열렸던 제2차 미북정상회담에서 성과를 거두지 못하자 북한은 중단했던 핵·미사일 능력 진전을 다시 추진하기 시작했다. 2020년 5월 당중앙군사위원회 제7기 제4차 확대회의, 6월 하노이 정상회담 2주년 기념 리선권 외무상 담화, 7월 정전협정 67주년 기념 전국 노병대회 등에서 핵을 통한 억제력을 강조하였으며, 2021년 1월 제8차 당대회에서는 핵보유국 지위를 강조하면서 "핵무력 고도화를 위한 투쟁"을 선언하였다.

또한 8차 당대회에서 김정은은 국방공업을 보다 강화, 발전시키기 위한 중핵적인 구상과 전략적 과업들을 언급하였다. 북한은 8차 당대회에서 '국방과학 발전 및 무기체계 개발 5개년 계획(2021~2025)'이 제시되었다고 밝혔으며, 김정은은 5개년 계획의 핵심으로 극초음속미사일 개발 도입, 수중 및 지상에서 발사하는 고체형 ICBM 개발, 핵잠수함 및 수중 발사 핵전략무기 보유, 초대형 핵탄두의 생산, 15,000㎞ 사정권 안의 타격명중률 제고라는 전략무기부문 최우선 5대 과업을 공개하였다.

북한은 5개년 계획에서 설정된 목표를 달성하기 위해 매진하고 있다. 2021년 9월 새로 개발한 극초음속미사일 '화성-8형' 시험발사를 진행한 북한은 2022년 1월 5일에 이어 1월 11일에는 김정은의 참관 아래 극초음속미사일 시험발사를 진행했다. 이에 대해 2022년 1월 12일자 노동신문은 국방력발전 5개년 계획의 핵심 5대 과업 중 가장 중요한 전략적 의의를 가지는 극초음속 무기개발 부문에서 대성공을 이룩했다고 보도했다.

2023년 7월 27일 정전협정 70주년 열병식에서 북한은 북한판 이스칸데르형, 북한판 에이태큼스형, 초대형 방사포 등 핵심적인 전술핵 투발수단을 공개하였다. 특히 열병식에서는 러시아와 중국의 축하 사절단이 참석하여 ICBM을 비롯한 북한의 핵탄두 탑재 가능 전략·전술 미사일 개발을 사실상 용인하는 태도를 보여주기도 했다. 또한 2023년 9월 6일 김정은과 리병철, 박정천 원수, 김덕훈 내각총리, 김명식 해군대장 등 당·정·군 지도부가 참석한 가운데 북한의 첫 전술핵공격잠수함인 '김군옥영웅함' 진수식을 실시했다. 김정은은 진수식에서 핵무기를 장비하면 그것이 곧 핵잠수함이라 주장하며 '김군옥영웅함'의 핵무장 가능성을 언급한 바 있다.

〈북한의 핵개발 주요일지〉

일 자	진행사항
1985.12.12.	핵비확산조약(NPT)가입
1991.12.31.	남북 간 한반도 비핵화 공동선언 합의
1993. 3.12.	NPT 탈퇴 선언
1994.10.21.	미북 간 제네바 합의 체결
1994.11. 1.	핵활동 동결 선언
1995. 3. 9.	한반도에너지개발기구(KEDO) 설립
2002.12.12.	핵 동결 해제 발표
2003. 8.27.	제1차 6자회담 개최
2005. 5.11.	영변 5MWe 원자로에서 폐연료봉 8천 개 인출 완료 발표
2006.10. 9.	제1차 핵실험 실시
2007. 2.13.	6자회담에서 영변 핵시설 폐쇄 봉인 등에 대한 2.13 합의
2007. 7.15.	영변 핵시설 가동 중지 및 IAEA 감시허용 발표
2007.10. 3.	6자회담에서 영변 핵시설 불능화 및 핵 프로그램 신고 등 10.3합의
2008. 6.27.	영변 5MWe 원자로 냉각탑 폭파
2008. 9. 2.	영변 핵시설 복구작업 개시
2009. 5.25.	제2차 핵실험 실시
2009.11. 3.	폐연료봉 8천 개 재처리 완료 선언
2013. 2.12.	제3차 핵실험 실시

2013. 4. 2.	영변 원자로 재가동 발표
2016. 1. 6.	제4차 핵실험 실시 조선중앙TV '첫 수소탄 시험 성공적 진행' 발표
2016. 9. 9.	제5차 핵실험
2017. 9. 3.	제6차 핵실험 실시 조선중앙TV '수소탄두 시험 성공적 진행' 발표
2018. 4.20.	핵실험·ICBM 시험발사 중지 및 핵실험장 폐기 선언
2018. 5.24.	풍계리 핵실험장 공개 폐기
2021. 1. 8.	제8차 당대회에서 핵무력 고도화를 위한 투쟁 선언
2022. 9. 8.	최고인민회의에서 핵보유 공식화, 핵무기 사용 원칙 등 법령 채택
2023. 9.26.	최고인민회의에서 핵무력 강화방침을 규정하는 헌법 개정안 채택

※ 출처: 국립통일교육원, 「2025 북한이해」 (서울: 국립통일교육원, 2025), p. 116.

핵탄두를 탑재할 수 있는 운반체인 탄도미사일 개발을 지속하고 있는 정황으로 볼 때 국제사회는 북한이 언제든지 7차 핵실험을 실시할 가능성이 있다고 우려하고 있다. 2022년 1월 19일 당중앙위원회 제8기 제6차 정치국 회의에서 김정은이 신뢰구축 조치들을 전면 재고하고 잠정 중지하였던 모든 활동들을 재가동하는 문제를 신속히 검토하라고 지시한 이후 연이어 ICBM 시험발사를 진행하여 모라토리엄이 사실상 붕괴되었다. 2022년 4월 25일 조선인민혁명군 창설 90주년 열병식에서 김정은은 핵무력을 최대의 급속한 속도로 강화 발전시킬 것을 강조하였다. 9월에는 최고인민회의를 개최하여 핵무력 정책을 법제화하고 시정연설을 통해 핵·미사일 능력 고도화 지속 의지를 표출하였다. 그리고 2023년 9월 최고인민회의 제14기 제9차 회의에서 헌법을 개정하여 핵무력 정책을 명기하였다. 이는 핵무력의 고도화와 핵무장의 불가역성을 기정사실화하고, 국제사회의 비핵화 노력에 대한 단호한 거부의사를 분명히 한 것으로 평가할 수 있다.

북한은 핵재처리를 통해 플루토늄 70여 kg, 우라늄농축프로그램을 통해 고농축 우라늄(HEU) 상당량을 보유하고 있으며, 이러한 플루토늄과 고농축 우라늄 등을 고려했을 때 스톡홀름 국제평화연구소(SIPRI)는 북한이 약 30~40기의 핵무기를 보유하고 있을 것으로 추정하고 있다. 또 미국 정보기관인 국가정보국(DNI)은 최대 50기 이상 핵무기를 보유하고 있을 것으로 추정하고 있으며 랜드(RAND) 연구소는 북한이 2027년까지 최대 200기에 이르는 핵무기를 보유할 것으로 예상하고 있다.[76] 또 미국 국방부 육군부의 '북한전술보고서'에 따르면 북한의 핵무기는 20~60개이며, 매년 6개를 새로 생산할 수 있는 것으로 추정된다.[77]

〈세계 핵무기 보유량 현황: 2024년 기준〉

( ) : 2023년 1월 대비 변화

러시아	미국	중국	프랑스	영국	인도	파키스탄	이스라엘	북한
4,380 (−109)	3,708 (0)	500 (+90)	290 (0)	225 (0)	172 (+8)	170 (0)	90 (0)	50 (+20)

※ 출처: 김영은, "국가별 핵탄두 보유 수," 『연합뉴스』, 2025년 6월 17일에서 발췌 정리.

이러한 사실들을 고려하면 북한은 현재에도 상당한 양의 핵무기를 보유하고 있다는 것을 알 수 있다. 북한의 핵무기가 더욱 위협적인 것은 핵탄두의 소형화, 경량화를 지속적으로 추진하고 있고, 그 기술도 상당한 수준에 이른 것으로 알려졌기 때문이다. 특히 잠수함발사탄도미사일(SLBM)은 그 은밀성 때문에 치명적인 위협으로 작용할 가능성이 높다.

북한의 핵무기 보유는 한국과 동북아, 나아가 세계 안보에 중대한 위협을 가하고 있다. 우선, 북한의 전술핵과 장거리 미사일 능력은 서울 및 수도권을 상시적인 위협 하에 두며, 한국의 군사적 대응을 제약하는 '핵 인질화' 상황을 초래하고 있다. 이러한 위협은 한국 내 자위적 핵무장론과 확장억제에 대한 신뢰성 논쟁을 촉발시킨다. 동북아 지역에서는 북한의 핵무장이 한·미·일 3국과 중국, 러시아 간의 군사적 긴장을 심화시키고, 지역 내 군비경쟁과 핵 확산 가능성을 증대시킨다. 특히 일본과 한국 등 비핵국 내에서도 핵무장론이 대두되면서, 동북아는 불안정한 핵질서의 중심지로 부상하고 있다. 더 나아가 북한은 핵확산금지조약(NPT)을 탈퇴하고 핵을 개발한 유일한 국가로서, 국제 비확산 체제의 권위를 훼손하고 있으며, 핵기술의 제3국 이전 가능성은 테러리즘과 연결되어 세계 안보에도 중대한 도전을 제기하고 있다. 이러한 점에서 북한의 핵무기는 단순한 지역적 문제가 아닌 글로벌 차원의 안보위기로 간주된다.

2.2. 미사일

북한은 장거리 타격 및 핵무기 등의 투발능력 확보를 위하여 1970년대부터 탄도미사일 개발을 시작하였다. 1980년대 중반 사거리 300km의 스커드-B와 사거리 500km의 스커드-C를 배치하였으며, 1990년대 후반에는 사거리 1,300km인 노동미사일, 그 후에는 스커드 미사일의 사거리를 연장한 스커드-ER 미사일을 배치하였다. 2007년에는 사거리 3,000km 이상의 중거리 탄도미사일 '무수단'(북한명: 화성-10형) 미사일을 시험발사 없이 배치한 것으로 알려졌다. 2000년대 중반부터는 고체연료를 사용하는 탄도미사일 개발도 추진하고 있다.

북한은 각종 기념일 열병식 등을 통해 지속적으로 장거리 탄도미사일을 공개하여 왔다. 1998년부터는 인공위성 발사 등의 명분을 내세우며 장거리 로켓 및 탄도미사일 시험발사를 단행하기 시작하였다. 특히 2017년에는 중·장거리 탄도미사일로 평가되는 화성-12형, 화성-14형, 화성-15형 등을 시험 발사하였는데, 태평양에 있는 미국 영토와 미국 본토를 위협할 수 있는 능력을 과시한 것으로 평가된다. 2019년에는 중거리급 탄도미사일인 신형 SLBM '북극성-3형', 신형 방사포 등을 시험 발사하였으며, 2020년에는 초대형 방사포와 다종의 단거리 발사체를 시험 발사하였다.

2021년에도 순항 및 탄도미사일을 수차례 발사한 데 이어 9월 28일 '화성-8형'을, 10월 19일 신형 SLBM을 발사하였다. 2022년 들어서도 북한은 '화성-17형'(ICBM), 극초음속미사일, 초대형 방사포 등 다종의 탄도미사일을 30여 차례에 걸쳐 발사하였다. 또한 북한은 2023년 2월 건군절 열병식에서 고체연료형 ICBM 화성-18형을 최초로 공개했으며, 4월과 7월, 12월 세 차례 발사했다. 기존 액체연료 ICBM인 화성-14, 15, 17형에 비해 고체연료 ICBM은 사전 연료 주입 없이 기습적인 발사가 가능해 매우 위협적인 무기로 평가되고 있다.

북한의 미사일 개발과 고도화는 한국과 동북아, 그리고 세계 안보에 심각한 위협을 가하고 있다. 우선, 북한은 단거리부터 대륙간탄도미사일(ICBM)까지 다양한 사거리의 미사일을 개발·배치함으로써, 한국을 포함한 인접국을 언제든지 타격할 수 있는 능력을 갖추었다. 특히 정밀유도기술과 극초음속, 고체연료 기반 미사일의 발전은 탐지와 요격을 어렵게 만들어 한국의 미사일 방어체계를 무력화시킬 수 있다. 이는 한반도에서의 군사적 우위를 북한에 유리하게 전환시킬 수 있는 위험요인이며, 한국 사회에 상시적 불안감을 조성한다. 동북아 차원에서는 북한의 미사일이 일본, 괌, 나아가 미 본토까지 도달할 수 있다는 점에서 미국의 확장억제 전략에 대한 도전을 의미하며, 이는 미·중 전략경쟁 속에서 동맹국 방어와 자위권 강화 논리를 자극한다. 나아가 북한의 미사일 기술은 국제 제재에도 불구하고 지속적으로 진화하고 있다. 더구나 그 기술이 이란이나 시리아 등 제3국에 확산될 경우 글로벌 비확산체제에 심각한 균열을 초래할 수 있다. 결국 북한의 미사일은 지역 방어를 넘어서, 동북아의 안보 불안정성과 군비 경쟁을 부추기고, 국제사회 전반의 안정성과 질서를 위협하는 핵심 변수로 작용하고 있다.

2.3. 화학무기

화학무기는 비교적 저렴하게 대량 생산할 수 있으며, 빠르게 전방위적인 피해를 일으킬 수 있는 무기이기 때문에 매우 큰 위협이 된다. 국방부에 따르면 북한은 1980년대부터 화학무기를 생산하기 시작하여 약 2,400~5,000톤의 화학무기를 저장하고 있는 것으로 추정된다.[78) 화학무기금지협약(CWC: Chemical Weapons Convention)은 화학무기의 개발, 생산, 비축, 사용, 이전을 전면 금지하고 있지만, 북한은 화학무기금지협약에 가입하지 않고 있다. 북한이 화학무기금지협약에 가입하지 않은 주요 이유는 협약이 요구하는 강도 높은 검증 및 사찰 체계 때문이다. 협약에 가입할 경우, 북한은 화학무기 보유 현황을 투명하게 공개하고, 국제사회의 현장 사찰을 수용해야 하기 때문이다.

2017년 북한 정권이 김정은의 이복 형인 김정남을 VX 신경가스로 독살한 사실이 밝혀지면서, 북한 정권은 언제든 화학무기를 사용할 수 있다는 우려를 증폭시켰다.

북한이 보유한 화학무기 외에, 연간 최대 12,000톤의 생산 능력을 가진 것으로 알려져 있다. 이는 북한 전역에 흩어져 있는 지하시설 및 군사기지에 분산 보관되어 있다. 미국의 싱크탱크 핵위협방지구상(NTI)에 따르면 북한의 화학무기시설은 28곳이다. 화학무기 배치 부대는 4곳, 화학무기 생산 및 보관시설은 11곳, 연구개발시설은 13곳이다. 현재 북한이 보유한 화학무기는 러시아와 미국에 이어 세계 3위 수준이다. 북한의 화학무기 개발과 생산은 제2경제위원회 산하 제5기계공업국에서 담당한다. 이들이 감독하는 제13함흥비날론연합기업소, 제14순천비날론연합기업소, 제15석암리화학연합기업소, 제27원산화학연합기업소, 제36사리원카리비료연합기업소 등이 화학무기 생산공장이다.

북한군 총참모부 예하에서 화생방무기를 전담하는 '핵·화학방위국'이 생산된 화학무기를 보관하고 각 부대에 배치하는 역할을 담당한다. 이들 부대는 북한군 육군 전체에 배속돼 있고, 각 사단에는 중대급, 연대에는 소대급 화학대가 배치돼 있다고 한다. '핵·화학방위국'의 제32국이 화학무기 개발과 실전화, 전술교리 개발, 훈련, 배치 등을 담당하며 55호 연구소와 398호 연구소는 무기용 화학물질 연구개발을 맡았다.

북한의 화학무기 생산시설로 대표적인 곳이 강계와 삭주다. 제5기계공업국은 이곳에서 제3기계공업국이 제조한 포탄을 받아와 그 속에 화학무기를 집어넣는 작업을 한다. 또한 '279번공장'이라는 곳에서는 화생방 공격 방호복과 방독면 등 화학무기 공격에 대응하는 장비를 만든다. 이렇게 만들어진 화학무기 관련 장비는 최종적으로 평양 용성구역 마람동에 있는 마람물류회사와 강원도 판교군 지하리에 있는 지하리 화학회사로 저장되고 있다.

북한이 보유한 화학무기는 신경작용제, 질식작용제, 수포작용제, 혈액작용제, 무능화작용제 등으로 알려져 있다.

첫째, 신경작용제는 GA, GB(사린), GD, VX 등이 있으며 무색, 무취의 액체로 기화되기 쉬운 특성을 보인다. 사린은 근육 마비, 호흡곤란 등을 유발하며 북한이 전방 배치 및 포탄/미사일용으로 실전배치했을 가능성이 높다. VX는 피부접촉만으로도 치명적인 결과를 초래할 수 있으며, 구토, 마비 등의 현상을 일으킨다. 2017년 말레이시아 쿠알라룸푸르에서 김정남을 암살하는데 사용한 가스로 북한이 실전 배치를 했을 가능성이 높다.

둘째, 질식작용제는 염소가스, 포스겐 등이 있다. 염소가스는 제1차 세계대전 당시 사용되었으며, 질식, 폐부종, 기도 손상 등을 일으킨다. 제조가 용이하여 민간 및 군 모두에 사용 가능하다. 포스겐은 무색의 기체로 냄새가 적어 노출되기 쉽고, 폐출혈, 폐부종 등을 일으켜 사망에 이르게 한다.

셋째, 수포작용제는 겨자화합물, 루이사이트, 포스겐 옥심 등이 있는데 겨자화합물은 심한 피부 통증과 발적을 유발하며, 노출 후 수

시간 뒤 물집이 형성된다. 루이사이트는 피부 노출 후 1분 정도 내에 통증을 유발하며, 재채기, 쌕쌕거림 등의 증상이 나타난다. 포스겐 옥심은 피부에 접촉 시 15~20초 내에 강렬하게 쏘는 듯한 통증과 백화를 유발하며, 노출 후 30분 내에 수포가 형성된다.

넷째, 혈액작용제는 AC, CK 등의 시안화화합물 등이다. 혈액작용제는 적혈구와 신체 조직 간에 일어나는 산소 교환을 억제하는 것으로, 매우 빠르게 작용하는 특징이 있다.

마지막으로 무능화작용제는 BZ 작용제가 있으며, 살상을 목적으로 하기보다는 목표물이 정상적인 활동을 하지 못하도록 만드는 것이다. 일시적으로 육체적 또는 생리적 효과를 일으키며 일반적으로 짧은 시간 경과 후 사라진다.

북한은 화학무기를 대한민국의 군사력을 교란하고, 전장의 효과적인 통제 및 빠른 승리를 위한 수단으로 활용할 수 있다. 화학무기는 대규모 전투에서 군사적 우위를 점하는 데 유리하며, 전방위적인 피해를 입힐 수 있다는 점에서 치명적인 위협으로 작용한다. 북한이 보유한 화학무기 가운데 절반 정도인 1,000톤의 화학무기만으로도 한반도 지역에서 4,000만 명을 살상할 수 있다고 평가되고 있다.[79]

2.4. 생물학무기

생물학무기는 사람 또는 동식물에게 질병을 일으켜 살상케 하거나 물질을 변질시키기 위해 군사작전에 사용하는 미생물 및 독소이다.[80] 생물학전은 화학 및 핵전, 재래전과는 달리 은밀하게 유포하여 많은 인명 손실을 일으킬 수 있다. 환자가 발생한 이후 최초의 공격 징후를 파악할 가능성이 높고, 자연발생적인 풍토병, 독소 등과 혼합 감염 및 중독으로 진단이 어렵거나 지연될 가능성도 높다. 생물학무기는 종류와 특징에 따라 넓은 지역에서 피해가 발생할 수 있으며, 자연환경에 민감하고 영향을 많이 받는 특징이 있다.[81]

생물학무기는 잠복기를 거치고 나서 피해가 발생하기 때문에 환자가 발생한 이후에야 그것이 생물학무기에 의한 것임을 인지할 수 있다. 조기 인지를 위한 감시와 탐지, 식별, 조기진단, 초기 대응이 무엇보다 중요하다. 아울러 생물학무기는 공격지역에 피해가 국한되지 않고, 계속해서 전염되어 제2차, 3차 감염자를 발생시킬 수 있기 때문에 피해범위가 매우 커질 수 있어 조기에 대응하지 못하면 피해가 급속도로 확산될 수 있다. 또 넓은 오염 예상 지역의 인원들에 대해 예방과 치료를 해야 하기 때문에 광범위한 보건의료체계의 가동이 필요하고 많은 자원이 요구되는 특성이 있다.

북한이 보유한 생물학무기는 탄저균, 천연두, 페스트, 콜레라, 장티푸스, 발진티푸스, 이질, 유행성출혈열, 황우독소, 브루셀라, 야토균, 보톨리늄독소, 황열병 등 13종이다.[82] 세균 8종, 바이러스 3종, 독소 2종 등이다.

서방 정보기관들은 2005년 북한이 홍콩과 동남아 지역에서 조류독감(H5N1)과 신종플루(H1N1) 바이러스를 입수해 무기화 작업을 진행중이라는 첩보를 입수한 것으로 알려졌다.

미국 스팀슨센터의 북한전문매체 '38노스'는 과거 함경북도 회령 소재 '제22호 수용소'에서 보안요원으로 일했던 탈북자의 증언을 기초로 북한이 정치범을 대상으로 생화학무기 생체실험을 한다는 보고서를 공개한 바 있다.[83]

생물학무기는 '가난한 자의 핵무기'로 지칭되는 매우 위험한 무기이며, 적은 비용으로 막대한 인명 살상을 초래할 수 있다. 북한은 정주, 문천 등 총 17개소에서 생물무기 연구 및 배양, 생산시설을 가동하고 있으며, 탄저균, 천연두, 페스트, 콜레라, 보툴리눔 등 5종은 무기화한 것으로 추정된다.[84]

북한은 생물학무기를 에어로졸을 형성한 흡입감염 형태로 운용할 것으로 보이며, 전방지역에는 독소를, 후방지역에는 잠복기를 고려해 미생물 위주로 운용할 가능성이 클 것으로 예상된다.

탄저균은 전염성이 없기 때문에 오염지역에 있던 인원들 외에는

제6장

감염이 확산되지 않는다. 그러나 흡입형 탄저병의 치사율이 90%에 이르기 때문에 매우 위험한 작용제로 평가된다.

천연두(두창)는 1~5개의 바이러스 입자만으로 노출된 인원의 50%를 감염시킬 수 있다. 1차 에어로졸로 오염되면 해당지역에 거주하는 많은 사람이 감염될 수 있으며, 외부환경에서 며칠 정도 생존할 수 있을 정도로 생존성도 높다. 따라서 침강된 에어로졸을 건드려서 생성된 2차 에어로졸에 의한 추가 감염도 가능하다. 무엇보다 전염성이 매우 높고, 증상이 나타나기 전까지는 공격사실을 인지하지 못한다는 위험성이 있다. 현재까지 효과적인 치료법이 없어 일반적인 치료 외에는 해결방법이 없다.

페스트(흑사병)는 14세기 유럽에서 발생해 유럽 전체 인구의 30~40%를 몰살시킨 병원균으로 쥐를 통해 전염된다. 치료받지 않을 경우 치사율이 90%에 이르지만, 항생제로 치료를 받을 경우 치사율을 감소시킬 수 있다.

독소는 여러 유형의 생유기체들로부터 만들어지는 독성 생화학물질을 말한다. 유전공학 등 바이오 기술의 발달과 동물과 식물, 병원균에서 인공적으로 추출해낸 유독성 생화학물질이다. 광범위한 지역을 오염시킬 수 있기 때문에 군사적 용도로 사용이 가능하며, 특수작전부대가 테러나 비밀작전용 무기로 사용할 수 있다.

북한의 생물학무기 투발수단은 항공기, 헬기, 야포 및 방사포, 미사일, 특수부대, 기구와 곤충 매개물 등 다양할 것으로 예상된다. 박재완과 최기웅은 북한의 생물학 공격 예상 시나리오로 2가지를 제시한다. 첫째는 잠복기를 고려하여 후방지역을 공격함으로써 전쟁지속능력을 약화시키는 것이다.[85] 북한은 전쟁개시 전에 탄저균과 천연두 바이러스 등의 생물학무기를 후방지역에 살포하여 후방지역의 혼란을 초래함으로써 대한민국의 전쟁지속능력을 현격하게 약화시킬 것이다. 이러한 생물학무기 공격은 의료지원체계의 약화뿐만 아니라 후방 교란, 민심 혼란, 등 심리적 공포를 조성할 수도 있다. 특히 생물학무기 살포는 다양한 투발수단에 의해 가능한데 전단탄 속의 전단지에 세균을 묻혀 운용할 수도 있어 심각한 피해를 유발할 수 있다. 2024년 북한은 10여 회에 걸쳐 오물풍선을 살포했는데, 무려 3천여 곳에서 발견되었다. 북한이 살포한 풍선 내용물에는 생활 쓰레기, 인분, 폐기물 등이 들어있었는데, 그 중에는 회충, 편충, 분선충 등 기생충이 발견되기도 했다. 이러한 사례는 북한이 전쟁을 획책하기 위해 오물풍선 등을 이용해 생물학무기 공격을 얼마든지 감행할 수 있음을 보여주는 것이다.

둘째는 접적지역에 은밀하게 독소를 운용하는 것이다. 독소는 액체 화학작용제와 유사하지만 소량으로 은밀하게 운용하여 치명적인 효과를 나타낼 수 있고, 증거인멸이 용이하기 때문이다. 우리 군의 입장에서는 제독이나 독소 중화에 대한 대책이 없기 때문에 속수무책으로 당할 가능성이 높다. 최근 무인기나 드론을 이용해 독소를 에어로졸 형태로 살포할 경우 접적지역이라고 해도 북한의 피해는 최소화하면서 우리 군 장병들에게 큰 피해를 입힐 수 있다.

결론적으로 북한의 대량살상무기는 단순히 군사적 무기 시스템을 넘어서, 전략적 목적과 외교적 협상에서 중요한 역할을 하는 핵심 요소이다. 북한의 핵무기, 미사일, 화학무기, 생물학무기는 각기 다른 특성과 전략적 유용성을 가지고 있으며, 이를 통해 국제사회와의 협상에서 유리한 위치를 차지하려고 할 것이다. 또한 비대칭 전력을 강화하는 한편, 대량살상무기를 핵심적인 전략자원으로 삼아 군사적, 정치적 우위를 점하려고 할 것이다.

제3절 북한의 비대칭 전력

대량살상무기 외에도 북한은 대규모의 비대칭 전력을 유지하고 있다. 바로 특수작전군, 사이버전력, 무인기전력 등이 그것이다.

3.1. 특수작전군

북한은 특수전부대의 위상을 강화하기 위해 '특수작전군'을 별도의 군종으로 분류하였다. 특수전 부대는 11군단과 특수작전대대, 전방군단의 경보병 사·여단 및 저격여단, 해군과 공군 소속 저격여단, 전방사단의 경보병연대 등 각군 및 제대별로 다양하게 편성되어 있다. 전체 병력은 20만여 명에 달하는 것으로 평가된다.86)

특수전 부대는 전시 땅굴을 이용하거나 잠수함, 공기부양정, 고속상륙정, AN-2기, 헬기 등 다양한 침투수단을 이용하여 전·후방지역에 침투하여 주요 부대, 시설 타격, 요인 암살, 후방 교란 등 배합작전을 수행할 것으로 판단된다. 특수전 부대는 또 공중 및 해상, 지상 침투훈련과 대한민국의 주요 전략시설 무형을 구축하여 타격훈련을 실시하고, 무장장비를 현대화하는 등 지속적으로 전력을 보강하고 있다.

〈북한 특수작전군 활동〉

특수작전군 기(旗) | 열병식 | 도서 점령훈련 | 아군 전략시설 타격훈련

※ 출처: 국방부, 「2022 국방백서」 (서울: 국방부, 2023), p. 27에서 발췌 정리.

2024년 10월부터 러시아에 파병된 것으로 알려진 북한 특수작전군의 활동에 주목할 필요가 있다. 2024년 10월 초 1,500명의 특수부대가 최초로 파병되었고, 2025년 4월에는 약 1만 명 규모까지 확대된 것으로 확인되었다. 파병된 북한 특수작전군은 쿠르스크 전선 지원, 특수작전 수행 등을 수행하고 있는 것으로 알려졌다.

북한 특수작전군의 역할은 전장에서의 직접 전투지원과 동시에 정치·전략적 목적을 가진 다층적인 성격을 띠고 있다. 전술적으로는 이들이 정찰, 침투, 타격 등의 비정규전에 능한 엘리트 부대로서, 우크라이나 전선에서 러시아군의 부족한 병력과 전투역량을 보완하는 데 활용되고 있다. 특히 도시지역이나 참호전 상황에서 북한 특수부대가 수행할 수 있는 근접전, 야간 작전, 후방 타격 능력은 러시아의 전술적 이점을 강화하는 데 크게 기여하고 있는 것으로 알려져 있다. 동시에 이들의 파병은 북한과 러시아 간의 불법적 군사협력을 과시하며, 양국 모두 미국과 서방에 대한 대항전선을 확대하려는 전략적 의도가 반영된 것이다. 북한은 이를 통해 무기 공급뿐만 아니라 실전경험을 축적하고, 자국의 군사적 영향력을 국제적으로 확대하려는 목표도 함께 추구하고 있다. 결국 북한 특수작전군의 러시아 파병은 전투지원을 넘어, 북·러 동맹 강화, 군사기술 교류, 그리고 국제질서 재편 속 자국의 위상 제고라는 복합적 함의를 지닌 전략적 행보로 해석된다.

북한의 특수작전군은 세계에서 유례를 찾아보기 힘들 만큼 그 규모가 압도적이다 특히 육·해·공군 자체에 특수작전부대가 편성되어 있고, 육군의 경우 전방사단에 경보병연대가 편성되어 있는 등 어떤 상황에서도 특수작전이 가능하도록 구성되어 있다는 것이 우리 군에 큰 위협으로 작용할 수 있다. 무엇보다 아직까지 발견되지 않은 비무장지대 일대의 땅굴을 이용하여 우리 군의 후방지역으로 침투할 경우 큰 혼란이 우려된다. 이럴 경우 우리 군은 전방에서 공격해 오는 북한군뿐만 아니라 후방지역에서 침투한 북한군 특수부대와도 상대하여야 하기 때문에 온전히 전투력을 집중할 수 없는 문제가 발생할 수 있다. 따라서 이러한 특수작전부대에 대응할 수 있도록 대침투능력과 민관군 통합방위작전 능력을 강화해 나가야 한다.

3.2. 사이버 전력(세부적인 북한의 사이버전 위협은 제8장 참고)

사이버전력은 현대 전장에서 중요한 비대칭 전력으로 떠오르고 있다. 사이버 공격은 물리적인 전투 없이도 국가의 핵심 인프라를 교란시키거나, 상대방의 정치적, 경제적 시스템에 심각한 피해를 줄 수 있다. 2022년 6월 북대서양조약기구(NATO)는 정상회의를 통해 2022년 신전략개념(New Strategic Concept)을 채택하고, 사이버 위협을 향후 북대서양조약기구가 대응해야 할 주요 안보위협으로 상정하였다. 같은 해 11월, 아세안확대국방장관회의(ADMM-Plus: ASEAN Defense Ministers Meeting Plus) 내 사이버안보 분과회의에서 회원국들은 해킹 등 사이버 위협에 대해 공동으로 대응하는 사이버 국제 원격 훈련을 최초로 실시하였다. 그 밖에도 국제사회는 사이버공간총회, 유엔 정부 전문가그룹(GGE: Group of Governmental Experts), 서울안보대화(SDD) 사이버워킹그룹을 통해 사이버 안보위협에 대한 협력을 지속하고 있다. 이처럼 사이버 위협은 대한민국만의 문제가 아니며 전 세계적 이슈가 되고 있는데, 문제는 북한의 사이버전력이 세계 최고 수준이라는 사실이다. 이러한 사실은 대한민국에 매우 큰 비대칭위협이 되고 있다.

북한은 사이버전력 개발을 국가의 주요 전략으로 삼고 있으며, 이를 활용한 국제적인 사이버 공격 사례도 다수 존재한다. 사이버전력은 그 자체로 경제적, 군사적, 심리적 위협을 가하는 강력한 무기이다. 북한의 사이버전력은 단순히 해킹을 넘어서 전방위적인 정보전과 교란 활동으로 확장되었다. 1980년대 중반 이후 북한은 핵·미사일 개발과 함께 사이버 전력도 꾸준히 증강해 왔다. 1986년 '지휘자동화대학'(현 김일정치군사대학, 일명 미림대학)을 설립하면서 사이버 인력 양성을 본격화하고 데이터 해킹 등의 기술을 교육해 온 것으로 알려져 있다. 북한의 사이버전 인력들은 국가 차원에서 양성되는데 금성학원, 금성제1중학교 등 특수 고등학교를 거쳐 김일성종합대학, 김책공업대학, 이과대학, 김일군사대학에 입학하여 훈련을 받고, 졸업 즉시 사이버 전력으로 투입되어 경찰총국 산하 해킹조직이나 당·군 기관, 연구소 등에 배치된다.[87]

김정은은 사이버전을 "핵미사일과 함께 우리 인민군대의 무자비한 타격 능력을 담보하는 만능의 보검"이라며 3대 전쟁 수단으로 간주하였다. 사이버 공격의 낮은 진입 비용, 책임 규명의 어려움, 효과적인 억제력 부족 등의 특성을 활용하여 사이버 전력을 핵과 미사일 능력과 함께 대표적인 비대칭 전력으로 집중 육성하고 있다.88) 국제사회로부터 고립되어 정상적인 외교 수단을 통해 국가목표를 추구하기 어려운 북한이 비대칭 전력인 사이버 전력을 통해 다양한 전략적 목표를 달성하려 하는 것이다

북한은 양성된 6,800여 명의 사이버전 인력을 이용하여 2000년대 초부터 남한의 행정 및 군사기관, 방산업체, 금융시스템 등을 대상으로 기밀을 유출·탈취하거나 기간 전산망 마비 등 사이버 공격을 지속해 오고 있다.89) 최근에는 국제 결제시스템 및 암호화폐거래소에 대한 해킹 및 랜섬웨어 공격 등을 통해 불법적으로 디지털 자금을 탈취하고 있다. 북한의 사이버 공격 능력은 2009년 2월 해외·대남 공작기관 정찰총국의 등장으로 크게 발전하였다. 정찰총국은 대남 무력도발과 간첩 남파 그리고 해외 공작 등을 총괄하기 위해 인민무력부 산하 정찰국과 대남간첩 침투 등을 관리하는 조선노동당 산하 작전부, 그리고 해외정보 수집을 담당하는 35호실 등을 통합해 만들었다. 해킹, 사이버 공격, 사이버상의 간첩 활동 등 북한의 주요 사이버 공격은 정찰총국이 담당해 왔는데, 특히 정찰총국 121국(공식 명칭은 기술정찰국) 산하에는 라자루스(Lazarus), 킴수키(Kimsuky) 등의 해킹 그룹이 있어 해외에서도 활동하고 있는 것으로 알려져 있다.90)

2009년 국가 기간망 무력화와 정보 탈취를 목표로 시작된 북한의 사이버 공격은 2016년을 기점으로 대북제재 회피를 위한 외화벌이 수단으로 진화하고 있다. 초기에는 디도스(DDos) 공격과 같이 전산망 교란을 목표로 했으나 점차 금융망을 해킹하여 현금을 절취하는 방식으로 진화하여, 사이버 공격을 미국과 유엔 등 국제사회의 대북제재를 우회해 외화를 벌어들이는 수단으로 악용하고 있는 것이다.

북한의 사이버 전력 강화는 기술과 규모의 양 차원에서 세계적 수

준의 위협이 되고 있다. 전 세계를 대상으로 하는 북한의 사이버 공격은 각국 정부기관, 국가 인프라, IT 기업, 국방·항공우주 산업, 공급망, 가상자산과 같은 디지털 금융시스템과 미디어를 포함하고 있으며, 대상 국가도 한국, 미국, 일본은 물론이고 베트남, 중동, 남미, 아프리카에 이르기까지 전 세계적으로 광범위하게 이루어지고 있다. 무엇보다 우려되는 점은 탈취한 가상자산을 핵·미사일 개발 자금으로 활용하여 우리에게 심각한 안보 위협을 초래한다는 점이다. 2024년 3월 공개된 UN 안전보장이사회 산하 대북제재위원회 전문가패널 보고서는 북한이 해킹과 사이버 공격을 통해 외화 수입의 50%를 벌어들이고 있으며, 이 자금으로 핵무기 등 대량살상무기 개발 재원의 40%를 충당했다고 평가했다. 보고서는 2023년 북한이 해킹 등으로 탈취한 가상자산 규모가 약 7억5천만 달러(17건, 약1조29억원)에 달한다고 밝히고, 북한의 불법 사이버 해킹 단체인 스카크루프트(ScarCruft), 킴수키, 안다리엘(Andariel), 라자루스 그룹, 블루노로프(BlueNoroff)를 제재 대상으로 지정해 줄 것을 권고했다.[91] 북한이 탈취한 대규모의 가상화폐가 북한의 대량살상무기 및 핵 개발에 사용되고 있다는 사실은 그동안 북한에 대한 국제사회의 강도 높은 제재가 왜 북한의 핵·미사일 도발 저지에 실패하고 있는지를 설명해 주고 있다.

사이버 공격은 단순한 물리적 피해를 넘어서 심리적으로 큰 영향을 미친다. 정보시스템을 교란시키고 중요한 데이터를 유출하는 것은 국민의 불안을 가중시키기 때문에 북한은 이를 이용하여 자신들의 군사적 목적을 달성하려고 할 것이다.

3.3. 무인기 전력

무인기(드론)은 값싼 비용으로 고효율적인 타격을 가능하게 만드는 무기 시스템으로, 특히 북한처럼 상대적으로 자원 제약이 있는 국가에게 중요한 군사적 자원으로 작용한다. 무인기의 활용은 빠르게 확산되었으며, 북한도 다양한 군사적 목적을 위해 무인기를 사용하고 있다. 북한은 무인기 기술을 적극적으로 개발하고 있으며, 이를 통해 현대전에서 빠르고 효율적인 작전을 가능하게 하고 있다. 북한은 주로 정찰용 무인기와 폭격용 무인기를 사용하고 있으며, 이들 무인기는 북한의 전략적 목표를 달성하는 데 중요한 역할을 한다.

먼저, 정찰용 무인기이다. 북한은 정찰용 무인기를 통해 남한의 군사 시설 및 중요한 정부 시설을 감시할 수 있는데, 문제는 이러한 무인기에 대응할 수 있는 수단이 마땅치 않다는 것이다. 북한의 정찰용 무인기는 중국으로부터 기술을 전수받은 저품질의 값싼 것이다. 그러나 이에 대응하기 위해 우리 군은, 수십억 원에 달하는 전투기와 고가의 미사일을 사용해야 하기 때문에 큰 부담이 될 수 있다.

실제로 2014년 파주, 백령도 및 삼척 등지에서 북한 무인기가 추락한 이후 2017년 경북 성주에 배치된 사드 기지를 촬영하고 북한으로 회항하던 중 강원도 인제에서 추락한 북한 무인기가 발견된 바 있다.

〈북한 무인기 침투 현황〉

시기	침투 지역
2014년 3~4월	• 경기 파주, 강원 삼척, 백령도 등에서 북한 무인기 잔해 발견
2015년 8월	• 강원 화천 MDL 남쪽 상공 북한 무인기 침범 후 북측 복귀
2016년 1월	• 경기 파주 문산지역 침범 후 군의 경고방송·경고사격으로 북측 복귀
2017년 6월	• 강원 인제 야산에서 추락한 무인기 발견, 성주 사드기지 촬영 확인
2022년 12월 26일	• 경기 김포, 파주, 강화도 일대 및 서울 상공 진입 등 북한 무인기 추정 항적 포착 • 2014년 발견 무인기와 유사

※ 출처: 이재윤, “북한 무인기 침투 현황,” 『연합뉴스』(2022.12.26.).

둘째, 폭격용 무인기이다. 북한은 폭발물을 장착한 공격용 무인기를 개발하여, 대한민국의 주요 군사적 목표를 타격하는 데 사용할 가능성이 높다. 무인기는 대한민국의 방공망을 뚫고, 저고도에서 타격을 수행할 수 있어 북한이 적극적으로 사용할 가능성이 매우 높은 무기라고 할 수 있다.

북한의 무인기 전력은 자세하게 파악되지 않았으나 300~400대에서 많게는 1천 대까지 개발해 운용하고 있는 것으로 추정된다.[92] 북한은 대한민국에 비해 열세인 공군 전력을 상쇄하기 위해 무인기 개발에 집중하면서 1990년대 초반부터 '방현'시리즈의 무인기를 개발해 생산했다. 방현시리즈는 중국의 'D-4'를 개조한 것으로 '방현-Ⅰ'과 '방현-Ⅱ'가 있으며, 정찰과 공격임무를 함께 수행할 수 있는 다목적 무인기 '두루미'도 개발하여 운용하고 있다.

북한의 무인기 전력은 주로 대남 정보 파악과 감시, 정찰을 목적으로 하는 것으로 평가되지만, 군사적 도발이나 테러 등의 가능성도 배제하기 어렵다. 무인기에 화학무기 또는 생물학무기를 실어 테러를 감행하거나 국지도발에 악용할 가능성이 높다. 우리 군이 과거 2014년 남한에서 발견된 북한 무인기 3대를 복원해 비행시험을 한 결과, 3~4kg 무게의 폭탄도 장착할 수 없고 400~900g 정도의 수류탄 1개를 겨우 달 수 있는 수준이었다. 그러나 북한이 무인기 성능을 빠르게 개선해 탑재 중량을 늘릴 경우 파괴력이 큰 폭탄과 독성이 강한 생화학 물질을 실어 대한민국 쪽으로 날려 보낼 가능성이 매우 높은 것이 사실이다. 실제로 북한은 2017년 6월 경북 성주 주한미군 사드(THAAD)기지까지 무인기를 보내 기지 시설을 촬영하면서 향상된 비행 성능을 보인 바 있다. 무인기가 발견된 인제 인근 군사분계선(MDL)에서 성주까지는 270여 km 거리로, 무인기의 비행시간은 5시간 30여 분, 비행거리는 490여 km로 분석되었다. 2014년 백령도 인근에 추락한 무인기의 추정 항속거리 180~300km와 비교하면 크게 발전한 것이다.

북한은 시리아 등 중동 국가들로부터 미국산 고속표적기인 'MQM-107D'(스트리커) 여러 대를 도입해 이를 토대로 무인공격기를 개발했다. 목표물을 직접 타격하는 자폭형 무인기도 개발해 운용하고 있다.[93] 2023년 7월 27일 정전협정 70주년 열병식에서 북한은 전략무인정찰기 '샛별-4형'과 다목적공격형무인기 '샛별-9형' 등 신형 공군 무기와 핵무인수중공격정 '해일'을 공개하였다.[94] 이러한 사실에서 북한의 무인기 기술이 상당한 수준으로 발전한 것을 알 수 있으며, 이는 대한민국에 더욱 큰 위협이 되고 있다.

무인기는 일반 항공기보다 속도가 느리고 비행 고도가 낮아서 비행기라고 특정하기가 쉽지 않고, 기체에서 내는 열이 적어 열상 감시가 어렵다. 또한 전파 반사 단면적이 작아 레이더에 원활하게 포착되지도 않는다. 특히 북한의 경우처럼 무인기의 동체를 하늘색으로 칠하면 지상에서 육안으로 식별하기가 더욱 어렵다.

무인기는 상대적으로 적은 자원으로 강력한 군사적 압박을 가할 수 있는 중요한 무기체계라고 할 수 있다. 무인기는 고가의 항공기나 미사일을 대체할 수 있는 효율적인 수단으로, 북한은 무인기를 통해 공격의 범위를 확장하고, 더 적은 자원으로 대한민국에 큰 피해를 줄 수 있다.

제4절 북한의 하이브리드전과 인지전

핵과 미사일, 화생무기 등 대량살상무기는 중대한 비대칭 위협이지만, 북한이 구사하는 하이브리드전, 인지전 등 역시 중대한 비대칭 위협이 될 수 있다. 이들의 공통적인 특징은 전통적인 군사력의 충돌을 필수적인 것으로 여기지 않는다는 것이다. 비물리적인 수단을 이용하기 때문에 상대방에게 발각되더라도 전쟁으로 이어지지는 않는다는 것이다. 그렇기 때문에 일반적으로 약자가 강자를 상대로 벌이는 전술이라고 할 수 있으며, 전쟁으로 확전될 가능성이 낮기 때문에 공격을 가하는 쪽에서는 대담하게 도발을 시도할 가능성이 높은 전술이라고 할 수 있다.

북한은 대한민국에 대해 서해상에서 전자기 교란, GPS 교란을 일으켰으며, 금융기관이나 공공기관을 대상으로 사이버 공격을 감행하기도 했다. 또 선거철 가짜뉴스를 퍼뜨리거나 오물풍선을 살포하기도 하였다. 이러한 행위들은 명백히 대한민국에 대한 위해 행위임에도 불구하고, 이를 군사적으로 대응하기는 쉽지 않은 것이 현실이다. 따라서 북한은 '전쟁의 문턱'(threshold of war)을 넘지 않는 공간에서 소위 '하이브리드전'과 '인지전' 등 비대칭 전술을 이용하여 대한민국에 위협을 가하고, 조건이 충족될 경우 군사적 공격을 통해 한반도를 적화 통일하려고 할 가능성이 높다.

〈전쟁 스펙트럼과 전쟁의 문턱〉

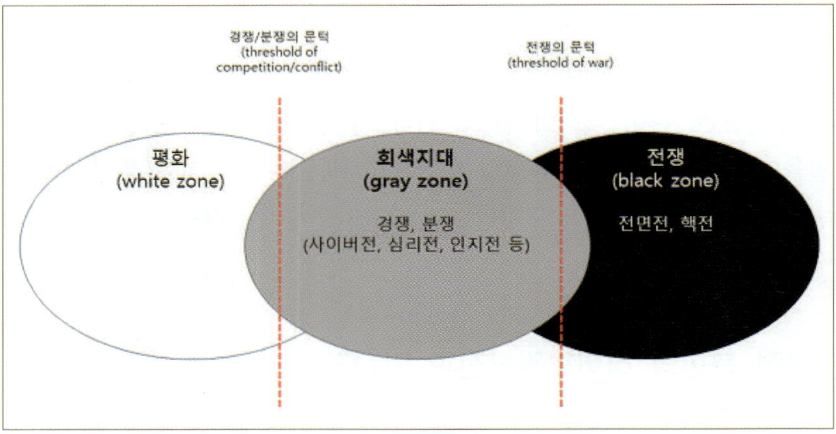

※ 출처: 지효근, "이스라엘-하마스 전쟁의 군사적 특징과 한국군에 대한 함의," 『국가안보와 전략』, 제24권 1호(2024), p. 157.

4.1. 하이브리드전(Hybrid Warfare)

하이브리드전은 국가 또는 비국가 행위자가 독립적으로 또는 혼합되어 가능한 모든 수단과 방법을 동원하여 평시와 전시의 구분이 모호한 회색지대에서 전면전이 아닌 국지적 범위에서 인간지형에 대한 통제를 주목표로 하는 새로운 전쟁 양상이라고 할 수 있다.[95] 2014년 러시아-우크라이나 전쟁이 대표적인 사례라고 할 수 있다. 러시아는 군사행동에 앞서 우크라이나의 인터넷을 차단하여 외부와 단절시키고, 가짜뉴스를 퍼뜨려 주민들이 러시아 편을 들도록 만들었다. 또 민간인 복장을 착용한 러시아의 특수부대를 침투시켜 관공서 등을 장악하도록 하여 우크라이나군이 전혀 대응할 수 없는 상황을 조성하였다. 결국 러시아가 군사적 행동을 할 가능성을 내비치자 우크라이나군이 자발적으로 철수하였고, 주민투표를 통해 분리 독립 후 러시아에 편입되도록 하였다.

하이브리드전은 책임소재를 쉽게 파악하기 어려운 특성을 갖고 있으며 공격 대상의 취약점을 겨냥하여 사회 혼란을 야기하고, 국가 행위자의 신속하고 효과적인 의사결정 및 대응을 방해하는 것이다.[96]

하이브리드전은 지상, 해상, 사이버 공간에서 다양한 공격 형태를 띨 수 있다. 테러, 생화학 및 핵 위협, 국가 기반시설에 대한 사이버 공격과 해킹, 허위조작정보 유포, 정보심리전, 영유권 분쟁지에 다리, 인공섬, 가스관 등을 설치하는 '회색지대분쟁'(grey zone warfare)전술 등이 여기에 해당된다.

하이브리드전 가운데 심리전을 동반한 사이버 공격에 대해 미국과 유럽이 최근 민감하게 대응하는 것은 이러한 공격이 여론 양극화와 사회분열을 통해 민주주의 사회를 교란시키고 민주주의 제도의 정상적인 기능을 방해하기 때문이다.

하이브리드전의 대부분이 군사력을 직접 사용하지 않는 사이버 공격을 중심으로 전개되고 있고, 특히 유럽은 사이버전 자체를 하이브리드 위협으로 간주하여 대응하고 있다. 대한민국은 하이브리드전의 위협에 광범위하게 노출되어 있다. 첫째, 수도, 전기, 가스와 같은 국가 기반시설에 대한 사이버 공격 가능성이다. 둘째, 국가 기밀 및 첨단산업비밀 유출 및 고위 공직자 및 외교안보 전문가를 대상으로 한 북한의 해킹 및 스파이 활동 가능성이다. 셋째, 북한이 한국 국민을 대상으로 한 사이버 심리전 공격 가능성이다. 넷째, NLL 수역 등에서 북한과의 저강도 해상 무력충돌 가능성이다.

이러한 하이브리드전의 위협은 공격대상이 되는 적의 전투 및 대항 의지를 좌절시키고, 공격대상 정부와 제도의 정당성 및 현지 국민 혹은 정부에 대한 지지를 제거하는 것을 목표로 한다. 무엇보다도 하이브리드전을 구사하는 공격 주체는 국제법이나 국제규범에 개의치 않고, 특정한 정치적, 이념적 메시지를 전파하려 하나 대안을 반드시 제시하는 것은 아니다. 하이브리드전은 공격대상 국가의 여론 및 사회분열을 위해 심리전을 빈번하게 동반하고, 궁극적으로 정부 전복을 목표로 하는 경우가 많으므로 반군(insurgents)이나 대리세력(proxies)의 정부군에 대한 공격을 촉발시키고 이들에게 군사적 지원을 제공하기도 한다.

하이브리드전은 대개 공격주체와 공격의도가 잘 드러나지 않기 때문에 방자의 입장에서 신속한 보복행위를 취하기 어렵고 위협에 대한 효과적인 억제력도 발휘되기 어려운 것이 사실이다.[97] 또 하이브리드전은 공격대상의 의사결정 과정을 방해하려 하므로 공격주체는 공격대상의 입장에서 위협의 성격을 정확히 파악하기 힘든 모호성(ambiguity)을 증대시키고 공격대상의 다양한 취약점을 악용한다.

하이브리드전의 위협은 결국 전쟁의 모든 스펙트럼을 망라하는 수준에서, 모든 형태의 분쟁에 대한 대비를 요구한다. 이에 따라 국가는 이러한 위협에 대응할 인력, 자원, 기술을 갖춰야 하지만 그러한 과정은 많은 비용과 오랜 시간을 필요로 한다.

북한은 정규전과 비정규전을 포함한 다양한 전략 및 전술과 공격수단을 보유하고 있다. 그동안의 수많은 도발과 천안함 폭침, 그리고 연평도 포격, 때마다 반복되는 군사적 위협 발언을 고려할 때 북한이 하이브리드전을 구사할 가능성은 충분하다.[98] 북한은 당규약에서 대남 적화통일을 명시하고 있듯이 그 궁극적인 목적을 달성하기 위해서는 수단과 방법을 가리지 않을 것이다. 또한 선군정치는 북한군의 역할을 전방위적으로 확대하는 것으로서 북한군을 이용한 모든 방안을 고려할 수 있다는 뜻이다. 북한 정권은 도덕성 및 인간애가 결여되어 있고, 어떠한 대상에 대해서도 필요하다면 공격을 감행할 것이다.

북한은 이미 자유민주주의 국가인 대한민국의 안보적 취약성을 잘 알고 있다. 천안함 폭침사건과 연평도 사건을 거치면서 국가의 안보와 국민적 불안이 고조되는 상황을 지켜보았기 때문이다. 북한이 평시에 노리는 정치적 목적은 극도의 안보불안 혹은 전쟁분위기 조성이다. 앞으로는 이러한 목적을 위하여 강도를 더 높일 가능성이 있다.

북한이 감행했던 하이브리드전의 사례로는 사이버 공격, 비정규전 활동, 심리전, 무인기 침투, 해킹과 정보조작, 위장 탈북 및 공작원 침투, 대남 전담 및 오물풍선 살포 등이다.

먼저 사이버 공격 사례이다. 2014년 북한은 김정은 암살을 주제로 한 영화 '인터뷰' 상영을 못하도록 하기 위해 미국 내 영화사인 소니 픽처스(SONY Pictures)를 해킹하였다. 미국은 북한 해커 조직 '라자루스'의 소행으로 공식 지목했으며, 회사 데이터 유출 및 내부 시스템이 파괴되는 피해를 입었다. 북한은 영화 상영시 9.11테러와 같은 일이 발생할 수 있다고 협박하였고 실제로 일부 영화관은 상영을 취소하기도 했다. 이 사건은 북한이 사이버 공간에서 '표현의 자유'를 공격한 사건으로 국제사회에 큰 충격을 주었다. 이는 북한의 사이버 공격이 실질적인 위협이 될 수 있음을 입증한 대표적인 사례로 이후 북한의 사이버전 능력에 대한 국제사회의 관심이 급상승하였다.
둘째, GPS 전파 방해 및 전자기 교란 행위이다. 2010년대 이후 북한은 주기적으로 대한민국의 GPS 신호를 방해하는 전파공격을 감행하고 있다. 이 때문에 항공기 및 선박 운항에 혼란을 초래하였고, 대한민국 국민들이 불안감에 떨어야 했다.

셋째, 무인기 침투 행위이다. 앞에서 살펴본 것처럼 북한의 무인기 침투는 여러 차례 있었지만, 2022년 12월 발생한 북한의 무인기 침투는 큰 충격을 준 사건이었다. 왜냐하면 북한의 무인기가 용산의 대통령실 상공을 통과해 정찰을 하였기 때문이다. 대통령실이 위치한 지역은 대공 방공망이 잘 구축되어 있음에도 불구하고 북한의 무인기가 제지되거나 격추되지 않고 정찰을 완료하고 복귀하였다. 여기서 대한민국 국민들은 북한의 무인기가 어느 곳이나 침투할 수 있고, 유사시 폭발물이나 생화학무기 같은 대량살상무기도 얼마든지 사용 가능하다는 것을 깨닫게 되었다.

넷째, 북한 해커들의 암호화폐 탈취 행위이다. 위에서 살펴본 것처럼 북한은 라자루스 등 해킹조직을 이용해 수십억 달러 상당의 암호화폐를 탈취하였고, 이 자금은 핵무기 개발에 재투자되었다. 북한의 암호화폐 탈취는 자유시장경제 국가들의 경제시스템을 무너뜨리고 국민들의 투자심리를 위축시켜 경제발전을 둔화시킬 수 있다. 또한 북한이 얼마든지 국제금융시스템을 해킹할 수 있고, 세계 경제를 마비시킬 수도 있음을 보여준 사건이라고 할 수 있다.

다섯째, 위장 탈북자 및 간첩 침투 행위이다. 북한은 위장 탈북자를 통해 대한민국 사회의 정보를 수집하거나 사회적 불신을 조장하는 공작을 전개하였다. 2000년대 이후 북한이 대한민국을 직접적으로 침투하는 경우는 줄어든 반면, 대한민국 내부 인원들을 이용한 간첩 활동은 지속적으로 이뤄지고 있다. 2023년 5월 민노총 간부 4명이 간첩 활동으로 체포되었는데, 사무실과 주거지 등에서 발견된 북한 지령문은 90건으로 역대 국가보안법 위반 사건 중 최다 규모였다.

북한은 비대칭 전력 기반 하에 하이브리드전 공격 위협을 지속적으로 가하고 있으며, 이러한 위협은 앞으로 과학기술이 발전하면서 더욱 커질 것으로 예상된다. 그러나 북한의 이러한 도발에도 불구하고 그러한 행위들이 비물리적 행위, 또는 익명성 등으로 북한이 배후임을 찾아내기도 어렵고, 찾아낸다고 해도 군사적으로 보복하기가 쉽지 않다. 북한이 이를 잘 알고 이용하고 있어 마땅한 대응책을 찾기가 어려운 현실이다.

4.2. 인지전(Cognitive Warfare)

인지전은 정보와 기타 수단을 활용하여 인간의 인지·능력 과정을 공격함으로써 표적이 되는 개인·집단의 인식과 사고방식을 변화시키고, 궁극적으로 그들의 의사결정과 행동을 변화시키는 전쟁이라고 할 수 있다.[99]

인지전의 목적은 “정치적, 군사적 목적을 달성하기 위해 자국의 의도대로 적의 행동이 변화되도록 유도하거나 강요하는 것”이라고 할 수 있다. 인지전을 수행하기 위한 방법과 수단도 다양하다. 인지전은 전평시 제 수단을 사용하여 상대의 인지 영역에 접근함으로써 의사결정과 정보처리 절차에 영향을 미치게 하는 것이며, 상대방의 인지 과정을 파괴하고 지혜와 지능을 통제하기 위해 정보와 기타 수단을 활용하여 인간의 인지능력·과정을 공격함으로써 개인·집단의 인식과 사고방식을 변화시켜 의사결정과 행동을 변화시키는 전쟁이다.

현대전에서 인지전은 사람들의 생각을 바꾸거나 오도하기 위해 행해지고 있으며, 인지공격은 제한없는 방식으로 수행된다.[100] 인지전은 기술을 사용하여 인간의 인지를 변화시켜 그 결과를 관리하는 방법이다. 인지전은 정의로운 행동에 대한 사람들의 인식을 변화시키고, 국제 사회와 안보 환경을 설계하는 데 특정 방식으로 행동하도록 영향을 미친다.

기존의 전통적 심리전 및 정보전과 비교할 때 인지전은 ‘적의 의사결정을 교란’시키는 유사한 목표를 갖지만 뇌신경 등 인지분야를 공격하는 수단에 초점을 맞추고 신경과학, 사회공학적 관점에서 적대국가 수뇌부들의 의사결정과정과 군사적 대응의지를 파괴시킨다는 차별성을 갖는다.[101] 러시아 및 중국은 이미 이러한 인지전 역량 강화에 막대한 투자를 하고 있다. 현재 ‘인지전’으로 일컬어지는 군사활동은 사실상 국가가 적국의 지휘부와 대중의‘감정의 변화’를 유도하는 프로파간다이거나 ‘기만’ 전술을 구사하는 정보 및 심리작전의

제6장

성격을 갖는다. 이를 위해 조작된 내러티브(Narrative)는 인간이 직접 구사할 수도 있고 생성형 인공지능을 활용할 수도 있다.

인지전은 내러티브 공격 외에도 인지적 조작을 통해 군사적 대응조치 등 정확한 의사결정을 제한시킬 수 있다. 교전국 국민이나 국가원수로 하여금 상황판단하는 과정에서 생성형 AI에 의한 허위 조작정보로 인해 제한된 인지능력으로 정보의 분석, 상황판단 및 군사적 대응이 지연되고 공포심을 느껴 대응 의지를 박탈하게 할 수 있다.

인지전의 핵심 구성요소로 MDM(Mis-Information, Dis-Information, and Mal-Information) 요소와 여론조작을 들 수 있다.[102] 오정보(Misinformation)는 거짓이지만, 해를 끼칠 의도로 생성되거나 공유되지 않은 정보이며, 허위조작정보(Disinformation)는 조직 및 국가에 해를 입히기 위해 의도적으로 만들어진 정보이며, 악의적 정보(Malinformation)는 사실에 근거하고 있지만 해를 끼치기 위해 생성된 정보로 정의하고 있다. MDM은 디지털, 소셜미디어 상에서 다양한 소스에서 폭발적으로 생산 및 확산되고 있으며, 적대세력들은 주요한 공격수단으로 활용하고 있다. 미국 공안기관에서는 주요 선거 등 안보위협에 대응하기 위해 MDM위협에 예방, 대비, 대응역량을 강화하고 있다. 이러한 MDM을 활용한 여론조작은 자국의 이익, 적대국의 국론분열 획책 등 목적으로 디지털 매체 및 소셜미디어 플랫폼에서 사이버 심리전을 수행하는 핵심 수단이다. 특히 허위 조작 정보 생산 시 최근에는 AI 알고리즘(생성형 AI) 기술을 활용하는 진화된 형태로 발전하고 있다. 북한은 인지전을 수행하기 위해 다양한 전략과 수단을 다음과 같이 조직적으로 운용하고 있다.

첫째, 먼저 주목할 수 있는 것은 사이버 공간을 활용한 여론 조작 활동이다. 북한은 유튜브, 트위터, 페이스북 등 SNS 플랫폼을 이용하 가짜 계정을 만들어 여론을 유도하고, 분열적 콘텐츠를 확산시킨다. 이들 계정은 종종 탈북자나 일반 시민을 가장하여 정치적 메시지를 게시하고, 이를 통해 사회 내부의 이념 대립을 자극한다.

둘째, 북한은 위성매체나 인터넷 언론을 통해 허위 정보를 생산하고 이를 광범위하게 유포한다. 이러한 가짜뉴스는 대한민국 정부와 군, 미국에 대한 부정적인 이미지를 확산시키고, 북한 체제의 정당성과 평화 이미지를 강조하는 데 활용된다. 특히, 일부 친북 성향의 국내외 매체를 통해 북한의 주장을 우회적으로 전달하며, 대중의 판단을 교란시키는 데 주력하고 있다.

셋째, 문화 콘텐츠도 중요한 인지전 수단이다. 북한은 자체 제작한 다큐멘터리 영상이나 체제 선전물을 유튜브 등 글로벌 플랫폼에 게시하여, 외국인이나 해외 동포 대상의 인식 전환을 유도하고 있다. 반면, 내부적으로는 외부 정보 유입을 철저히 차단하고 주민에 대한 사상 통제를 강화함으로써, 자국민에게는 일방적인 체제 선전만이 노출되도록 하고 있다.

마지막으로, 위장 탈북자나 공작원을 활용한 심리작전도 북한 인지전의 핵심 전략이다. 이들은 탈북민 단체나 지역 커뮤니티에 침투하여 내부 갈등을 조장하고, 신뢰 기반을 약화시킨다. 때로는 언론에 인터뷰나 기고문을 통해 여론을 호도하거나, 주요 정보기관의 감시망을 피해 군사·사회 정보를 북한에 보고하는 등의 활동을 수행한다.

북한 인지전의 대표적인 사례 중 하나는 유튜브나 트위터 등에서 활동하는 친북 성향 계정들이다. 이들은 한국 정부나 미국에 대한 비난을 지속적으로 게시하며, 북한 체제를 우호적으로 묘사하는 콘텐츠를 생산·유통한다. 특히 AI 기술을 활용해 실제 인물처럼 보이는 영상이나 목소리를 제작하는 등, 더욱 정교한 방식으로 대중을 속이려는 시도가 나타나고 있다.

북한의 인지전은 총과 포 없이도 사회 전체를 전장화할 수 있는 비가시적 위협이다. 이는 군사적 대응만으로는 효과적인 방어가 어렵고, 정보·교육·정치적 차원의 통합적 대응이 필요함을 시사한다. 우선적으로는 국민의 미디어 리터러시를 향상시켜 가짜뉴스나 조작 정보에 대한 분별 능력을 강화해야 한다. 또한 인지전에 특화된 대응 조직과 전문가를 양성하고, 사이버심리전 부대를 확대해 실시간 대응 능력을 강화해야 한다.

국가 차원에서는 인지전을 명확히 규정하고 이에 대한 법적·정책적 대응 체계를 정비할 필요가 있다. SNS 플랫폼 기업과 협력하여 허위정보 확산을 차단하고, 공공기관과 언론도 신속하고 투명한 정보 제공을 통해 사회적 신뢰를 유지해야 한다. 이와 함께 장기적으로는 국민 통합과 사회적 연대의 기반을 강화하여, 북한의 인지전 시도가 효과를 거두지 못하도록 해야 한다

제5절 북한의 비대칭 위협 평가

북한은 전통적인 군사력 외에도 다양한 비대칭 전력을 활용하여 대한민국과의 경쟁에서 우위를 점하기 위해 노력하고 있으며, 그중에서도 사이버전, 하이브리드전, 인지전은 핵무기와 함께 핵심적인 전략적 수단으로 삼고 있다. 북한의 비대칭 전술은 대한민국의 군사적 반응을 방해하고, 물리적 충돌 없이도 심리적, 정보적 차원에서 목표를 달성할 수 있는 강력한 수단을 제공한다. 특히 북한은 핵무기와 비대칭 전력을 결합하여 확전우세[103] 전략을 구사하고 있으며, 이는 북한의 군사적 자원에 대한 제약을 극복하고, 전쟁의 규모를 확대시키려는 의도를 내포하고 있다.

북한은 비대칭 전술을 통해 군사적 우위를 확보하려는 전략적 접근을 취하고 있다. 전통적인 군사적 충돌에서는 자원과 기술이 제한된 북한이 군사적 우위를 달성하기 어렵기 때문이다. 따라서 북한은 대한민국의 군사적 대응을 약화시키기 위해 사이버 공격, 하이브리드전, 인지전 등의 능력을 강화했다. 이 전략은 대한민국의 의사결정에 영향을 미치는데 집중하고 있으며, 물리적 충돌 없이도 북한의 군사적 목표를 달성할 수 있다는 점에서 효과적인 수단으로 고려된다.

특히 북한의 핵무기는 그 자체로 강력한 억지력으로 작용하지만, 북한은 이를 단독으로 사용하는 대신 사이버전, 하이브리드전, 인지전 등 다른 비대칭 전술과 결합하여 전장의 영역을 확장하고 있다. 핵무기의 위협을 바탕으로 한 이러한 전략적 접근은 북한의 군사전략에서 중요한 역할을 한다.

북한은 핵무기를 비롯한 대량살상무기와 비대칭 전력을 바탕으로 전쟁을 확대하고, 대한민국이 전면전으로의 전환을 꺼리게 만듦으로써 전쟁에서 우위를 점하려 한다. 특히 북한은 핵무기의 사용을 "전략적 선택"으로 간주하고 있어 핵전쟁의 가능성을 증폭시켜 대한민국에 심각한 위협을 가하고 있다.

북한의 비대칭 전력은 단지 군사적 충돌에서 승리하기 위한 수단이 아니라, 국제 정치적 협상에서의 지렛대로 활용될 수 있다.

북한은 비대칭 전술을 통해 국제사회와의 협상에서 자신들의 입장을 강화하고, 이를 통해 국제적 압박을 피하며 자국의 정치적, 경제적 목표를 추구한다. 사이버전, 하이브리드전, 인지전은 모두 북한이 국제사회에서 자국의 입장을 강화하기 위해 사용하는 비군사적 수단으로, 이를 통해 외교적 우위를 점하려는 전략적 목적을 달성하려 한다.

북한은 이러한 전술을 국제적 상황에 맞춰 조정하고 있으며, 특히 강대국들과의 군사적 균형을 맞추기 위해 비대칭 전력을 점차 고도화하고 있다. 예를 들어, 사이버 공격은 주요 경제적, 군사적 강대국에 대한 경제적 피해를 입히거나, 특정 정보망을 교란시켜 정치적, 군사적 갈등을 유발하는데 활용된다. 이러한 방식은 북한이 국제사회에서 핵무기와 함께 비대칭 전력을 사용하는 중요한 방식이다.

북한은 기술의 발전과 함께 비대칭 전력의 수준을 지속적으로 향상시키고 있다. 특히 사이버전과 인공지능(AI)을 결합하여 군사적 능력을 극대화하는 전략을 구사하고 있으며, 이는 앞으로 더욱 복잡하고 정교한 형태로 진화할 가능성이 크다. 이러한 변화는 북한의 군사

전략을 예측 불가능하고, 고도로 복합적인 형태로 만들어가고 있다.

사이버전의 발전은 북한의 군사적 전략에서 중요한 변화의 한 부분을 차지하며, 핵무기와 비대칭 전력의 결합은 북한의 군사력에 새로운 차원을 부여하고 있다. 북한은 핵무기 및 비대칭 전력을 결합하여 대한민국의 군사적 대응 능력을 약화시키고, 전면적인 군사적 충돌 없이 전략적 목표를 달성하려 한다. 또한, 하이브리드전과 인지전의 활용은 북한이 물리적 전투를 피하면서도 대한민국을 정신적, 군사적으로 압박할 수 있는 수단으로 작용할 수 있다.

북한의 비대칭 위협은 그 자체로 큰 군사적 의미를 가지며, 이는 단순히 북한이 사용할 수 있는 군사적 수단을 넘어서, 국제사회에 대한 전략적 메시지를 전달하는 중요한 수단이 된다. 사이버전, 하이브리드전, 인지전은 각기 다른 방식으로 국제사회의 대응을 제한하고, 북한이 자신의 정치적, 군사적 목표를 달성할 수 있도록 지원한다.

북한의 비대칭 위협을 분석하고, 이를 바탕으로 향후 대응 전략을 모색하는 것은 대한민국을 포함한 국제사회의 중요한 과제이다. 북한의 군사전략은 계속해서 발전하고 있으며, 그에 대한 적절한 대응은 국제사회의 안보와 평화 유지에 중요한 영향을 미칠 것이다. 북한의 비대칭 위협은 단순히 군사적 충돌을 넘어, 국제정치와 외교에서 중요한 역할을 하며, 향후 더욱 복잡하고 치밀한 전략적 접근이 필요함을 시사한다. 결론적으로, 북한의 비대칭 위협은 그 자체로 중요한 군사적, 정치적 의미를 가지며, 핵무기와 결합하여 전략적 우위를 확보하려는 의도가 뚜렷하다. 사이버전, 하이브리드전, 인지전은 단기적 군사적 승리를 넘어, 장기적으로는 북한의 정치적 목표를 달성하는 데 중요한 수단이 될 것이다. 이에 따른 대한민국의 대응 전략은 그 어느 때보다 중요하며, 북한의 군사적, 정치적 전략을 충분히 분석하고 대비하는 것이 필요하다.

심화 주제 제6장 북한의 비대칭 전력과 위협

1. 북한이 핵 미사일 등 비대칭 전력에 집중하는 배경은 무엇이며, 이러한 전략이 한반도 안보 환경에 미치는 영향은?

2. 북한의 사이버 공격, 무인기 침투, 인지전(여론조작, 가짜뉴스 등)과 같은 비군사적 위협에 효과적으로 대응하기 위한 정책적·기술적 방안은 무엇일까?

3. 북한의 대량살상무기(WMD) 개발과 실전 배치가 동북아 및 국제사회에 미치는 파급효과와, 이에 대한 국제적 공조의 한계와 과제는 무엇이라고 생각하는가?

4. 북한 특수작전군의 러시아 파병에서 보듯, 북한의 비대칭 전력이 국제 분쟁에 활용됨에 따른 한국 및 국제사회의 대응 방향은 무엇인가?

5. 북한의 하이브리드전·인지전이 한국 사회의 안보 인식, 사회 통합, 민주주의에 미치는 잠재적 위협은 무엇이며, 교육·사회적 대응 방안은?

제 3 부

북한의 비물리적 위협

제7장 북한의 심리전 위협

제1절 심리전 개요

1.1. 심리전의 개념

심리전이란 좁은 의미로는 군사적 임무를 완수하는데 도움을 줄 수 있는 선전을 특정집단에게 전달하는 활동으로 군사업무에 한정한 것이다. 넓은 의미로는 한 나라가 정치적·경제적·군사적 자원을 비롯한 모든 자원을 동원하여 다른 나라의 정부나 국민의 의견이나 행동을 자기들이 바라는 방향으로 움직여 보려는 국가의 총체적 노력이라고 할 수 있다. 따라서 일반적으로 심리전이라고 하는 개념은 넓은 의미로 해석하고 있기 때문에 적국의 행동을 변화시키기 위하여 적국을 위협하거나 설득하는데 필요한 폭력이나 테러를 포함하는 광범한 활동으로서 첩보수집, 간첩, 교란, 암살, 테러 등과 같은 기밀성 폭력활동도 포함하고 있다.

심리전이란 "주최 측 외 집단이나 개인의 견해, 감정, 태도, 행동을 주최 측에 유리하게 유도하는 선전 및 활동의 조직적이고 계획적인 정치, 경제, 사회, 군사적인 제 심리적 활동이다"[104) 라고 할 수 있다.

심리전에 사용되는 용어는 심리전(Psychological Warfare: 광의 개념, 모든 인간심리를 활용하는 것), 심리작전(Psychological Operation: 협의 개념, 군사작전 적용하는 것), 심리활동(Psychological Action: 심리적인 변화를 위해 행동화하는 것) 등이 있다. 그러나 심리전(Psychological Warfare)이란 용어사용을 꺼려하는 경향이 있다. 왜냐하면 심리전이란 전쟁, 기만, 조작 등의 부정적 이미지가 내포되어 있어 적을 대상으로 하는 것 뿐 만아니라 동맹국이나 자국민을 대상으로 심리전을 한다는 것에 대한 거부감이 있고, 효과도 반감될

제7장

우려가 있기 때문이다. 그래서 북한에서는 심리전이라는 용어를 잘 사용하지 않고 있으며 '정치사업'이라는 개념 속에 심리전의 핵심기능인 조직공작과 선전선동을 포함하고 있다. 특히 미국은 이라크전에서부터 심리전 용어와 전략을 새로운 차원의 전략적 심리전 개념인 전략적커뮤니케이션(SC: Strategic Communication)[105]으로 발전시켰다. 아울러 미군은 심리작전을 군사정보지원작전(MISO)이라는 용어로 변경하였고, 한미연합작전을 수행해야 하는 한국 합참도 2014년에 "합동군사정보지원작전"[106]으로 교리를 개정하였다. 그리고 러시아-우크라이나전에서는 심리전의 새로운 영역인 인지전[107]이 부각되고 있다.

1.2. 심리전의 기본 원리와 역할

1.2.1. 심리전 기본 원리

심리전의 기본 원리는 자극(stimulus)에 대한 반응(response)의 원리로서 심리전의 대상(organization)이 되는 인간의 관능에 주의력을 제공하여 기대치의 심리적 반응을 유도하는 것이다. 즉 자극(S) → 대상(O) → 반응(R)의 과정이다.[108] 심리전의 대상은 국가, 집단, 조직, 특정 개인이며, 이들은 모두 인간으로 구성되어 있다. 따라서 심리전의 대상은 궁극적으로 인간의 정신이라고 할 수 있다. 그렇다면 인간의 정신 어디에다 어떤 심리적인 자극을 주어야 효과적인 반응, 즉 주체측이 의도하는 방향으로 이끌 수 있느냐 하는 것이 심리전에 있어서 가장 큰 관심거리이다. 인간은 누구나 사회생활을 통해서 자신의 인생관, 사생관, 국가관 등이 형성되고 있어서 이 고정관념을 파괴시키고 주체자의 뜻대로 새로운 관념을 불어넣어 그들의 감정과 태도를 변경시키기란 용이한 일이 아니다.

〈심리전의 기본원리〉

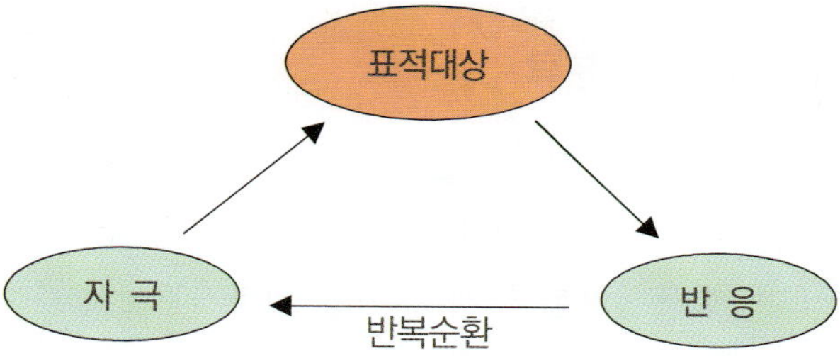

1.2.2. 심리전 역할과 기능

심리전을 수행하는 목적은 중립적, 우호적 또는 적대적 관계에 있는 국가들의 감정, 태도, 행동을 우리의 국가목표와 군사적 임무 완수를 위해 변화시키는데 있다. 그러기 위해서 심리전은 정책과 결정에만 영향을 미치는 것이 아니라, 통치력과 지휘력, 전투의지, 준수의지, 그리고 지원의지에도 영향을 미친다. 심리전 매체와 활동은 표적대상의 성격을 변화시켜 국가정책의 목표와 전구 사령관의 전략, 작전 및 전술 수준의 의도에 부합되게 한다.

이러한 심리전의 목적을 달성하기 위해서 인간 사회의 발생 때부터 모든 분야의 해결수단으로서, 그리고 전시에는 무형전투력으로 운용되어 왔다. 또한 정보화 시대에는 심리전의 영역이 군사·안보 차원을 넘어 정치·사회·문화, 경제·스포츠에 이르기까지 확대되어 가고 있다. 이러한 영역 확대와 더불어 심리전의 다양한 역할과 기능을 살펴보면 다음과 같다.

〈심리전 역할과 기능〉

• 국가정책 실현	• 국제관계 개선	• 지지여론 형성
• 이데올로기 제공	• 국민정신 통합	• 아군의 사기앙양
• 민 · 군 관계 증진	• 정신전력 강화	• 지휘통솔의 효율성 제고
• 이미지 개선	• 아군 적개심 고취	• 적 내부혼란 및 갈등조장
• 적의 전투의지 약화	• 적의 사기 저하	

제7장

1.3. 심리전 분류

1.3.1. 운용에 따른 분류

(1) 전략적 심리전 : 장기적인 목표 아래서 대상국의 전 영토 및 국민을 대상으로 실시하며, 정치 · 사회 · 문화 · 군사 등과 협조되며, 합동참모본부 제대 이상 정부기관에서 수행한다.

(2) 작전적 심리전 : 작전적 수준의 목표 달성을 위해 군사작전에 기초를 두고 전략심리전과 전술심리전을 연계시키기 위하여 야전군급 부대에서 수행한다.

(3) 전술적 심리전 : 전술작전을 지원하기 위하여 작전지역의 적 및 주민을 대상으로 즉각적 효과를 기대하고자 군단급 이하 전술제대에서 수행한다.

1.3.2. 표적대상에 따른 분류

(1) 대내 심리전 : 아군장병 및 아 주민을 대상으로 민심동요 방지와 국민정신을 통합하여 총력전 수행태세 결집을 유도하기 위해 사용되는 제반 활동으로 선전과 홍보활동 등이 있다.

(2) 대외 심리전 : 우방국이나 중립국 또는 적대관계가 아닌 국가나 집단에 대하여 수행되는 작전으로 적국에 대한 지원을 차단하고 아 측에 대한 지지와 협력을 유도하기 위한 심리전이다.

(3) 대적 심리전 : 적군 및 적 지역 주민을 대상으로 내부혼란 조성, 전투의지 상실, 사기저하 및 패전의식 확산, 민심이완 등을 유발시켜 군사작전의 승리를 달성하고자 실시하는 심리전이다.

1.3.3. 출처에 따른 분류

(1) 백색 심리전 : 심리전을 수행하는 주체가 스스로 출처를 제시하고 이에 대한 책임을 질 수 있는 방법으로 계획하고 실시하는 심리작전이다.

(2) 회색 심리전 : 심리전을 수행하는 주체가 출처를 밝히지 않고 실시하는 심리작전으로 유언비어 등이 이에 해당된다.

(3) 흑색 심리전 : 심리전을 수행하는 주체가 출처를 모방 또는 도용하여 실시하는 심리전이다.

1.3.4. 매체에 따른 분류

(1) 인쇄매체 심리전 : 신문, 전단, 화보, 유인물 등 인쇄매체를 교류나 만남, 선전, 선동, 기만 활동 등을 통해 주체 측의 의도를 상대방에게 전달함으로써 심리전의 효과를 달성하는 것이다.

(2) 방송매체 심리전 : TV, 라디오, 확성기 등 방송매체를 통하여 주최 측의 의도를 상대방에게 전달함으로써 심리작전의 효과를 달성하는 것이다.

(3) 사이버매체 심리전 : 인터넷, 휴대전화 등 사이버 매체를 통하여 주최 측의 의도를 상대방에게 전달함으로써 심리작전의 효과를 달성하는 것이다.

제2절 북한의 평시 심리전 위협

2.1. 북한의 평시 심리전 운용개념

북한의 심리전은 개인의 사상을 대상으로 전개되는 특성을 지니지만 궁극적으로 적 집단을 사상 정신적으로 와해시켜 적 집단을 무력화시키는 “적군와해사업”이다. 여기서 ‘와해’란 말의 뜻은 어떤 조직체 즉 연합, 블럭같은 것이 허물어지거나 깨어져 흩어지는 것이라 정의하고 있다. 북한이 주장하고 있는 적군와해사업은 적 집단을 조직·사상적으로 와해시켜 적 집단을 무기력하게 만들고 혁명의 편으로 돌려세우는 사업이다.[109] 이러한 적군와해사업은 대남적화통일이라는 혁명과업을 효과적으로 달성하기 위한 것이다. 즉, 대중에게 정책의 타당성을 인식시켜 무조건 복종케 함으로써 혁명과업 수행에 매진케 하는 대중공작이라 할 수 있다.

북한은 적군와해사업을 대상별로는 대내·대외·대적 정치 사업으로 구분하고, 방법론으로는 ‘선전공작’과 ‘조직공작’으로 구분하고 있다.

(1) 선전공작이란 가능한 선전 · 선동수단에 의거 적군 및 적 주민 속에 혁명영향을 끊임없이 전개하여 사상적으로 와해시키는 공작이다. 선전공작을 수행하는 주요 매체는 라디오 및 확성기 방송, 전단, 신문, 영화, 사진, 사이버, 출판물 등이다. 또한 매체는 주체 측의 의도와 선전내용, 소요시간, 국내외적 현 정세, 목표대상, 집단의 환경조건에 따라 적절하게 선택 운용된다.

(2) 조직공작이란 적군(군 및 주민)의 소집단 및 개별적 성원을 포섭, 장악하여 혁명투쟁에 유리한 환경을 조성하는 것을 말한다. 즉 적군 및 주민들 속에 지하당 구축 및 비밀 조직원 확보, 그들을 이용한 반미 반정부 투쟁전개, 부대집단 투항 및 해체를 통한 적군 집단의 무력화, 적 후방교란 투쟁을 전개하는 공작을 말한다. 조직공작은 선전 · 선동 매개체와는 달리 준비된 공작역량에 의해 진행되는 인간 공작이라는 특성을 가진다. 조직공작을 위해 활동하는 요원은 평시 전문기관에서 체계적이고 전문적인 교육을 수료한 자들로 구성되

며 전시에는 군단 및 사단별로 자기 환경에 부합되는 비 편제 공작조를 임시로 편성 운용하게 된다.

2.2. 북한의 대남심리전 전략전술

북한은 대남전략목표인 '한반도 공산화'를 위한 대남심리전 전략전술을 다음과 같이 전개하고 있다.

첫째, 지하당 구축전술이다. 이는 남한 내에 조선노로동당의 전위대 역할을 수행하는 조직을 건설한다는 내용이다. 실제로 북한은 1960년대에 통일혁명당, 인민혁명당, 1970년대에 남민전(남조선민족해방전선), 1980년대에 한국민족민주전선, 1990년대에는 조선노동당 중부지역당 등을 남한에 구축하려고 시도하였다. 이처럼 북한이 지하당 구축에 집요한 노력을 전개하는 이유는 지하당을 혁명주력군의 거점으로 삼을 수 있을 뿐 아니라 혁명이 일어날 경우 이를 남한 자체의 혁명으로 위장할 수 있기 때문이다.

둘째, 통일전선전술이다. 이 전술은 공산주의자들의 전통적이며 전형적인 조직전술의 하나이다. 원래의 뜻은 정면 공격이 가능하지 않을 경우 상대편 내부의 갈등과 대립을 이용하고 동맹 가능한 부동층과도 타협하거나 협조하는 것을 의미한다. 실제에서는 공산당이 일정한 혁명단계에서 주적을 타도하는 데 있어 공산당 세력만으로는 불가능할 때 필요한 동조세력을 획득하고, 그들과 잠정적인 동맹체를 형성하여 투쟁하는 기법으로 나타난다.[110)]

북한이 이 전술을 적용함에 있어서 강조하는 원칙으로는 하층 통일전선을 기본으로 삼아 상층 통일전선을 유기적으로 결합할 것, 낮은 형태의 공동투쟁을 점차 높은 형태의 공동투쟁으로 발전시킬 것, 부분적인 연합에서 전면적인 연합으로 발전시킬 것, 통일전선체 내에서 중간층, 민족자본가들과 단결하는 가운데 투쟁할 것 등이다.

실제로 북한은 남한혁명을 위한 통일전선 형성을 위해, 1949년 「조국통일민주주의전선」을 결성한 바 있다. 이후 반미구국통일전선, 반파쇼 민주연합전선 등의 구축을 외치며 1980년대에 통혁당의 후신인 한국민족민주전선을 위장 출범시켰다. 1990년대에 들어 전민족통일전선 형성을 위해 범민족대회를 통해 남북한과 해외동포를 연합한 친북반한 통일전선체인 범민련(조국통일 범민족연합), 범청학련(조국통일범민족청년학생연합) 등을 결성한 바 있다.

2017년부터 '자주통일 충북동지회'를 결성하여 간첩 활동한 사건과 2023년에 체포된 '창원간첩단' 사건도 북한의 통일전선전술의 일환이었다.

셋째, 대중 투쟁 전술이다. 이는 각종 투쟁의 유형과 방법을 상황에 따라 잘 배합해야 할 것을 강조하는 전술이다. 여기에는 합법·비합법·반합법 투쟁의 배합이 있다. 반합법투쟁이란 기본적으로 비합법투쟁을 전개하면서 현행 법망의 허점을 이용하여 전개하는 투쟁으로 경제투쟁과 정치투쟁의 배합이다. 이는 레닌의 '경제투쟁에서 정치투쟁으로'라는 전술을 원용한 것으로 먼저 노동자나 일반 민중들의 대중성을 확보하기 위해 임금 인상, 노동환경 개선 등의 구호를 내세워 경제투쟁을 전개시키고, 이를 바탕으로 대규모 파업, 시위, 폭동, 무장봉기 등을 지향하는 본격적인 정치투쟁을 적절히 배합하도록 한다는 것이다. 방식적인 측면에서는 폭력투쟁과 비폭력투쟁을 배합하고 있다.

넷째, 국군와해전술이다. 북한은 국군을 미제의 식민지 통치의 두력적 기초이며 반동 통치의 중추세력이라고 규정하고, 혁명 성사를 위해서는 반혁명 무력을 분쇄해야 한다고 주장한다. 이를 위해 국군을 와해하는 사업 추진 대상으로 그들을 주목하고 민족군대, 인민군대로 전환시켜 나가야 한다고 강조한다.

이를 위한 지침으로는 대상을 병사들과 중·하층장교로 지목하고 그들을 계급적·민족적으로 각성시키는 정치사상 사업을 전개하도록 강조한다. 또한 조직화를 강조하는데, 남한 혁명가들은 국군 내의 혁명조직을 확대하고 지하투쟁, 무장투쟁 등 투쟁 형태를 배합하여 혁명역량을 강화하는 것이다. 그리고 국군들은 상급자의 명령 기피 등 낮은 형태로부터 항변, 폭동과 같은 높은 형태로 투쟁을 발전시키는 것이다.

2.3. 북한의 심리전 체계와 매체 운용

2.3.1. 북한군 심리전 체계

북한의 전술적 차원에서 대남 심리전의 중추적인 역할을 담당하고 있는 인민군의 심리전 체계는 아래 표에서 제시한 바와 같다.

〈북한군 심리전 체계〉

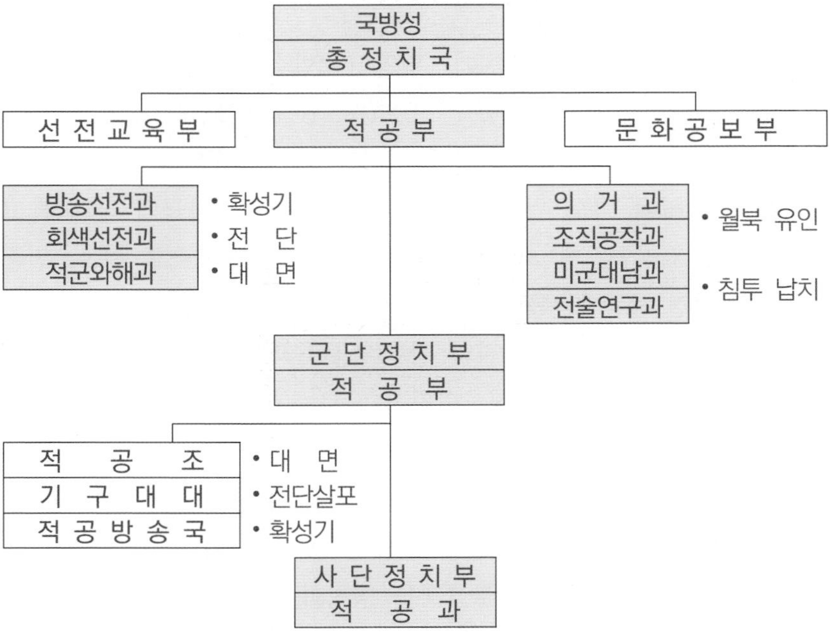

※ 출처: 이윤규, "북한의 대남심리전 연구", 경남대학교 박사학위논문(2000) p. 68을 재편집.

북한의 국방성(구 인민무력부)에서는 당 비서국의 심리전 정책 및 전략에 따라 시행 계획 수립 및 통제를 실시하고, 군단급 이하의 제대(除隊)에서는 확성기 방송, 전단 살포, 대면, 시청각 등의 전술심리전을 수행하고 있다.

2.3.2. 북한의 대남심리전 매체 운용

(1) 라디오 방송

조선중앙방송위원회에서 1985년 발간한 『방송리론』에 따르면, "방송이란 대중적이며 종합적인 보도 선전 수단이며 힘 있는 사상 문화 교양 수단이며, 방송이 당의 목소리이고, 또 당은 방송을 통하여 김일성의 사상과 당의 방침을 내외에 선전하며 광범한 군중을 혁명 투쟁과 건설 사업에로 힘 있게 불러일으키고 있는 매체다" 라고 규정하고 있다.[111]

북한의 '구국의 소리 방송'과 '평양 FM방송'은 대남 심리전 전용 방송이다. '구국의 소리 방송'은 1970년 6월 1일부터 실제로 한국 내에 '통일혁명당'이 있는 것처럼 위장하여 '통일혁명당 목소리방송'이라는 이름하에 미군 철수, 한국정부 정책 비방, 한국의 국제적 고립화 촉진, 고려연방제 지지, 김일성부자 찬양, 대학소요 선동, 민중봉기 등 선전·선동방송을 실시했다. 그러다가 1995년 8월 8일부터는 한국의 대학생 시위, 야권의 정부비난이 과열되자 '통일혁명당'은 소위 '한국민족민주전선(약칭: 민민전)'으로, '통일혁명당 목소리방송'을 '구국의 소리방송'으로 개칭하고, 노동당 중앙위원회 대남사업부에서 관장토록 하여 대남 흑색선전방송으로 운용했다. 그러나 6.15 정상회담이후에서 상호비방 중지 합의에 의해 2001년 2월 19일 이후부터는 일부 고정 방송프로그램을 명칭과 시간을 새롭게 하여 방송을 실시하다가. 2003년 8월 전면 중단되었다.

(2) 확성기 방송

전방지대에 설치된 대남 확성기 방송은 국방성 총정치국 통제하에 실시된다. 총정치국 예하 선전부에서는 내용을 관장하고, 군단 적공부에서 전반적인 운영을 하고 있다. 전연사단 지역에는 2~3개소의 방송국이 있고, 방송국으로부터 유선으로 GP에 연결된 고성능 확성기를 통해 방송을 실시한다. 방송은 총정치국 통제하에 군단 적공부에서 북한 라디오 방송을 중계하거나 재편성한 녹음테이프를 각 방송국에 하달하여 실시한다. 각 방송국 또는 각 방송국 초소의 적공요원은 필요시 군단 적공부의 승인을 받아 현지상황에 부합될 수 있는 방송 내용을 현지 즉흥방송을 실시하고 지도한다.

DMZ에 설치된 확성기 방송의 성능은 크기에 따라 다르다. 소형스피커 25개를 조립한 대형확성기는 가청거리가 8-12km이고, 16개를 조립한 중형은 6-8km, 9개로 조립한 소형은 6km 정도이다, 1988년도에 88올림픽 개최 방해 책동과 올림픽 개최의 의미를 상쇄시키기 위해 대남 비방·투쟁선동을 강화하기 위해 191개소로 최대 운용되다가 1993년 이후 북한의 전력난과 장비의 노후화 현상에 따른 운영의 어려움으로 감소되었고, 2000년 6.15선언이후 중지하거나 확성기 방송 장비를 철거하였다가 남북관계와 대북심리전 여부에 따라 아래와 같이 대남확성기 방송을 중단 및 재개하였다.

〈시기별 북한 대남확성기 방송 실시 및 중단 현황〉

시기	대남확성기 방송 중단	비고
1970~1980년대 냉전기	• 주제: 김일성 찬양, 남한 정부 및 군 비난, 월북권유의 주제 • 장소: DMZ 및 인근 고지대 (80여 개 소)	• 병사 사기 저하 • 이념적 분열 조장
2004. 6월 남북장성급 회담	• 남북한 상호 심리전 중지 - 확성기 방송 및 전광판 철거 - 방송 및 전단 살포 중지	• 2000년 6.15 남북공동선언 이후 화해 분위기 조성
2015년 8월	• 북한의 목함지뢰 도발로 아군병사 2명 부상 • 대북 방송 재개에 대응 → 북측 대남 방송 및 포격 위협	• 고위급 접촉 후 상호 방송 재중단 합의
2016년 1월	• 북한 4차 핵실험 이후 긴장 고조 • 북측, 고출력 확성기로 대남 방송 재개	• 북한내부 사정 관심전가 긴장 고조 • 박근혜 정부 및 한미동맹 비난
2023~2024년	• 대북전단 살포/한미군사훈련에 대한 반발 • 대남확성기 방송 재개, GPS 교란 등 • 오물풍선, 대북확성기 방해방송 실시	• 대북심리전 대응 대남심리전 강화 • 긴장조성
2025. 6월 이후	• 대남확성기 방해방송 중단	• 대북심리전 중단 발표와 연계 판단

(3) 전단매체

전단 등 출판물에 의한 대남 심리전 운영체계는 당중앙위원회 통일전선부 산하기관과 인민군 총정치국 산하 적공부 계통으로 이원화 되어 있다. 당 통일선전부 산하 40호실은 대남 선전선동물에 대한 출판, 제작을 담당하며, 310호 연락소는 총정치국 예하 기구대대와 같이 기구를 사용하여 선전물을 운반, 살포하는 업무를 수행한다. 대남 선전선동물을 운반, 살포하는 방법에는 다음과 같은 7가지 방법이 있다.[112] 첫째, 기구에 의한 살포방법이다. 기상조건을 이용, 부력으로 선전물을 운반하여 대기권의 기압에 의해 자동 파열시키는 방법으로 대부분 북한의 대남전단은 이 방법으로 살포된다. 전단을 기계적 파열과 원격조정에 의한 파열 2가지 방법으로 살포하는 전단 살포용 기구는 일정한 시간과 거리에 도착 시 살포가능토록 시한 및 기압식, 도화선을 이용하고 있다. 이는 기구 하단부의 망에 선전물을 담아 목표지점에서 낙하시키는 방법으로써 장거리에 다량의 전단을 살포하는데 많이 운용되고 있다. 2024년 5~11월에 걸쳐 25회 5,721개의 오물쓰레기 살포도 기구와 같은 대형풍선을 이용하여 살포하였다.

둘째 방법으로는 각종 형태의 연에 소량의 전단, 편지, 담배 등을 부착하여 살포하는 것으로, 근거리에 살포할 때 사용하고 풍향과 풍속의 영향을 크게 받는다.

셋째는 에드벌룬에 의한 방법이다. 이 방법은 남쪽에서 관측이 용이한 북한군 GP(Guard Post)선상에서 에드벌룬에 다양한 선전 구호의 대형 현수막을 부착하여 운용하는 것으로, 전단 살포보다 '구호' 선전에 많이 이용되고 있다. 1984년 4월 북한군 GP상공에 "주체사상 만세"라는 내용의 에드벌룬이 최초 설치된 후 전 전연 지역에서 "미군 나가라, 총부리를 미국놈들에게", "이북은 지상낙원", "자주통일", "오라 북으로", "군복무 반대", "김일성 수령 영생", "김정일 지도자 탄생경축" 등 다양한 내용으로 운용된 바 있다.

네 번째는 지뢰 및 포, 항공기, 무인기에 의한 방법으로써 주로 전투시 전장이탈 및 귀순종용 등의 심리전 활동 수단으로 운용된다. 6.25 전쟁때는 전단탄(포탄내에 파편대신 전단을 장착한 폭탄)과 수송기가 많이 이용되었다. 특히 북한이 2014. 3월부터 파주, 삼척, 백령도에 추락한 북한무인기, 2022년 12월 26일 서울상공을 침투후 북으로 복귀한 무인기 침투 사건 등을 고려해 볼 때, 북한군은 언제라도 전단이나 생화학물질을 살포할 수 있을 것으로 판단된다.

다섯 번째는 전단이나 불온책자 등을 휴대한 간첩 및 무장공비를 남파시켜 후방 깊숙이 또는 대학가 등지에 은밀히 살포하는 방법이다.

여섯 번째는 하천을 이용하는 방법이다. 한국지형의 하천이 대부분

'동'에서 '서'로, '북'에서 '남'으로 흐르고 있는 지형적 특성을 이용한다. 전단을 비닐봉지나 방수용 상자에 넣어 남한지역으로 보내고 있는데 1997년에는 동부지역의 남대천과 중부지역의 한탄강에서 다량의 책자 전단이 발견된 바 있다.113)

일곱 번째는 대형기구와 도르레를 이용한 방법이다. 이 방법은 대형 풍선을 이용하여 편지 및 선전물을 전달하는 수단이다. 운용방법은 대형 고무풍선 하단에 도르레를 부착하여 편지 및 물품을 전달하고 고무풍선은 나일론줄을 이용, 재회수 하는 것이다. 고무풍선 하단에는 물품을 담을 수 있는 포낭(비닐봉지)과 고도 유지를 위한 돌을 매달고 풍선의 부양능력을 낮추어 수평비행이 가능하도록 제작한다. 이 방법은 GP간에 왕복이 가능하도록 제작하였으며 풍선은 재사용할 수 있고, DMZ내에서의 심리전 주도권을 장악하기 위한 적극적인 살포방법이다.

북한은 대남 심리전 전단 및 물품살포를 위해 전연지대에 11개의 기지를 운용하다가 2004. 6. 15 이후 폐쇄된 것으로 추정하고 있으나, 2024년 12월 한미연합훈련과 남한의 탄핵사건과 관련하여 대남 전단을 살포한 것으로 미루어 볼 때, 전단살포기지를 완전히 폐쇄하지 않고 있는 것으로 판단된다.

북한이 1961년부터 1999년까지 39년간 대남 심리전 목적으로 살포한 전단은 아래 표와 같이 3,543종으로, 연 평균 91종에 달한다. 심리전의 목적 및 대상, 지역, 살포수단 등에 따라 종별 인쇄 수량은 상이하지만 종별 10만매 정도로 지금까지 최소 35억 매 정도를 살포하였으며, 연간으로도 9천만매가 살포되었다고 판단할 수 있다.114)

〈연대별 전단 종수 현황〉

연대	계	1960년대	1970년대	1980년대	1990년대
종수	3,543(100)	397(11.2)	990(28)	1074(30.3)	1082(30.5)
연평균(%)	91	44	99	107	108

※ 출처: 이윤규, "북한의 대남심리전 연구," 경남대학교 박사학위논문(2000), p. 121.

(4) 시청각 매체

북한은 대내 선전을 목적으로 북한 전 지역에 설치 운용하던 시각 매개물을 1980년도부터는 전방지대에도 설치하여 운용했다. 한편 경축일 및 명절 때는 우리 측이 관측하기 쉬운 지역의 부대나 장소에 예술단이나 인민 대표단이 위문 공연을 하거나 부대를 방문하도록 하는 등 시청각 심리전 등 아래 다섯 가지 유형으로 활발히 실시했으나, 2004년 6월의 제 4차 남북장성급회담에서 상호 심리전 중단 합의로 시각매개물이 철거되고 시청각 심리전도 중지했다.115)

첫째, 시각 매개물을 이용한 심리전이다. 북한군은 1980년부터 우리 측에서 관측이 용이한 DMZ 북방 지역에 각종 내용의 시각 매개물을 설치하였다. 1980년부터 1984년까지는 비무장지대에 철책을 설치하면서 시각 매개물을 대남 심리전 목적으로 운용하기 시작했다. 1985년에는 목재 입간판 등 매개물 설치를 증가시킴과 동시에, 최초로 야간 전구 전광판을 설치·운용하였다. 1987년 이후부터는 입간판, 돌 글씨, 전구 글씨 등 다양한 형태의 시각 매개물을 360여 개소에서 설치·운용하였다.

둘째, 야간에 우리 측에 관측이 용이한 초소에서 영화상영 등을 통한 시청각 심리전을 실시하는 방법이며, 이는 간헐적으로 실시하였다.

셋째, 칠판을 이용한 시각 심리전 활동으로서, 대면 심리전과 연계하여 실시하고 있다. 주요 내용은 상면요구 및 시국과 관련된 반정부투쟁, 반미투쟁 등 선동 위주이며, 아군의 관심을 유도할 수 있는 주제로 단답형 퀴즈문제를 제시하고 ○, ×로 답하도록 하였다.

넷째, 전선지역 주민(학생, 부녀자)들을 100-600여 명씩 집단으로 동원하여 음주 및 운동, 집단오락(널뛰기, 그네뛰기, 춤) 등으로 자유스러운 분위기의 생활상을 보여준다는 명분 하에 실시되는 활동이다. 주로 우리 측이 관측할 수 있는 지역에서 김부자 생일, 명절 등 경축 행사시 많이 실시하였다.

다섯째, 위문공연을 이용한 심리전이다. 전선 지역의 위문공연은 아측에서 관측이 용이한 GP나 부대를 김일성 부자 생일, 인민군 및 정권 창건일에 예술단이나 인민대표단에 의해 실시되었다. 위문공연은 1980년대에는 주로 먹고 노는 것을 연출한 단막극 위주였으나, 1990년대 이후는 예술단의 위문공연 위주로 김부자 우상화 노래, 무용, 시낭송, 선물 증정 등으로 구성하였다.116)

(5) 사이버 심리전 매체

북한의 사이버심리전은 남조선혁명 역량 강화책의 일환으로 ① 한국 내 반정부 및 좌익세력의 활동지원 ② 한국 국민의 의식화와 조직화 ③ 지하당 및 통일전선 구축 ④ 반혁명역량인 국군 무력화, 국가보안법 철폐, 미군철수 ⑤ 우상화와 체제선전에 주안을 두고 오프라인(off-line)과 병행하여 온라인(on-line)을 통해 해킹, 사이버전 및 대남공작과 병행해서 전개하고 있다.

이러한 북한의 사이버심리전 수행체계는 아래와 같이 그림과 같이 통일전선부와 중앙당조사부 기초자료조사실 등에서 수집된 정보를 토대로 통일전선부와 국방성의 대외 및 대남심리전 지령에 따라 전개된다. 또한 특별한 심리전 표적대상에게는 인터넷망을 통해 공작지침이나 심리전 수행지침을 전파하기도 한다.

〈북한 사이버심리전 수행체계〉

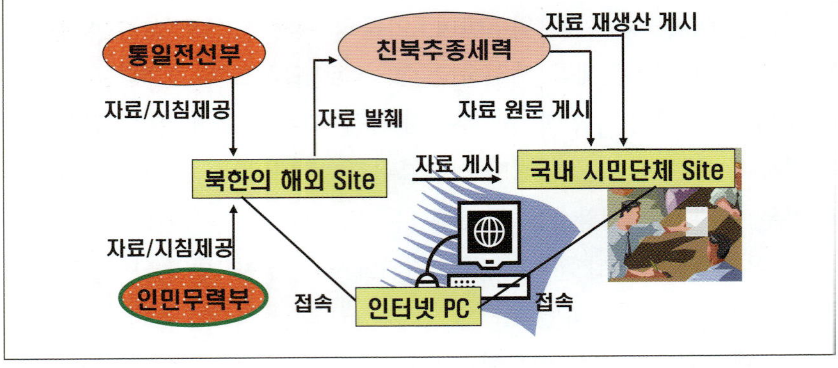

※ 출처: 이윤규, '북한의 사이버 심리전 실체 연구'(2015. 1, 합참대 연구논문)을 재편집

북한은 또한 인트라넷상에서 가상시스템을 만들어 놓고 표적대상의 시스템을 무력화시키기 위한 신종 바이러스를 만들어 내거나, 자료들을 변조시키는 코드들을 조작해 내는 훈련을 하고 있고, 선전선동 및 조직공작의 전문가들을 활용하여 사이버 심리전의 사전 효과 검증과 실습을 하고 있다. 그러나 북한내부에서는 주민의 불만과 저항 등이 밖으로 표출되거나 외부의 정보가 유입될 것을 우려하여 전문 사이버 요원과 기관 외는 일체 허용되지 않고 있다.

2.3.3. 북한의 사이버 심리전 수행 기관 및 능력

북한은 사이버전과 사이버심리전 수행을 위해 IQ 150이상의 12-13세 정도의 어린 학생들을 선발 후 특별교육으로 컴퓨터 전문가로 양성하고 있다. 고등중학교내 IT전문 인력 양성을 위한 수학 및 컴퓨터 교육과정을 신설하였고, 특히 2001년 1월 김정일 지시로 금성 제1. 2고등중학교 내 컴퓨터 수재반을 설립 운영했다.

〈북한의 사이버전 및 사이버심리전 조직과 활동〉

기관/부대	구성	임무/활동
전자정찰국 121국 (사이버전지도국)	• 3000여 명 • 10여 개 전투조	• 해킹, 사이버 전담부대 • 비밀자료 입수, 바이러스 유포
중앙당조사부 기초자료조사실	• 500여명 • 10여 개 기술팀	• 기술 전수 및 훈련
통일전선부 작전부	• 50여 명	• 사이버심리전/조직공작
국방성 적공국 204소	• 100여 명 5개 공작조	• 사이버심리전기법/기술 연구 • 사이버심리전 계획수립/시행 군 대상 사이버 심리전전개
정찰총국31, 32소	• 100여 명	• 남한 사회 일반사이버심리전

김일성 종합대학과 김일정치군사대학(구 미림대학) 등에 진학하게 되면 집중적으로 컴퓨터 교육을 받는다. 지휘자동화 대학에서는 매년

100여 명의 수재를 뽑아 5년간 집중교육 후 사이버전 전문기관 및 부대 요원으로 활용하고 있다.

북한은 2018년에 인민군 총참모부 정찰국 예하 사이버 전담부대인 121소를 사이버전 총본산인 국방위원회 정찰총국 전자정찰국의 121국(사이버전 지도국)으로 개편, 컴퓨터망에 침투하여 비밀자료 해킹 및 바이러스 유포 등의 전산망 마미임무를 수행하도록 하고, 통일전선부 작전부와 정찰총국의 31, 32소에서 남한사회와 일반국민을 대상으로 사이버 심리전과 공작을 전개한다. 인민무력부 적공국 204소에서는 5개 공작조 100여 명이 사이버 심리전 기법과 기술, 사이버 심리전 계획수립 및 시행, 그리고 군을 대상으로 사이버심리전을 전개하고 있다.

2.4. 북한의 평시 심리전 전개 특성과 시사점

북한의 심리전 전개 특성과 시사점은 심리전의 5개 요소 즉, 누가, 무엇을, 누구에게, 어떤 수단으로, 어떤 효과를 기대하고 실시했는가라는 SCAME방식[117]으로 분석한 결과, 다음과 같은 대남심리전의 전개 특성과 정형을 도출할 수 있었다.

첫째, 북한은 대남 심리전 성격에 특별한 의미를 부여하고, 이를 대내외 정책실현의 수단으로서 운용한다. 이를 위해서 심리전 조직을 당 중앙위원회와 내각의 2중 조직으로 편성하고 있으며, 실질적으로는 당 중앙위원회에서 장악·통제하는 일원화 체계이다.

둘째, 대남 심리전 출처와 관련하여 북한은 심리전 목적과 대상, 심리전 환경에 따라 출처를 달리하는 소위 백색, 흑색, 회색 심리전을 실시하고 있다. 출처별 비율은 상황에 따라 이들을 유기적으로 배합하고 있으나, 흑색·회색 위주(72%)로 운용하고 있는 것이 특징이다.

셋째, 심리전 메시지 논조와 내용에 나타난 특징으로 심리전 내용은 긍정적 차원의 선전과 부정적 차원의 비방·투쟁선동으로 구분되며, 시기와 상황에 따라 다르지만 비방·투쟁선동 위주(62%)로 실시되고 있다. 선전 논조(38%)는 김부자 우상화(19%), 체제와 이념(7%) 북한의 정책과 사회발전, 위장평화공세(12%) 내용으로 실시하였다.

넷째, 대상별로 심리전 목적과 내용을 달리하고 있으며, 청년·학생(31%), 노동자·농민(24%), 군인(15%), 지식인·종교인(4%) 기타 국민전체(26%)에 비중을 두고 대남심리전을 실시하고 있다. 청년·학생은 대남 심리전의 주 표적 대상이 되고 있으며, 주제는 입대거부, 반미·반외세 투쟁 및 반정부 투쟁선동 등이다.

다섯 번째, 메시지 내용 구성과 운용상의 특징과 관련하여, 북한의 심리전 메시지는 주장형 위주로(90%) 구성되어 있다. 이것은 북한의 '심리의식 개조이론'과 연관이 있는 것으로 같은 내용을 반복 세뇌시킴으로써 그 내용의 합리성·타당성을 따지지 않고 고정관념화 시키려는 의도로 해석할 수 있다.

여섯 번째, 대남 심리전 소재 발굴은 주로 한국의 매스 미디어를 인용하되, 그 내용을 다시 조작하여 출처의 신뢰성을 증가시키고 있고, 외국 언론 특히, 미국의 신문을 많이 인용하였다. 이것은 미국의 권위나 영향력을 무의식적으로 인정하고 있다는 증거이며, 그들의 반미 자주화라는 선전선동과 상충되는 경향을 보였다.

일곱 번째, 대남 심리전과 도발을 연계시켜 볼 때 대남 도발 전에는 대화와 교류·협력 제의, 평화통일노선 천명 등 소위 위장평화 심리전을 실시하고, 이어서 도발을 실시했다. 그 시기도 대부분 남북교류 · 협력이나, 회담이 이루어지고 있는 기간을 택했다. 또한 도발 후에는 도발 전과 같이 위장평화공세를 실시함으로써 그 책임을 전가하거나 모호하게 하는 유형적 특성을 보였다.

여덟 번째, 각 심리전 구성요소는 상호 밀접한 관계가 있으며 전개양상에 영향을 미치고 있었다. 즉 대남 심리전의 강도(빈도) 증감은 논조의 비방 및 투쟁선동의 증감과 깊은 상관관계(상관계수 γ= 0.935: 93.5%의 상관이 있다는 의미)가 있었다. 또한 대남심리전을

제7장

실시하는 계기(동기)와 논조도 깊은 상관관계가 있었는데 한국내부 상황의 악화 등 즉흥성 심리전을 전개할 때는 비방·투쟁선동 위주(상관계수 γ=0.96)였고, 김부자 생일선전 등 주기성 심리전을 전개할 경우는 선전위주(상관계수 γ=0.85)로 실시하는 경향이었다.

아홉 번째, 대남 심리전은 북한 내부 실정과 사회심리가 투사되어 전개되는 경향이었다. 예컨대 1993년 한국이 우루과이라운드(UR)에 의해 농산물 수입개방을 해야 하는 상황이 되었을 때, 한국 정책에 대한 많은 비방을 하였다. 이러한 비방위주 심리전의 의도는 북한 주민의 극심한 식량난으로 점증하고 있는 주민불만의 사회심리를 대남 심리전에 투사시킴으로써 북한 주민의 불만을 대남 적개심으로 전이시키기 위한 것이라고 분석되었다.

제3절 북한의 전시 심리전 위협

3.1. 전장에서의 인간심리

전투시 심리전은 전투의 승패와 직결되는 중요한 전술적 요소로서 적시적, 지속적이며 신뢰성이 보장되어야 한다. 심리전 성과는 상황에 따른 적시 적절한 내용을 선정하여 계속적이고 변칙적인 방법으로 제반작전과 적절한 배합이 되어야만 최대한의 성과를 거둘 수 있다. 특히, 전장에서는 불안과 공포 분위기를 조성함으로써 사기저하는 물론, 전투력 상실로 인한 전장이탈, 명령불복종, 투항 등으로 전투의지를 말살하기 위한 수단으로 심리전을 최대한 이용한다.

특히 북한군의 공격 및 방어 작전시 심리전은 다음과 같은 전장에서의 인간심리를 활용하여 전개한다.[118]

첫째, 공포 유발이다. 전장 환경이 인간행동에 미치는 영향 중에서 가장 일반적인 것이 공포 유발이다.

인간이 불안과 공포심에 사로잡히는 초기 단계에서는 흔히 피로감이 수반되는 것에 반해, 급작스럽게 일어나는 위험상황에서는 불안 상태에서 일어나는 반응 이상의 것이 수반된다. 즉 이러한 상태에서는 피로를 느낄 사이도 없으며 꼼짝할 수도 도망가거나 싸울 수도 없는 것이 보통이므로 긴급한 위기는 사람을 움직이지 못하게 하는 공황(panic)상태로까지 몰고 간다.

둘째, 지각 능력의 저하이다. 전장에서의 각종 소음은 청각을 피로하게 할 뿐만 아니라 주의를 집중시킬 수 없게 만든다. 평상시에는 느끼지 못하던 것을 느끼기도 하고 잘 느끼던 감각도 느끼지 못하는 경우가 많다. 그래서 어떤 사람은 전투 중 적탄에 부상을 당하고도 모르고 있다가 전투가 종료된 후에 전우의 이야기를 듣고서야 상처를 발견하고는 충격을 받아 졸도하기도 한다. 또한 어떤 사람은 스쳐가는 총탄소리만 듣고도 부상을 당했다고 생각하여 그 자리에 주저앉아 꼼짝 못하는 등 착각과 환각이 일어나는 경우가 적지 않다.

특히 야간 경계근무를 하는 보초병들은 시계가 불량한 상태에서 조그만 소리나 움직임에도 신경을 쓰기 때문에 착각을 일으키기 쉽다. 움직이지도 않는 나무나 바위를 보고 사격을 하기도 하고, 짐승이 내는 바스락 소리를 적이 침투하는 것으로 판단하기도 한다. 이러한 착각은 있는 사실을 잘못 판단하는 것이지만, 환각의 경우 전혀 있지도 않은 사실을 보고 듣게 된다.

셋째, 1차적인 인간 욕구에 대한 집착이다. 심리학자 매슬로우(Maslow)는 인간욕구를 1단계 식욕의 욕구, 2단계 안정의 욕구, 3단계 종족번영의 욕구, 4단계 인정의 욕구, 5단계 자아실현의 욕구라고 구분하였다. 1-3단계를 1차적 욕구 4-5단계를 2차적 욕구라고 구분하면서 하위단계가 충족되면 상위단계를 추구한다고 주장했다. 전장에서는 여러 가지 악조건 때문에 1차적 욕구가 충분히 만족되지 못한다. 그리고 전장의 압도적인 분위기는 미약한 개인으로서는 도저히 항거할 수 없다는 것을 느끼게 한다. 그러므로 순간순간 생명의 연장에 집착하고, 이러한 생명의 연장을 위해서는 체면과 위신을 다

제7장

팽개쳐 버리며 말초적인 욕구에 몸을 던지기도 한다.

넷째, 조직의 통제력 마비이다. 전장 환경은 개개인의 정상적인 사고와 활동을 저해할 뿐 아니라 조직 전체를 혼란의 도가니로 밀어넣고 조직의 통제력을 마비시킴으로써 전투능력을 완전히 상실시키기도 한다. 이러한 조직 통제력의 마비 현상의 원인과 유형으로, 먼저, 유언비어 확산을 들수 있다. 유언비어는 이야기가 전파되는 가장 원시적인 형태로서 입에서 입으로 전달되며, 원시적인 만큼 부정확하고 근거가 없고 비능률적이지만, 일단 어느 집단 내에 퍼지고 나면 조직의 공식적인 보도를 무력화시키고, 조직의 공식적인 통제력을 마비시키기도 한다.

다음으로는 공황 발생문제이다. 어떤 부대가 전혀 대비책이 없는 상황에 부딪히면 그들은 공포 때문에 어쩔 줄 모르고 주의는 공포의 대상에 집중되며, 도피만을 목표로 삼게 된다. 이러한 상황에 "가스다" 또는 "뛰어라", "우리는 고립됐다"라는 말 한마디만 던져지면 조직은 와해되고 공황상태가 초래된다. 이러한 공황의 주요한 원인으로는 ① 훈련부족 ② 저하된 사기 ③ 유언비어 ④ 통솔력 부족 ⑤ 신뢰가 집중된 지휘관 죽음 ⑥ 불안정 등을 들 수 있다. 그리고 적의 공격에 대한 경악, 예상하지 못했던 신무기의 등장, 패배와 높은 사상률, 매장되지 않은 아군의 시체를 타고 넘는 후퇴, 무질서한 후퇴, 산림이나 야간에 길을 잃었을 때, 또는 적의 위치를 모르면서 공격을 받을 때에는 공황이 일어날 수 있다.

3.2. 공격작전 시 북한의 심리전

3.2.1. 공격작전시 북한의 심리전 목적

공격작전은 적 집단에 대하여 결정적인 타격을 가하는 활동으로써 일반적으로 작전의 주도권은 공자에게 있다. 따라서 심리전 역시 적을 계속 지배하에 들 수 있도록 하는 다양한 심리전 활동을 전개하고 있다. 피난민으로 변장한 첩자를 적 후방에 침투시켜 아군의 철수 및 증원부대 이동시 각종 유언비어를 유포하여 도로사용을 복잡하게 함으로써 적으로 하여금 기동을 지연시키고 초조감과 불안감을 유발시켜 공격작전에 유리한 환경을 조성한다.

〈공격작전시 북한의 신리전 목적〉

- 전장 공포감 유발 및 이탈 유도
- 포위 및 고립된 적 부대에게 투항권고 및 전투의지 약화
- 점령지역 군·민에 대한 이해 및 협조 요구

3.2.2. 공격작전 시 매체운용

확성기 방송은 통상 야음을 이용하여 실시하고 제공권 장악 시에 항공기에 의한 확성기 방송을 지속 실시하여 적 부대의 혼란과 공포감을 조성한다.

〈6.25전쟁시 북한 공격작전시 확성기 방송의 예〉

- "우리의 목표는 대전, 대구, 부산이다."
  머지않아 남반부 인민들과 같이 승리할 것이다.
- "인민군에 귀순하라."
- "총을 들고 귀순하여 오라, 승리는 우리에게 있다. 내일은 좌·우측으로 강력한 공격을 감행할 것이다."
  "부모, 형제, 애인이 있는 고향이 그립지 않느냐."

항공기 및 포탄에 의한 전단 살포는 공격간 적의 방어지역 또는 주민 거주지역에 정체불명으로 위장한 항공기를 이용, 전단을 살포하며 군과 주민에게 공포감과 불안감을 유발시키고 불신감을 주는 흑색전단을 대량으로 살포한다. 아래 전단은 6.25 전쟁시 북한군이 살포한 전단이다.

「전장에서 전사·부상이 속출하고 그에 대한 처리·대우도 형편없다는 점을 부각시켜 전의를 상실케 하고 사기를 저하시키려는 목적의 전단이다.」

「투항권고 방법을 기록한 조선·중공인민군 총사령관 명의의 안전 보증서」

위의 전단 중앙 접지선에 '보관하기 불편하면 뜯어서 사용하시오' 라고 적혀있다. 안전보증서를 소지하고 있다는 것은 전장 상황에 따라서 상대측으로 언제라도 투항할 수 있다는 잠재적 개연 심리가 있다. 따라서 안전보증서는 발견되지 않고 소지할 수 있도록 크기 등을 고려하여 제작하는 것이 중요하다.

3.3. 방어작전 시 북한의 심리전

3.3.1. 방어작전시 북한의 심리전 목적

방어 작전은 시간을 획득하고 병력을 절약하며 점령한 지역을 고수하여 차후작전에 유리한 여건을 조성하기 위한 일시적인 전투형태로서 지형확보 및 통제, 적 공격부대 소멸에 그 목적이 있다. 따라서 방어 작전시 심리전도 다음과 같은 목적으로 전개한다.

〈방어작전시 북한의 심리전 목적〉

- 적 후방 교란으로 군·민간에 불화감 조성
- 전력과시 및 공포감 조성으로 적군의 사기저하 유도
- 전쟁의 불필요성과 패전의 불가피성 강조로 전투의지 약화/전장이탈 유도
- 포로 및 낙오자 획득과 의식구조 변경을 위한 사상교육
- 지역주민에 대한 적극적인 협조요청 및 홍보

3.3.2. 방어작전시 매체 운용

방어작전시 매체운용은 공격작전시와 동일하며, 방어작전형태와 전장환경을 고려 매체를 융통성있게 운용한다.

아래전단은 6.25전쟁시(북한군 후퇴단계)시기에 살포한 전단이다.

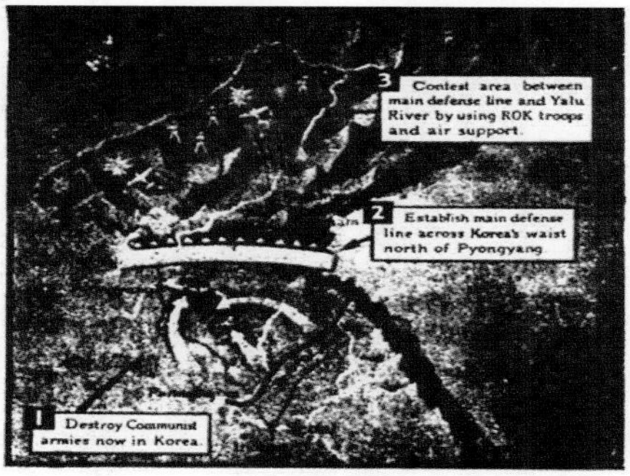

보라! 미국의 전쟁확대계획의 음모를!

이렇한 계획은 맥아더장군이나 밴푸릿트장군이 여러 번 세웠으나 전부 실패한것이다!

一九五三년一월二十六일 '타임스잡지에 실린 지도 ③의 설명에는 이와같이 씌여있다: 「남조선부대는 미국공군의 지지를 받어 주요한방어선및 압록강 사이의 지역에서 전쟁을 진행할것」.

보라 지도위에 검은 화살은 압록강을 넘어 중국의만주를 집고있다 이것은 전쟁을확대하여 전조선을 정복하고 새중국을 침략하려는 미국강도의 음모를 나타낸것이다

이전쟁계획으로 말미암아 남조선청년들의 생명은그얼마나 없어질것인가!

3.4. 전시 주요 심리전 사례 분석

3.4.1. 북한의 6.25 전쟁시 심리전

김일성은 심리전(적공사업)이 북한사회의 공산화를 공고히 하고 한반도를 적화할 수 있는 가장 위력 있는 전략전술임을 인식하고 있었다. 따라서 전쟁 전에는 기습남침을 위한 위장평화전술과 '북침설'을 날조하여 대내외적으로 선전·선동함으로써 기습남침의 여건과 불법남침의 정당화에 심리전략 목표를 설정하였다.

이러한 심리 전략적 목표에 따라 우선적으로 공산사회의 우월성을 대내적으로 선전·선동하여 북한주민을 부화뇌동케 하고 '북침설'을 운운하면서 대남 적개심 고취 및 주민을 긴장시켰다.

또한, '남북국회에 의한 통일정부 수립방안(1950년 6월 19일 제안)' 등 기습남침 5일전까지 무려 9회의 각종 위장평화 제스처를 취하여 남한정부와 국민을 기만하여 대적경계심을 이완시켰다. 아울러 대남 혁명요원 2,400여 명을 침투시켜 남쪽에서 활동 중인 좌익세력과 연계하여 사회 혼란조성, 군내 반란선동 등 제 2전선을 형성하였으며, 수백차례의 38선 무력충돌을 시도함으로써 기습공격의 전략적 여건 조성에 중점을 두고 대남 심리전을 실시하였다.

이와 같이 전쟁 전에 이겨놓고 싸울 준비를 한 김일성은 1950년 6월 25일 04:00시에 기습남침을 통해 한국정부와 국민을 일거에 마비시키고 파죽지세로 낙동강방어선까지 밀어부쳐 대한민국을 누란의 위기에 처하도록 만들어 버렸다.

전쟁초기에는 점령군으로서 계획된 심리전략에 의해 대체로 온화한 선무심리전을 실시하여 한국 국민에게 환심과 작전협조를 요구했으나 전세가 불리해진 낙동강 방어선작전부터는 현지 전황상황에 각종 심리전 매체를 동원하여 하나의 전술적 무기 및 기만전술로서 심리전을 운용하였고, 온화했던 선무심리전도 인민재판 등 공포와 위협, 강탈 등 최악의 방법을 동원하여 실시함으로써 심리전 역효과만 유발시키게 되었다. 전쟁단계별로는 다음과 같이 전시 심리전을 수행하였다.

제1단계(1950.6.~9.14.)인 무력남침단계에서는 대남심리전은 남침을 정당화·합리화하고, 진격하는 인민군들의 전투 사기를 부추기며, 군대를 지원하기 위한 정치 선전·선동을 비롯하여 한국 내에서의 노동자, 농민들의 폭동과 파괴 및 교란을 부추기는 내용 위주였다. 그러나 낙동강 방어작전 말기에는 독전을 강요하는 김일성의 특별 지령까지 하달하는 대내심리전도 실시되었다.

제2단계(1950.9.15.~1950.11.) 패주하는 시기의 대남 심리전은 북한군의 후퇴를 보장하기 위한 선전, 제2전선을 형성하고 진격하는 연합군에게 저항하고, 남아 있는 남로당에게 남한 내에서 게릴라 투쟁을 비롯한 선전·선동, 미국과 한국을 중상 모략하는 한·미 갈등을 증폭시키면서 조직적인 공세를 방해하는 심리전을 실시하였다.

제3단계(1950.12.~51.6.)는 38선 중심의 전선교착과 대치상태 시기로써 대남심리전은 강원도, 경상도, 전라도의 일부 산악지대를 중심으로 활동하던 게릴라 부대와 남로당 조직 및 당원들의 저항투쟁을 고무, 충동하고 한국과 미국에 반대하고 연합군과 이간, 갈등 조장 등 모략선전 위주로 전개되었다. 그리고 피리심리전 작전을 비롯한 중공군 고유의 심리전술이 활발하게 진행되었고, 특히 전술적 부대 운용과 연계하여 아군을 기만하는 시청각 통합 심리전 공세가 많이 실시되었다.

제4단계(51.6.~53.7.)는 휴전회담시기로 장기간 전투에 지친 피·아군은 조기 종결을 원하고 있었다. 이에 따라, 인민군도 현 고착전선에서 휴전을 희망하면서 한편으로 국군과 유엔군의 공세적 상황을 내심 경계하였고, 이를 저지하려는 심리전을 많이 전개하였다. 따라서 유엔군에 대해서는 가치없는 전쟁터에 용병으로 끌려들어와 희생당하고 있다는 염전사상과 향수심을 자극하는 심리전이 주로 이루어졌으며, 미국의 침략근성과 경제적 이익을 위해 고의적으로 휴전회담을 지연시키고 확전을 시도하여 더 많은 유엔군의 희생을 강요하고 있다면서 휴전회담 결렬의 책임을 미국에 전가시키는 대내외 심리전을 적극 전개했다.

3.4.2. 월남전시 북한군의 심리전 사례

(1) 북한군 월남전시 파경경과

김일성 신년사(1965.1월)에서 베트남전 전쟁 개입을 천명하였으며, 응웬반히에우 방문시('65. 5.18~28)에 대대적 환영과 의용군 파병을 결의하였다. 그러나 호찌민은 자립·자강 정책에 따라 북한군의 파병 제의를 공식적으로는 거절하였다. 대신 북한군 심리전 요원은 3차에 걸쳐('66. 6월~'67. 12월) 29명을 파병하였다. 이러한 사실도 배트남과 북한은 부인하나, 북한군 추모탑, 묘비 및 묘터(14명)가 확인 가능하며, 공군이나 공병 등도 소련군으로 위장하여 파병했다는 증거 자료들도 있다.[119]

(2) 북한심리전 요원의 주요 역할과 기능

방송 및 전단, 대면작전을 통한 선전과 선동, 한국군 및 파월 기술자 내부침투 접선공작. 북베트남인 상대 한국어 교육, 요원에 대한 정치전쟁 교육 등 이었으며, 구체적인 활동내용은 ① 사상 전향 고취 및 한국군의 만행 날조유포 ② 한국정부 파월정책 비난 ③ 반전투쟁 의식 고취 및 사회주의 우월성 고취 ④ 베트공 간부 양성교육을 위해 한국군의 생활풍습 및 사상동향 ⑤ 한국군과의 접촉방법, 정치전 수행을 위한 조직전개 등이었다.

(3) 주요 공작 및 심리전 수행 사례

심리전 공작사례는 1969.10.14일 맹호사단 지역 '전선사'라는 사찰에 침입하여 승려를 살해하고, 한국군이 살해한 것처럼 선전하였으며, 한국군과 주민 이간질을 책동하였다. 전단작전사례는 ① 북한 정책의 선전, ② 한국군의 베트남 파병에 대한 비난, ③ 한국, 미국, 베트남 3개국에 대한 이간책을 허위 날조로 선동, ④ 북한 김일성에 대한 우상화를 선전, ⑤ 한국군은 잔혹하다고 날조된 소문 유포, ⑥ 전투 무용론 등을 전개하였다.

방송심리전 사례로는 북경, 하노이, 모스크바 방송망을 통해 현지와 전 세계에 대해 심리전을 전개하였으며, 왜곡 조작된 한국소식과 베트남전의 역선전, 향수심을 불러일으키는 시낭송, 민요, 동요 등이 었고, 1965.12.1일부터 하노이 방송에서 우리말 방송을 하루 두 차례 실시하였다.

〈주월 한국군을 대상으로 귀순을 유도하는 전단〉

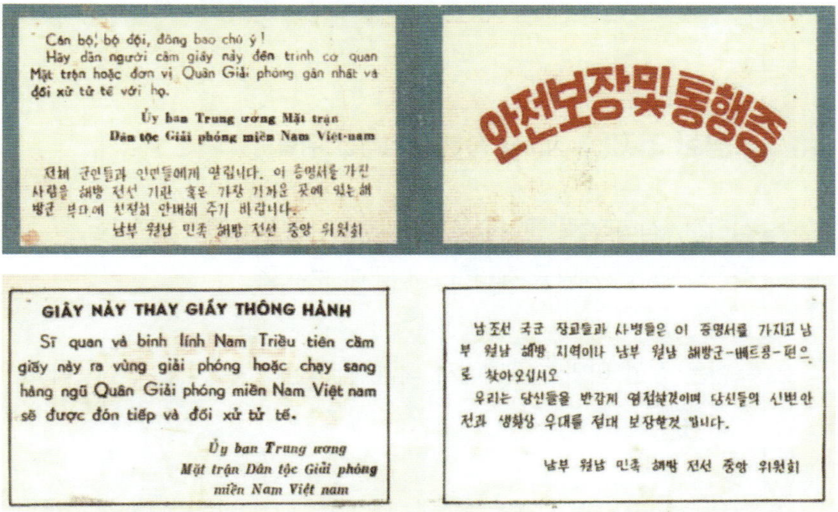

※ 출처: 문영일. “베트남전쟁의 심리전 사례분석” 『합참심리전 정책연구서』, 제8권 1호, p. 16.(1979.12)

이러한 월남전시 북한군의 심리전은 한국군의 작전 및 활동에 미친 영향은 그렇게 크지 않는 것으로 평가되었다.

제7장

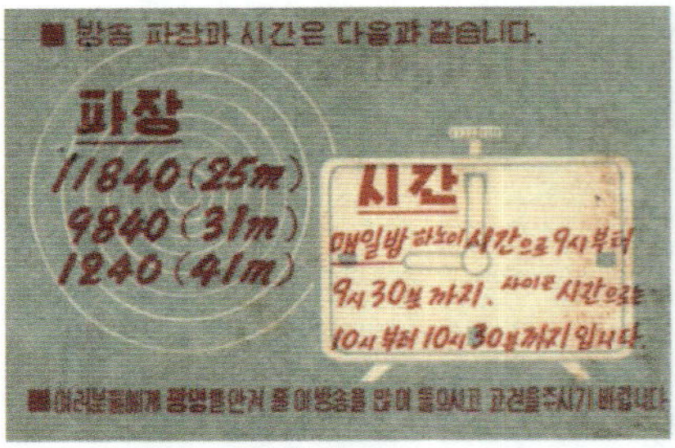

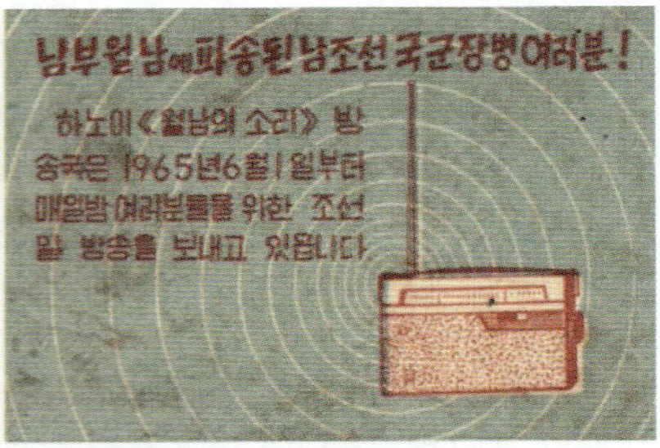

* 하노이의 한국어 방송을 선전하는 전단의 앞·뒷면 모습. 주월한국군을 대상으로 방송시간과 주파수 등 방송정보를 알려주고 있다.

※ 출처: 앞의 연구보고서, p. 20.

심화 주제 　제7장 북한의 심리전 위협

1. 심리전, 심리작전, 군사정보지원작전, 인지전, 조직·선전공작, 적공와해사업 개념을 정리하고 비교해 보시오.

2. 북한은 전선 이외의 지역에서 대남, 대외심리전을 어떻게 전개하고 있을까?

3. 북한의 전평시 대남심리전 공세에 대해 어떻게 대응하고 대비해야 할까?

4. 최근 러-우전쟁이나, 이스라엘-가자지구 전쟁에서 전개되고 있는 심리전의 유형과 특징은 무엇이며, 이는 우리에게 어떠한 시사점을 주는가?

제8장 북한의 사이버전 위협

제1절 사이버전의 개요

사이버전(Cyber Warfare)은 컴퓨터 네트워크 등을 사용하여 적의 정보체계 등을 공격 또는 방어하는 활동이다. 즉, 사이버영역에서 해킹, 컴퓨터 바이러스, DDoS[120], 악성코드, 피싱 등 해킹공격을 통해 국가정보통신망을 불법 침입, 교란, 마비, 파괴하거나 훼손하는 일체의 행위다. 사이버전의 공간 영역은 컴퓨터 시스템 및 통신 네트워크로 구성된 정보통신망과 내장형 프로세서가 포함된 무기체계(UAV, PRE 등)가 포함된다. 또한 소프트웨어 및 하드웨어 등을 이용하여 정보가 처리, 저장, 유통되는 장소가 사이버전의 공간이다. 사이버공간은 지상·해상·공중·우주를 상호 연결하는 역할을 하며, 특히 군 내에서 운영하는 사이버공간을 국방사이버영역이라 하는데 이는 크게 국방망, 전장망, 독립 무기체계망으로 구분한다.[121]

사이버공간에는 개인과 기업, 국가기관이 혼재되어 있고, 국가 간 경계도 불명확하므로 방자가 공자를 식별하고, 역 추적하여 보복하는 것이 어렵다. 따라서 사이버공격은 상대방의 시스템이나 네트워크를 마비시키기 위해 가장 보편적으로 사용되는 수단이다.

사이버작전(Cyber Operation)이란 사이버공간상에서 군사 목적을 위해 사이버 관련 능력을 운용하는 작전을 말하며, 공세적 사이버작전, 방어적 사이버작전, 네트워크작전으로 구분한다. ① 공세적 사이버작전은 사이버 능력을 상대방에게 투사하여 상대의 디지털 데이터를 조작·왜곡하거나 전장망을 마비시켜 잘못된 지휘결심을 유도하는 것이다. ② 방어적 사이버작전은 아군 사이버공간의 취약점을 파악 및 관리하여 아군의 사이버능력은 보장하고, 상대방의 사이버공격을 조기에 탐지 및 예방하여 무력화하는 활동이다. ③ 네트워크작전은

컴퓨터를 통해 네트워크를 설계·구축·운영함으로써 국방 사이버영역을 창출하는 활동이다.122)

사이버작전은 기술이 발전되면서 공격양상이 점점 더 다양화·고도화되고 있다. 예를 들면, ① 타킷형, 서비스형 등 다양한 형태의 랜섬웨어 대량 유포 ② APT, 멀티바이징 등 다양한 악성코드 감염기법의 지능화 ③ 디도스(DDoS) 방법의 고도화 ④ IoT 기기 및 스마트 장비 해킹 ⑤ 사회기반시설 및 내부망 사이버 공격 ⑥ 모바일 서비스에 대한 위협 ⑦ 공용 소프트웨어를 이용한 표적공격 등이 상대의 시스템 및 네트워크를 마비시킬 수 있는 방법으로 사용되고 있다.123)

사이버전은 기본적으로 인터넷처럼 유·무선 네트워크가 연결되어 있는 사이버 공간 내에서 IP 주소를 매개체로 이루어지는 활동으로 독립망이나 폐쇄망은 접속 자체가 불가능한 제한점이 있다.

〈북한 사이버전 수행 개념도〉

※ 출처: 잉카인터넷(http://inca.co.kr). 검색일: 2025.4.21

1.1. 사이버전의 출현과 발전추세

1990년대 후반부터 인터넷 사용이 세계적으로 확산되면서 개인, 인터넷, 사회를 연결하는 사이버 공간의 중요성이 커지고 있다. 모든 사람에게 접근을 허용하는 사이버 공간의 개방성은 한편으로 다양한 사회적 교류와 문화적 콘텐츠의 공유를 가능하게 하는 장점이 있다. 그러나 다른 한편으로는 사이버 공간의 익명성과 합쳐져 사이버 범죄에 취약함을 드러내고 있다.

이처럼 데이터, 시스템, 정보통신망 등과 관련되어 발생하는 모든 불법적인 행위를 '해킹(hacking)'이라고 한다. 해킹이란 용어 자체는 미국의 MIT 대학에서 자신의 기술을 과시하려는 학생들에 의해 처음 등장했다. 하지만 점차 상대국의 군 정보 시스템뿐만 아니라 국가기반시설 전반에 걸친 사이버 공격으로 확대되고 있다.[124] 이로 인해 사이버 공간이 상대국의 취약점을 이용해 도발을 자행하거나 또는 도발을 억제하는 전략적 수준의 전장으로 변화하였다.

사이버공간은 컴퓨터와 네트워크뿐만 아니라 전자기스펙트럼을 이용하는 원격통신 및 전자기 장비도 포함된다. 사이버공간에서 수행하는 사이버전과 전자기스펙트럼을 활용하는 전자전 사이에 공통점이 도출되었고, 사이버전에 전자기스펙트럼을 적극적으로 활용한다면 보다 효과적인 사이버전자전이 가능해졌다. 따라서 기존에는 사이버전과 전자전을 개별적으로 수행하는 범위에서 운영 중이었으나, 전자기스펙트럼을 활용하는 전자전과 사이버작전의 교차영역에서의 시너지효과를 창출하기 위해서 '사이버전자전(CEW: Cyber-Electronic Warfare)'의 수행개념이 발전하고 있다.

1.2. 사이버전의 개념과 특징

사이버전의 개념은 "사이버 공간에서 일어나는 새로운 형태의 전쟁수단으로서, 컴퓨터 시스템 및 데이터 통신망 등을 교란, 마비 및 무력화함으로써 상대방의 사이버 체계를 파괴하고, 자신의 사이버 체계를 보호하는 것"이다. 일반적으로 '사이버 전쟁(cyber war)' 보다는 '사이버전(cyber warfare)'이라는 용어가 더 널리 사용되고 있다.

한국 합참은 『합동·연합작전 군사용어사전』에서 사이버전을 "컴퓨터가 합성한 가상현실의 세계와 가상인간의 영역과 같이 인공지능체계가 운용되는 공간(cyber space)에서의 전쟁"으로 설명한다. 이는 정보화 사회의 과학기술 발전을 역이용하여 취약점을 공격함으로써 물리적인 군사시스템 파괴보다 훨씬 결정적인 손실을 초래할 수 있는 총체적인 가상공간에서의 '정보 마비전'을 추구하는 전쟁수행 방식이다. 이러한 사이버전쟁은 다음과 같은 특징을 나타낸다.

〈사이버 전쟁의 특징〉

• 비대칭적이다.	• 비용이 저렴하다
• 강자와 약자가 바뀔 수 있다.	• 공자를 식별하기 어렵다.
• 방자는 사후 수습적이다.	• 시간과 공간의 한계가 없다.

첫째, 비대칭적이다. 국가 간의 분쟁뿐만 아니라, 경우에 따라 국가는 개인이나 집단과도 전쟁을 할 수 있다. 9.11 테러는 알카에다 무장 테러집단이 미국을 공격한 예이다. 공격과 방어 전력에서 상대와의 균형을 이루지 못하더라도 사이버 공간에서 공격자는 언제든지 비대칭 전략을 구사할 수 있다.

둘째, 비용이 저렴하다. 비용 측면에서 크루즈 미사일은 1기당 약 200만 달러, 스텔스 전투기는 약 1억 2,000만 달러, 스텔스 폭격기는 약 20억 달러이다. 이에 비해 사이버 무기는 단 몇 달러에서 많아야 수만 달러 수준이면 충분히 확보할 수 있다.

셋째, 강자와 약자가 바뀔 수 있다. 사이버 기술을 이용한 공격과 방어는 반드시 전통적인 군사 강대국에만 유리한 것만은 아니다. 선진국들은 국가의 주요기반시설이 고도로 정보화되어 있고 유·무선 네트워크 접속 포인트가 광범위하게 연결되어 있기 때문에 공격 요소나 취약점이 많으나, 북한은 정보통신 인프라가 열악하기 때문에 취약점이 상대적으로 적다.

넷째, 공자를 식별하기 어렵다. 많은 사이버공격이 있었지만, 배후가 명확하게 밝혀진 것은 거의 없고 정황상 추측이 가능할 뿐이다. 이는 공격자를 특정하기가 어렵고 공격자와 이를 지원하는 세력의 구별이 모호해 증거도 남지 않기 때문이다. 정보통신기술이 발전함에 따라 방어기술도 발전하지만 공격기술도 함께 향상되며, 그 기술은 은밀하게 개발되고 나날이 지능화되고 있다.

다섯째, 방자는 사후 수습적이다. 방자는 모든 공격에 대한 대응책을 사전에 마련하기 어렵다. 반면 공격자는 세계 어느 곳에 대해서도 상시 공격을 단행할 수 있으며 많은 목표물 중에서 하나의 취약점만 찾아도 공격할 수 있다. 이에 비해 방자는 공격 징후를 사전에 파악하기도 어려울 뿐만 아니라, 모든 취약점을 제거하거나 보완하는 것도 현실적으로 불가능하다.

여섯째, 시간과 공간의 제약이 없다. 물리적인 재래식 전쟁은 발발하면 일정기간 지속되다가 협상이나 항복을 통해 종결된다. 그러나 사이버전에서는 전시와 평시의 구분이 없고, 지금도 보이지 않는 자들의 사이버 공격이 지속적으로 자행되고 있다. 공격 대상이 특정한 정보시스템일지라도 네트워크의 특성상 피해 범위는 군대와 국가, 사회 전반에 걸쳐 광범위하게 확산될 수 있다.

1.3. 정보통신기술 발전과 사이버전의 역할

사이버전이 군사적으로 중요한 이유는 군의 무기체계와 전략이 네트워크를 기반으로 한 정보통신기술 중심으로 급속히 진화하고 있기 때문이다. 세계 각국은 오래 전부터 전장 환경변화에 따른 전쟁수행 전략을 수립, 추진해 왔으며, 이를 '네트워크중심전(NCW: Network-centric Warfare)'으로 부른다. 네트워크중심전은 전차, 장갑차와 같은 기동화력체계, 정찰기와 같은 정찰체계 등 전투력 요소를 컴퓨터 네트워크로 묶어 지능화·무인화를 바탕으로 하는 전투수행 개념이다. 이에 따라 각국은 정보통신기술과 무기체계 융합을 통해 네트워크 중심의 전장 환경에 부합하기 위한 기술 개발에 박차를 가했으며, 정보체계의 상호 연동을 기반으로 하는 'C4ISR체계[125]'가 대표적이다. C4ISR체계는 지휘통제자동화인 C4I체계와 정보·감시·정찰인 ISR체계를 합친 개념으로 군사작전에서 지휘관이 가용한 자원을 이용하여 전투력을 최대한 발휘할 수 있도록 지원한다. 이를 통해 지휘·통제와 감시·정찰을 수행하며 신뢰성 있는 정보를 획득·처리·활용해 부여된 임무를 분권화하고 효과적으로 시행할 수 있도록 하는 총체적 체계이다. 이와 같이 정보통신기술의 발전과 첨단 무기체계의 진화로 인해 미래 전쟁에서의 사이버전은 다음과 같은 측면에서 중요한 역할을 수행하게 될 것임을 시사한다.

첫째, 물리적인 군사력과 연계는 하지만 사이버 공간의 소프트한 수단만을 활용하여 공격하는 방법이다. 마치 해상에서 발생하는 해전이나 공군 간에 발생하는 공중전처럼 사이버전이 전개될 것이다. 이를 위해 사이버 공간에서의 교전을 상정한 '사이버전 단독 교리와 전략'이 개발되고 작전계획도 마련해야 한다.

둘째, 물리적 군사력과 완전히 통합하여 사이버 전쟁을 수행하는 것이다. 미래의 전쟁은 육상·해상·공중에 이어 우주와 사이버 공간까지 포함된 5차원적 공격과 방어가 일어나는 입체전으로, 사이버전과 물리전을 어떻게 효과적으로 연계할 수 있는지가 중요하게 부각되고 있다.

셋째, 미래 전쟁에서 물리적인 공격 이전이나 동시에 국가기반시설에 대한 사이버 공격이 병행되는 것이다. 특히 적이 국가의 통신, 금융, 에너지, 교통과 같은 주요기반시설에 대한 제어시스템을 공격할 경우 상당한 피해와 혼란이 예상되며 그 공포감은 국민들의 전쟁수행의지를 마비시킬 것이다. 이러한 심리적 마비를 유도하는 대표적인 사이버 공격방법 중 하나는 기반시설을 제어하는 기능을 가진 스카다(SCADA)시스템[126]을 파괴하는 것이다.

제2절 북한의 사이버전 전략과 목표

2.1. 북한의 사이버전 발전 과정

1990년대 이후 대부분의 국가에서 인터넷 사용자가 폭발적으로 늘어나고, 국가 기반시설의 전산화가 이루어지면서 사이버 공간이 확대되었다. 북한은 이런 현상을 포착하고 미래 전쟁에서 사이버전이 차지하는 중요성이 높아질 것에 대비하여 사이버 전력을 강화했다. 북한의 로동신문은 “최첨단 과학기술 수단의 하나인 컴퓨터가 자본주의 나라에서 사람들에게 불안과 공포를 주는 파괴무기가 되고 있다”며 사이버 위협을 강조하고 있다.

북한은 “사이버전에 대하여 핵, 미사일과 함께 우리 인민군대의 무자비한 타격능력을 담보하는 만능의 보검”이라며 중요성을 강조하고 있다. 북한은 재래식 군비경쟁의 열세를 만회하기 위해 대량살상무기 등을 활용한 비대칭 억지전략을 발전시켜왔다. 특히 상대적으로 적은 경제적 부담으로 한국의 통신망, 금융망, 전력망 등 국가 기간시설에 심각한 피해와 혼란을 일으킬 수 있는 사이버전은 북한이 선택할 수 있는 매력적인 수단이었다. 북한의 사이버전에 대한 관심은 1980년대부터 시작되었으나, 특히 2003년 미군이 주도한 ‘사막의 폭풍작전’ 이후 첨단 정보기술의 중요성을 인식하였다. 이를 계기로 북한은 사이버전 관련 기술을 본격적으로 개발했으며, 사이버전 관련 기술 도입을 위해 중국, 러시아, 이란과 긴밀하게 협력하고 있다.

특히 북한과 러시아는 2024년 6월 19일 푸틴(Vladimir Putin) 대통령의 방북을 계기로 북·러 포괄적 전략동반자 관계 조약을 체결했다. 이 조약은 군사 기술 협력의 제도화와 과학기술, 경제, 무역,

우주, 생물, 의료, 원자력, 인공지능, 체육 등 다양한 분야에서 협력 강화를 추구하고 있고 특히 사이버 안보 관련 사항이 다수 포함되었다는 특징이 있다. 러시아는 전 세계에서 가장 고도화된 사이버전 기술력과 작전 능력을 보유한 국가로 평가받고 있다. 현실적으로 현재 보유하고 있는 물리적 군사력만으로는 과거의 영광을 재현하기 어렵기 때문에 사이버 공간을 통해 불법적인 수단과 방법을 동원하여 다양한 유형의 사이버 공격을 획책하고 있다. 양국은 이 조약을 토대로 국가 중심 사이버 공간의 주권 및 국제법 적용 강화, UN이나 개별 국가들의 대북 제재에 대한 비협조 증가, 북한의 사이버 안보 규범 형성과정 참여 확대, 과학기술·표준·허위조작 등 정보 대응 협력 강화, 사이버 분쟁 발생 시 상호지원, 북한 IT 해외파견 인력의 용병 활용 등을 가시화할 것으로 추정된다.

북한은 이 조약으로 사이버 방호역량을 강화하고 있는 서방 진영의 사이버 공간에 대해 양국 간 협업을 통해 적극적으로 대응할 것으로 보인다. 또한, 러시아의 첨단 기술을 전수받아 사이버전 역량을 강화하고, 공동 작전목표에 대한 상호지원을 통해 북·러 연합 사이버 작전으로까지 협력이 확장할 것으로 예상된다.[127]

미국의 사이버 보안 문제 전문연구기관인 테크놀릭틱스연구소(Technolytics Institute)는 북한 사이버 공격 능력을 세계 6위로 평가하였다. 이러한 분석결과는 사이버전 기술의 선진국인 미국, 이스라엘, 중국, 러시아, 이란을 제외하고 북한이 세계 수준의 사이버 공격 능력을 보유하고 있다는 것을 의미한다.[128]

북한의 사이버전 전략과 교리는 외부로 공개된 자료가 없기 때문에 이를 정확히 파악하는 것은 쉽지 않다. 북한 사이버전 기술은 중국 및 러시아에 크게 의존하고 있기 때문에 교리의 군사적 특성을 파악하기 위해서는 중국과 러시아의 사이버전 교리를 살펴볼 필요가 있다. 먼저, 중국의 사이버전 교리는 2050년까지 적의 정보기반시설(information infrastructure)을 붕괴시킬 수 있는 능력을 확보하여

전 세계적 범위에서 '전자적 우위(electronic dominance)'를 달성하는 것을 목표로 하고 있다.

〈북한의 주요 국가와의 사이버전 협력 사항〉

구 분	사이버전 관련 협력
중 국	• 사이버전 기술 교육 • 서버, 라우터 등 하드웨어 제공을 통해 북한의 사이버전을 지원 • 북한 사이버전 부대인 전자정찰국(121국)이 심양(瀋陽)에서 임무 수행 협력
러시아	• 프룬제 군사학교 출신 교수 25명을 파견하여 사이버 전문가 양성교육 지원 • 전자파(EMP) 공격 기술과 인터넷 통제를 위한 기술 정보 북한에 제공 • 북-러 포괄적 전략동반자 관계 조약(2024.6.19.) 체결로 북-러 연합 사이버 작전으로 확장 예상
이 란	• 북한과 기술교류협정을 체결(2012) • IT 기술 공유를 위한 학생 교환, 합동연구 등을 진행

이를 위해 재래식 전쟁을 개시하기 전에 적의 금융시스템, 민간 또는 군사통신시스템을 파괴하는 전략을 채택하고 있다. 또한, 러시아는 대량살상무기를 이용한 재래식 군사 활동의 효과를 증폭시키기 위한 수단으로 사이버전을 활용한다는 교리를 채택하였다.

2.2. 북한의 사이버전 전략의 특징

북한의 사이버전 전략과 교리는 북한이 보유한 사이버전 기술에 의해서가 아니라 북한이 처한 정치·경제·사회·군사적 요인이 북한의 사이버전 수행목표 형성에 영향을 미치고 있다. 따라서 북한은 사이버전 기술을 이용한 군사적 도발을 지속할 것으로 보이며, 북한의 사이버전 전략의 특징은 다음과 같다.

첫째, 북한의 사이버전 전략은 국가목표 달성을 위한 정치적 수단이다. 북한은 조선노동당 규약 전문에 "조선로동당의 당면목적은 공화국 북반부에서 사회주의 강성대국을 건설하며 전국적 범위에서 민족해방, 민주주의 혁명의 과업을 수행하는데 있으며 최종 목적은 온 사회를 주체사상화 하여 인민대중의 자주성을 완전히 실현하는 데 있다"고 규정하고 있다. 이러한 정치적 목표를 달성하기 위하여 북한은 3대 혁명역량의 강화를 주장해왔다.129)

북한은 북한 혁명역량 강화를 위해 대량살상무기 개발과 사이버전 능력을 강화하고 있고, 남조선 혁명역량 강화를 위해서 사이버전 능력을 적극 활용할 것이다. 최근 사이버 공간이 한국 주민들의 정치적 행위에 미치는 영향이 커지고 있다는 사실을 무시할 수 없는데, 한국의 사이버 공간은 경제·문화의 기반임과 동시에 여론이 형성되는 의사소통의 기반으로 작용하고 있다. 이는 북한이 사이버 공간을 장악할 경우 사회 모든 분야로 북한의 영향력을 확산시킬 수 있다는 것을 의미한다. 남조선 혁명역량이란 한국 내에 좌경세력과 체제에 불응하는 세력을 양성하여 한국의 사회체제를 흔들어 놓을 수 있는 능력을 말한다. 따라서 북한의 사이버전 교리는 인터넷을 통해 허위 정보를 유출하고 여론을 혼란시켜 친북세력을 형성·확대하는 것을 목표로 삼을 것으로 보인다.

둘째, 북한의 사이버전략은 경제정책과도 깊은 연관이 있다. 북한은 IT 산업을 핵심으로 경제 활성화를 추구하는 '단번 도약' 전략을 추진하고 있다. 북한이 IT 산업을 중시하는 이유는 군사강국 건설뿐만 아니라 경제구조의 개선을 위해서 반드시 필요하기 때문이다. 그러나 경제적으로 낙후한 북한에서 단기간 내에 IT 산업 육성을 통한 성과를 기대하기는 힘들다. 따라서 북한은 대규모 자본투자 없이 기술 개발이 가능한 소프트웨어를 외화벌이를 위한 수단으로 활용할 수 있다. 또한 국내 인터넷 게임 이용자가 북한 해커들에게 해킹 프로그램 개발을 의뢰하거나, 국내 도박꾼이 북한 정찰총국 소속 공작원에게 북한산 해킹 프로그램을 구입하는 사건이 잇따라 발생하고 있다.

셋째, 북한은 사이버전략이 군사적으로 재래식 군비경쟁보다 상대적으로 유리하기 때문에 더욱 집중할 것이다. 사이버전의 군사적 이점은 적은 비용으로 군사적 도발을 가능하게 하는데, 공격자가 드러나는 군사도발은 정치적 비난과 책임을 피할 수 없기 때문이다. 또한 포병 및 항공 전력을 이용한 도발보다 실용적인데, 통상적 군사도발을 위한 준비활동은 인공위성이나 감시체계에 의해 포착될 수 있기 때문이다. 그 뿐만 아니라, 사이버전을 통해 간첩 활동 및 심리전 수행을 위한 토대를 제공할 수 있다는 점도 유의해야 한다.

2.3. 북한의 사이버전 목표와 사이버 공간의 특성

북한의 사이버전 수행목표는 북한 체제의 특성과 연계되어 있다. 북한은 정치적으로 3대혁명역량을 강화하기 위해 한국의 사회혼란을 조성하는 방안으로 사이버전을 활용하고 있다. 또한 경제적으로 낙후된 상황에서 IT 산업을 중심으로 단번에 도약하기 위한 전략과 손쉽게 할 수 있는 외화벌이의 수단으로도 활용하고 있다. 사회적으로 북한은 선전선동을 중시하는 문화에서 그들의 체제를 선전하기 위한 도구로도 사용하고 있다. 그 뿐만 아니라, 북한은 군사적으로 재래식 군비경쟁의 열세를 만회하기 위해 군사작전의 방해는 물론, 국가 기능을 마비시키는 등의 목표로 사이버전을 활용하고 있다.130)

제 8 장

〈북한 체제의 특성과 사이버전 수행 목표〉

구 분	북한 체제 특성	사이버전 수행 목표
정치적 차원	3대혁명역량 강화	한국의 사회혼란 조성
경제적 차원	IT 산업 중심의 단번도약 전략	외화벌이
사회적 차원	선전선동 중시의 정치문화	체제선전
군사적 차원	재래식 군비경쟁의 열세	군사작전 방해, 국가기능 마비

※ 출처: 김인수, "북한 사이버전 수행능력의 평가와 전망" 『통일정책연구』(2015), p. 134.

북한의 사이버전 수행에 대한 기본전략은 사이버 공간의 주요 특성인 광역성, 익명성, 비가시성을 중심으로 추측할 수 있다.

첫째, 광역성은 북한이 사이버 공간을 통해서 공격할 수 있는 대상이 매우 다양하고 한계가 없다는 점이다. 북한은 인터넷을 통해 물리적 공간을 뛰어넘어 미국과 한국을 비롯한 주요 동맹국들에 대한 직접적인 공격을 가할 수 있다.

둘째, 익명성은 사이버 공간의 활동 주체를 알아내기 힘들다는 특성이다. 사이버전은 공격의 주체를 은닉하기 용이하다. 따라서 북한은 자신들의 얼굴을 숨기고 한국과 주요 동맹국에 대한 체계적인 사이버 공격을 자행할 수 있다.

셋째, 비가시성은 활동에서의 자유를 보장한다는 점이다. 사이버 공격과 테러는 사전에 탐지가 거의 불가능하기 때문에 원하는 시간과 장소에서 도발을 일으킬 수 있다. 따라서 북한은 한국과 주요 동맹국의 취약점을 관찰하고 있다가 결정적인 시기에 공격을 가하는 등의 위협을 증가시킬 것이다.

제3절 북한의 사이버전 위협

3.1. 북한 사이버전 연혁과 조직체계

북한은 노동당이 다른 기관보다 우위의 당 주도의 권력구조를 갖고 있다. 북한노동당 규약은 당 중앙군사위원회가 모든 군사사업을 조직·지도하고 있으며, 북한에서는 노동당과 국방위원회가 각각 사이버전 조직을 편성하고 있다. 현재까지 기사 및 논문 등의 연구 자료를 통해 확인한 결과 조금씩 제시하는 조직체계가 달랐다. 인터넷에서 검색되는 약 15여 개의 조직도를 확인하고 기존 연구 등을 통해 분석한 결과에 의하면 북한의 사이버부대 조직도는 다음 그림과 같다.

〈북한 사이버부대 조직도〉

※ 전자정찰국 사이버전 지도국 6,800명 포함, 총참모부 산하 해커 총 12,000명 추청
※ 자료: 『국방백서』(2022), 『북한의 이해』(2022).

첫째, 1986년 '군 지휘자동화대학'(평양 미림동 위치하여 '미림대학'으로 불리하며 2000년 현 '김일(정치)군사대학'으로 명칭 변경)을 설립하여 100여 명의 컴퓨터 전문요원 양성을 시초로 사이버부대 준비를 시작하였다. 그리고 1991년 걸프전이 미국 주도 아래 연합국 승리로 끝난 후 현대전에서 전자전의 중요성을 인식하고 '총참모부' 직속으로 '지휘자동화국'과 각 군단에는 '전자전 연구소'를 신설하고 사이버전 능력을 국가전략으로 발전시켰다.

둘째, 1995년에는 100여명의 인원으로 '중앙당 35호실 기초자료 조사실'을 설치하여 중앙당 부서에 필요한 다른 나라 국가기관, 단체, 개인에 관한 기밀자료를 인터넷을 통해 수집하기 시작했다. 1998년에는 사이버부대(121소) 창설 및 1999년에는 200여명 수준의 사이버심리전부대인 적공국 204소를 설립하여 국군과 남한의 청소년, 일반인을 대상으로 사이버 심리전을 펼쳐왔다.

셋째, 2004년 중반부터 중국 단둥을 거점으로 사이버 부대를 운영하기 시작하였다. 북한의 사이버 공격 능력은 2009년 북한의 해외·대남 정보기구인 정찰총국의 등장으로 비약적으로 발전하였다. 특히 사이버 공격의 핵심부서는 정찰총국 산하 '121국'(사이버전 지도국)에 의해 이뤄지고 있다. '121국'의 산하조직인 '110호 연구소'(컴퓨터기술연구소)에는 북한의 금융 관련 해킹 조직인 '라자루스'(Lazarus), '블루노로프'(Bluenoroff), '안다리엘'(Andarial) 등이 있으며, 정보수집 임무를 담당하는 해킹조직인 '김수키'(Kimsuky) 등이 활동하고 있는 것으로 알려졌다.

〈북한 사이버 조직 연혁〉

- 1986년: 지휘자동화대학(현 김일(정치)군사대학)에서 100여명 컴퓨터 전문요원 양성 시작
- 1991년: 총참모부 직속 지휘자동화국, 각 군단 전자전연구소 창설
- 1995년: 중앙당 35호실 기초자료조사실 창설
- 1998년: 사이버부대(121소) 창설
- 1999년: 사이버심리전부대(적 공국 204소) 창설
- 2004년: 사이버부대 거점 운영(중국 단둥)
- 2010년: 정찰총국 창설(인민무력부 정찰국+노동당 작전국+중앙당 35호실)
- 2010년: 사이버부대(121소)를 사이버지도국(121국)으로 개편(500명 → 3,000명)
- 2012년: 전략사이버사령부 창설
- 2017년: 사이버전략사령부 창설 추정(121국+204소+110연구소 통합)

※ 출처: 김진광, "북한의 사이버조직 관련 정보 연구", 「한국컴퓨터정보학회 하계학술대회 논문집」 제28권 제2호 (2020. 7), p. 113.

북한의 금융 분야 공격을 주도하는 '라자루스' 그룹은 2007년 초 설립되었으며, 2014년 소니픽쳐스사 해킹과 2017년 워너크라이(WannaCry) 랜섬웨어 사건, 해외 금융기관에 대한 해킹의 배후로 지목된 기관이다. 또한 라자루스의 하위 그룹으로 알려진 '블루노르프'와 '안다니엘'도 금융기관, 카지노, 금융거래 소프트웨어 개발, 그리고 암호화폐 등 불법적인 금전적 수입을 확충하는 데 특화된 조직으로 알려져 있다. '김수키'는 정찰총국 산하 조직으로 2010년부터 활동한 것으로 알려져 있으며, 한·미·일 정부를 포함하여 세계적인 정보수집 임무를 담당하고 있다. 특히 한반도 관련 안보 전문가들을 대상으로 한 정보활동을 벌이고 있는 것으로 알려졌다.[131]

넷째, 2010년에는 인민부력부 정찰국, 노동당 작전부, 중앙당 35호실 등을 통합하여 정찰총국을 창설하고, 사이버부대인 121소의 병력을 500명에서 3,000명으로 증강하는 동시에 사이버지도국(121국)으로 개편하였다. 2012년에는 전략사이버사령부 창설하여 병력을 약 6,000명 규모로 확대했다.

다섯째, 탈북자 김흥광 NK지식인연대 대표(2003년 탈북, 김책공업대학 컴퓨터공학 박사)에 의하면 2017년에 사이버전략사령부가 창설된 것으로 추정되는데, 이는 사이버지도국(121국)과 사이버심리전부대(204소), 110연구소를 통합한 것으로 예상된다. 북한의 사이버 조직 체계는 위의 연혁을 통해 알 수 있듯이 수년간 다양한 임무를 수행하는 조직이 창설 및 통합되었다.

3.2. 북한의 사이버전 전력 수준

3.2.1. 사이버전 전략과 전술

북한은 국가기관이나 기반시설에 침투해 전산망을 파괴하는 사이버테러를 자본주의 과학기술 발전의 역기능적 결과라며 비판적 시각으로 보고 있다. 또한 사이버공격 의혹들에 대해서는 적극 부인하는 동시에 북한을 대상으로 한 사이버공격에 대해서는 강력한 항의를 하고 있다.

북한은 미국의 사이버국방정책도 비판하고 있다. 미국의 사이버공격무기 개발 기사와 관련하여 노동신문은 '사이버전쟁 준비에 열을 올리는 침략세력들'이라는 비판기사를 발표하였으며, 미국의 스턱스넷 개발 및 이용에 대해서도 비판한 바 있다. 북한은 독일과 브라질이 유엔에 발의한 미국의 감시활동에 대한 '디지털 시대의 프라이버시 권리' 결의안에 적극적인 찬성 입장을 밝혔다.

북한의 사이버전 관련 독트린이나 정책 관련 내용을 담고 있는 공식문서는 외부에 공개된 바 없다. 하지만, 북한 지도층의 발언과 조직체계, 실제 국가차원에서 조직적으로 수행되었던 사이버공격 사례들을 종합해 볼 때, 국가 차원의 사이버전 독트린과 정책은 존재하지만 극비로 추정된다. 북한은 자신의 사이버 군사독트린에 대해 철저히 은폐한 채 한국을 대상으로 조직적인 사이버공격을 수행해오고 있다. 그러나 한편으로는 다른 국가들의 공격행위와 사이버공격을 포함한 사이버정책에 대해서는 공개적으로 비난을 가하는 이중적인 태도를 보이고 있다.

북한 사이버전략·전술 관련 공식문서도 알려진 바 없다. 하지만 북한군은 정보전 개념과 전투전법들에 대한 벤치마킹의 필요성을 절감한 이후 여러 방면의 논의 과정을 통해 1990년대 말 자기식의 독특한 사이버 정보전의 개념과 전략을 완성하였다. 이를 바탕으로 북한은 북한식 사이버전 전법, 심리전 전법, 경제정보획득전법 등 다양한 정보전 전법들을 발전시켜 왔다. 북한의 사이버전 전략은 중국 군사교리인 점혈전략(點穴戰略)[132]을 모방한 것으로 평가되며, 중국의 사이버전법들을 벤치마킹한 것으로 알려져 있다. 현재 북한의 전술은 기습전술, 위장전술, 기만전술, 정보전술, 심리전술, 은폐전술, 파괴전술로 구분하고 있다.

최근 북한의 사이버공격 수행 전술을 살펴보면, 먼저 사이버공격 작전이 계획되면 북한 사이버부대원들은 중국에 위치한 안전가옥으로 이동한다. 이들은 프록시 서버를 가동하여 공격근원지를 은폐한 뒤, 수백 명이 하나의 목표물에 대해 동시다발적으로 공격을 수행한 후 작전이 완료되면 북한으로 돌아간다. 이러한 사이버공격전술은 비밀성 유지, 중국에서의 공격, 공격근원지 은폐 등을 통해 공격자가 북한임을 최대한 숨길 수 있다. 또한, 작전 완료 후 바로 북한으로 복귀하므로 공격자 식별에 수개월이 소모되는 사이버공격의 특성상 대응공격을 위한 원점이 사라지는 전략적 장점을 갖게 되며, 남남갈등 조장 효과까지 노리고 제공하고 있다.

3.2.2. 사이버 인프라

북한 사이버 인프라의 특징은 인터넷과 인트라넷의 이중화, 정보통신 인프라의 부족, 그리고 국가독점 및 국가통제 등이다. 이러한 북한의 인터넷-인트라넷 분리구축 정책은 북한의 독자적 사이버전략의 결과물이다. 북한은 미국 중심의 인터넷에 참여하지 않았으며, 인터넷이 구축된 1995년의 이듬해인 1996년에 북한 안에서만 사용하는 일국적 범위의 인트라넷을 독자적으로 구축했다.

북한은 일반 기관과 주민을 위한 '광명'과 이와 분리된 '붉은검'(국가보안성), '방패'(국가보위부), '금별'(군) 등 기관별로 분리된 인트라넷을 두고 있다. 광명에는 3,700여 기관에 속한 컴퓨터들이 연결되어 있다고 하며, 이용자 수는 5만 명 정도로 추산된다.

북한은 중국 단둥과 신의주를 잇는 광통신망을 통해 중국의 차이나텔레콤으로부터 회선을 할당받아 중국 IP를 통해 인터넷을 이용하고 있다. 이들은 중국 필터링 정책에 의해 걸러진 인터넷 콘텐츠에만 접근할 수 있다. 북한 내부의 인터넷 사용은 소수에 의해 독점·통제되는데, 월드뱅크 통계에 따르면 인터넷 이용자 수는 인구 대비 세계 최저 수준으로 실제 이용자들은 정부에서 신뢰할 수 있는 간부급 인원 수백명 정도일 것으로 추측한다.

북한에서 검열 없는 인터넷은 독일 서버에 위성접속을 통해 이루어지며, 외국인과 소수의 엘리트들에 의해서만 독점되고 있다. 또한, 모든 PC는 보안서나 보위부에 등록되며 인터넷에 접근할 수 있는 기능이 차단되고, 전기 사정이 좋지 못해 컴퓨터를 쓸 수 있는 시간도 제한된다. 부족한 인터넷 인프라와 낮은 이용률 등 북한의 사이버 인프라는 매우 빈약한 상황이라고 할 수 있지만, 이러한 낮은 의존도가 방어 측면에서는 강력한 전략적 장점을 제공한다.

3.2.3. 사이버전사 양성과 전문 인력

북한은 1980년대부터 국가차원에서 체계적으로 해커를 양성해왔으며, 1991년 걸프전쟁을 계기로 현대 전장에서 전자전 수행에 대한 필요성을 인식하여 본격적으로 대비하였다. 이후 2003년 이라크전쟁을 통해 첨단 정보기술의 중요성을 재인식하여 사이버전 능력을 본격적으로 발전시켜왔다.

북한의 사이버전 인력은 북한 내부에서도 매우 높은 대우와 보수, 해외근무 기회 등의 특혜를 받는 최상위 엘리트 계층으로 알려져 있다. 이들은 출신성분이 좋은 영재들로 소학교(한국의 초등학교) 때 선발되어 금성 제 1·2중학교(고등학교) 등 특수학교에서 기초교육 영재교육을 받는다. 이들 중에서 우수 졸업생들은 김일성종합대학교와 김책공업종합대학교 김일정치군사대학교(구 지휘자동화대학교, 일명 미림대학) 등에 입학하여 사이버전 관련 전문교육을 받으면서 사이버전사로 양성되고 있다.

이를 종합해 보면 북한에서 사이버 인력들을 양성하는 교육과정은 크게 기초과정과 전문 과정으로 이루어졌다고 볼 수 있다 그러나 최근 들어 북한의 사이버전 인력을 양성하는 기존의 교육체계에 큰 변화가 있었다. 교육체계 변화의 배경은 김정은 집권 이후 고도로 숙련된 사이버전 능력을 활용하여 세계 굴지의 IT 기업들과 방산업체, 국가 기반 인프라 관련 시설 등 다양한 목표를 공격해 왔으나, 지방발전 20×10 정책 등 김정은이 제시한 각종 정책 목표를 달성하기 위해 더 많은 목표를 공격할 수 있는 추가적인 인력이 필요하게 되었다. 한국, 미국, 일본 등 서방 국가들의 적극적인 대응과 차단, 2024년 2월부터 한국 정부가 시행한 공세적 사이버 방어 활동도 북한의 사이버전 교육훈련 체계 강화에 영향을 미친 것으로 추정된다.

<〈북한의 사이버 교육체계 변화〉

구 분	기 존	변 화
선발 방법	능력보다 출신 성분 우선	출신 성분보다 능력 우선
교육 체계	기초과정-전문과정(2단계)	기초과정-전문과정-고급과정(3단계)

※ 출처: 홍준기, 박상중, “북한의 사이버전 역량변화와 위협 전망: 군사적 관점을 중심으로”, 『The Journal of Social Convergence Studies』 (2024), p. 99.

한국의 정보 당국은 최근 들어 북한의 사이버전 인력 양성과 관련하여, 인재 선발과 교육체계 전반에 큰 변화가 있었다고 분석하였다. 먼저 인재 선발 측면에서는 김정은이 해커를 양성 시 출신성분을 따지지 말고 실력 좋은 인재는 무조건 뽑으라고 지시에 따라, 북한 사회에서 거의 유일하게 사이버 인력에 한하여 출신성분보다 능력을 우선하는 예외적 기준을 적용하고 있으며, 기존과는 다른 선발방법으로 변경되었다. 이러한 변화를 통해 북한은 기존의 사이버전 인력보다 더 전문적인 해킹 기술을 보유한 인력들을 충분히 확보할 수 있게 되었다. 또한 사이버전 교육체계도 기존의 기초과정-전문과정으로 이어지는 2단계 교육체계에서, 최정예 사이버전 전사를 양성하는 정찰총국 산하 전문 대학교의 고급과정이 추가되어 기초과정-전문과정-고급과정의 3단계 교육체계로 강화되었다. 북한은 새로운 교육체계를 통하여 고급과정 수료 후 곧바로 사이버 공격조직에 투입되어 전문적인 임무 수행이 가능하도록 실전적인 해킹 기술을 집중적으로 교육할 수 있는 기반을 마련하였다.

특히 북한은 가장 우수한 인재들을 조기에 뽑아 최고의 교육기관에서 중등교육, 고등교육, 부서교육 등의 세 단계로 집중적인 해커전문 교육훈련을 시킨다. 북한에서는 방어보다는 공격 목적으로 대규모 해커를 키우고 있으며, 사이버공격 교육을 위한 별도의 교재가 존재하지만, 사이버공격과 관련된 교육 내용은 잘 알려져 있지 않다. 북한의 해킹 교육은 자신들의 능력을 검증하기 위해 수시로 실전 훈련 형태로 진행된다. 북한은 높은 대우와 체계적인 교육시스템을 통해 수준 높은 사이버전사를 배출하는 안정적인 생태계를 만든 것으로 보인다.

북한의 높은 사이버전력 수준의 지표가 사이버전사의 인력이다. 북한 사이버전 관련 인력은 의견이 다양한 가운데 언급되는 수치가 해커의 수인지, 단순 지원인력까지 포함된 수인지 명확하지 않다. 사이버부대원, 사이버전 관련 인력, 사이버전사, 해커 등 다양한 주체들이 언급되지만, 각기 어떤 관련이 있는지도 명확하지 않다. 매년 교육기관에서 배출되는 졸업생 수로 규모를 역추적하기도 하는데, 이 또한 교육과정의 목적이나 배출인력의 성격이 명확하지 않아 정확히 추정하기 어렵다.

〈북한의 해커 현황〉

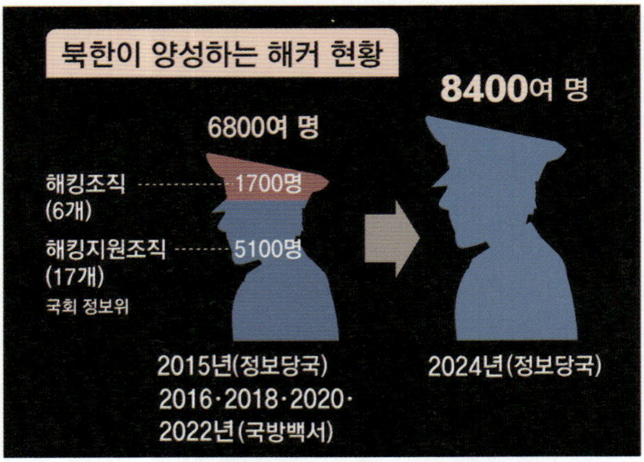

※ 출처: 2022 발간 「국방백서」

국가정보원은 2015년 10월 20일, 국회 정보위원회 국정감사에서 북한 사이버전 인력의 규모가 6,800여 명으로 증가하였다고 보고하였다. 이 규모는 2014년도에 발간된 국방백서에 북한의 사이버전 인력이 6,000여 명으로 최초 반영된 이후 1년여 만에 800여 명이 증가한 수치였다. 이후 2015년에 재평가된 북한의 사이버전 인력의 규모는 2022년에 발간된 국방백서에 이르기까지 약 6년 동안 수치 변동이 없었다. 이러한 배경에는 북한 사이버전 인력의 규모가 직접 작전 임무를 수행하는 인력 규모인지 또는 지원 인력까지 포함된 규모

인지가 명확하지 않고 북한의 폐쇄성과 정보의 부족으로 인하여 그 규모를 정확하게 판단하기 어려운 점이 있다.

북한의 사이버전 인력 규모는 2024년에 국가정보원과 합동참모본부가 2015년 이후 9년 만에 재평가하면서 큰 폭으로 변동되었다. 최근 정보 당국이 북한 사이버전 인력의 규모를 재평가하는 것은 북한의 사이버 공격 건수와 범위가 급속도로 증가하면서 사이버전, 기술의 발전에도 불구하고 기존에 판단된 인력 규모로는 임무 수행이 제한된다고 판단되었기 때문이다.

이와 관련하여 국가정보원 3차장은 2024년 8월 7일 기자 간담회에서 북한의 해킹 조직원을 8,400여 명으로 보고 있고, 현재 세부적인 분류작업을 하고 있다고 동아일보(2024년 8월 8일자)에서 밝혔다. 더불어 2024년 8월 8일 국회 국방위원회 전체회의에서 합참의장은 북한의 사이버전 인력 규모에 대한 양 기관의 재평가를 공식적으로 인정하였다.

〈북한의 사이버전 인력 변화〉

2014년	2016년	2018년	2020년	2022년	2024년
6,000여명	6,800여명	6,800여명	6,800여명	6,800여명	8,400여명
최초 반영	+800여명	인력 변동 없음			+1,600여명

※ 출처: 2014, 2016, 2018, 2020, 2022 발간 『국방백서』를 토대로 재구성

북한 사이버전사의 특징 중의 하나는 사이버전사들이 북한 사회에서 상당히 높은 봉급과 포상, 유학과 같은 특혜를 받고 있다는 점이다. 금성중학교를 최우수성적으로 졸업하는 학생에게는 우수대학 진학, 외국유학, 부모의 평양생활 보장 등 특혜를 주고 있으며, 좌(대령)급 이상 정보전사 가족들은 매달 미화 400달러 정도를 받는 등 안정된 생활을 하고 있다.

3.2.4. 사이버전 무기체계

제8장

북한은 김정일 정권 시기부터 사이버전력에 높은 관심과 지원이 있었고, 김정은이 사이버전과 전자전 영역을 직접 지휘하고 있다. 북한은 최고 권력기관인 노동당과 국방위원회에서 사이버전을 직접 통제하는 등 국가전략차원에서 사이버전 조직을 관리해왔다. 이뿐만 아니라 고성능 컴퓨터, 인터넷 훈련망, 첨단장비시설 등 엄청난 투자를 하는 등 사이버전 준비에 예산을 집중 투자하고 있다.

〈북한의 사이버전 무기체계〉

구 분	사이버전 무기체계
전자적 무기체계	• EMP(전자장치 무력화), GPS 재머(GPS 신호 교란) 등
심리적 무기체계	• 사회공학기술, 스피어피싱, 종북어플 등
논리적 무기체계	• 공격: 디도스, 지능형 지속위협(APT), 봇넷 운용, 악성코드 • 방어: 역추적 방지, 공격 우회기술, 해킹통신 암호화, 흔적삭제

북한의 사이버전은 전자적, 심리적, 논리적 무기체계를 고루 갖추고 다양한 공격을 수행할 수 있는 능력을 확보하고 있다. ① 전자적 무기체계로는 전자장치들을 무력화시키는 EMP, GPS 신호를 교란시키는 GPS 재머를 개발하고 있거나 이미 가지고 있다. ② 심리적 무기체계로는 사회공학기술, 스피어피싱, 종북어플 등을 활용하고 있다. ③ 논리적 무기체계 중 사이버공격기술로는 디도스 공격, 지능형 지속위협(APT), 봇넷 운용, 악성코드 개발 능력 등 다양한 공격수행 능력을 갖추고 있고, 역추적 방지 및 공격 우회기술, 해킹통신 암호화, 흔적삭제 등 진화된 공격기술도 갖추고 있다.

북한은 2000년대 초반 전 세계 해킹사례 분석을 통해 바이러스, 웜, 스파이웨어, 트로이 목마 등 해킹 툴을 만들어보고 고급 해킹 툴을 다뤄보면서 새로운 해킹수법들과 도구들을 마련했다. 북한은 미국방망 등 전용 인트라넷에 대한 공격기술을 갖추고 있고, 스마트폰 등 모바일 기기를 이용한 공격에 대해 집중적인 대응준비를 하고 있다. 사이버방어 무기체계로는 '사이버공격을 막는 금성철벽'이라 스스로 부르는 '광명' 등 인트라넷들과 '붉은별'과 같은 독자 운영체제, 암호화기술, 방화벽, 백신 등 보안도구들을 들 수 있다.

〈북한 해킹조직별 공격대상 및 목적〉

해킹조직	공격대상	목 적
라자루스	정부, 금융, 방송	사회적 혼란, 정보 탈취, 금전 이득 등
APT38	전 세계 금융 산업, 암호화폐거래소, 스위프트(SWIFT)	
스카크러프트 (APT37) & 김수키	탈북자, 정치인, 통일 관련 연구원 및 정부기관, 금융사 특정 업무 담당자	
안다리엘	국내 금융, 방산, 민간 기업, 보안 솔루션 업체, 정부기관	

3.2.5. 사이버 공격 기술의 발전

북한의 사이버 공격 능력은 국제적으로 최상위권으로 평가받고 있다. 미국의 사이버 보안업체 크라우드스트라이크(CrowdStrike)는 「2024 글로벌 위협 보고서(2024 Global Threat Report)」에서, 전 세계는 이미 사이버 강국을 중심으로 사이버 군비경쟁에 돌입하고 있다고 진단하였다. 사이버 공간에서 평균 침입 속도는 2023년 84분에서 2024년에는 62분으로 대폭 감소하였으며, 가장 빠른 공격은 단 2분 7초 만에 이루어졌다고 평가하였다. 크라우드스트라이크는 2019년 보고서에서, 미국의 주요 적대국을 대상으로 사이버 공격 능력을 평가한 결과 러시아에 이어 북한을 세계 2위로 평가하였다. 특히 크라우드스트라이크는 해커가 목표에 침투하는 시간을 분석한 결과 러시아가 1분 49초로 가장 빠르고, 북한은 2분 20초, 중국은 4분 26초, 이란 5시간 9분이 소요되었다고 제시하였다.

미국 하버드대 케네디스쿨의 벨퍼과학국제문제연구소(Belfer Center for Science and International Affairs)는 「2022 사이버 국력지수 (NCPI: National Cyber Power Index)」에서 분석 대상 30개 국가 중 북한을 종합 14위로 평가하였다. 특히 금융 분야는 북한이 가장 높은 수준의 가상화폐 탈취 기술을 보유하여 1위를 차지하였다. 이러한 분석 결과들을 종합해 보면, 북한은 가장 잘하고 막대한 효과를 볼 수 있는 사이버 공격 능력 강화에 집중하고 있으며, 특히 국제결제시스템이나 가상화폐거래소 해킹 등 금융 분야에 대한 사이버 공격 능력을 세계 최고 수준으로 유지하기 위해 전력을 다하고 있다고 평가할 수 있다.

3.2.6. 인공지능(AI) 발전과 사이버전

4차 산업혁명의 총아인 인공지능은 과학기술 선진국들을 중심으로 전 분야에 걸쳐 급속도로 확대되어 왔다. 특히 생성형 인공지능(GPT)은 이미 상용화되어 일상생활 속으로 깊숙이 확산되고 있다. 북한은 김정은 시대 이전에도 과학기술 중시정책을 지속적으로 추진해 왔다. 김정은은 집권 이후 전민 과학기술 인재화 정책을 적극 추진하여 모든 인민의 전반적인 과학기술 역량을 강화하는 데 역점을 두고 있다. 김정은 시대의 과학기술 정책은 새 세기 산업혁명을 통한 경제 강국 건설과 무장 장비 현대화 추진을 기본 토대로 하고 있다. 특히 북한은 미래 군사혁신을 위해 인공지능 기술에 관심을 가지고 관련 연구와 기술 개발을 본격적으로 추진하고 있다.

제임스 마틴 비확산연구센터(James Martin Center for Non-proliferation Studies)의 김혁 연구원이 「38 NORTH」에 공개한 보고서(2024)에 따르면, 북한은 1990년대부터 인공지능 및 머신 러닝 기술을 개발하기 시작한 것으로 추정된다. 이러한 노력은 디지털 경제를 강화하고 군사 목적으로 활용하기 위한 전략적 투자를 의미한다고 평가하였다. 스톡홀름 국제평화연구소(Stockholm International Peace Research Institute)에서 발간한 보고서(2020)에 따르면, 85개에 달하는 북한의 정부 기관들이 인공지능 역량 개발에 집중하고 있다 이 중에서 북한은 정보 및 보안, 나노공학, 로봇공학 관련 학과 등을 37개 대학에 신설하였으며 군사력을 투사하고 확대하는 데 가성비가 높은 인공지능을 사이버전에 적극적으로 활용할 가능성이 크다고 지적하였다.

이 보고서에 의하면 북한이 자체 개발한 인공지능 바둑 프로그램 '은별'은 국제 컴퓨터 바둑대회에서 6회나 우승한 실적이 있다. 김일성종합대학교에서 개발한 인공지능 번역기 '룡남산 5.1'과 음성인식 프로그램, 지문 및 얼굴인식 시스템과 김책공업대학교에서 개발한 지니어스 다국어 통역 프로그램 등의 성능을 고려해 볼 때 인공지능을 다양한 응용 분야에 적용하고 있으며, 인공지능 분야에서 상당한 역량을 갖추고 있는 것으로 평가할 수 있다.133)

북한이 인공지능을 군사적 용도로 어떻게 활용할 것인지에 대해서는 공개된 정보가 부족하여 정확한 판단이 제한된다. 그러나 최근 북한이 최신 인공지능 기술을 사이버전에 접목하려는 다양한 연구가 식별되고 있고, 실제로 북한의 사이버 활동에 생성형 인공지능이 활용되고 있는 사실을 고려하면, 미래 사이버전에서 인공지능을 공격적으로 운용할 것이 명확하다.

북한은 인공지능을 활용한 사이버 공격 기술 발전도 적극 추진하고 있다. 오픈 AI와 AI 마이크로소프트(MS)는 2024년 2월에 북한, 중국, 러시아, 이란의 해커들이 자사의 인공지능 서비스, 특히 생성형 인공지능을 악의적인 사이버 활동에 사용하고 있는 사실을 식별하였다(digwatch, 2024). 이 보고서에 따르면, 북한 해커들은 영어를 포함하여 언어적 한계가 있음에도 불구하고, 생성형 인공지능을 통해 링크드인(LinkedIn)과 같은 플랫폼에서 신뢰할 수 있는 프로필을 만들어 피싱 및 소셜 엔지니어링 작업을 강화하고, 왓츠앱(WhatsApp), 텔레그램(Telegram) 등과 같은 타 플랫폼 활용도 가

제8장

능하다고 평가하였다.

크라우드스트라이크(CrowdStrike)는 2022년 후반부터 대중화되기 시작했던 생성형 인공지능에 대해 적대자가 공개적으로 사용이 가능한 오픈 소스 LLM (Large Language Model) 등을 사이버활동에 사용할 가능성을 진단하면서, 생성형 인공지능을 악용하는 사이버 위협이 심각하게 증가하고 있다고 경고하였다.(Crowdstrike, 2024). 이처럼 챗GPT와 같은 인공지능 서비스는 북한 해커들이 악성 소프트웨어나 멀웨어를 보다 정교한 형태로 개발하는 데 도움을 줄 수 있어서 북한 해커의 사이버 공격 기술은 더욱 빠르게 발전할 수 있을 것으로 우려되고 있다.

3.2.7. 사이버전 국제협력

사이버공격의 특성상 사이버공격 대응은 한 국가의 차원에서 이루어지기 어렵고 국제협력이 필수적이다. 지금까지 북한의 사이버 공간 관련 국제협력 활동은 없는데, 이는 북한이 낮은 인터넷 인프라와 이용률 및 폐쇄적 정책에 기인하며 사이버공격의 피해국이라기보다는 가해국이기 때문이다. 하지만, 북한은 사이버작전에 있어 중국과는 특별한 관계를 갖고 있는 것으로 추정된다.

미국은 사이버작전과 관련해서 북한과 중국을 동맹관계로 파악하고 둘이 함께 미국을 위협하는 것으로 파악하고 있다. 최근 북한발 대미 사이버공격들도 중국과 북한이 중-북 군사동맹을 통해 한-미 군사동맹에 타격을 주기 위한 것으로 북한의 배후에 중국 사이버부대인 넷포스가 있다고 분석된다. 북한과 중국의 사이버전을 둘러싼 관계가 전략적 동맹관계인지, 아니면 단순한 지원 관계인지는 명확히 확인된 바 없다. 하지만 북한과 중국은 인프라·사이버전략·전술·교육 부분에서 많은 영향 혹은 지원을 받고 있는 것으로 보이며, 동맹, 지원 혹은 묵인 중 어느 하나의 관계를 맺고 있는 것으로 추정된다.

3.3. 북한 사이버전 수행능력의 강점과 약점

북한은 사이버전력의 관점에서 한국에 비해 폐쇄적인 사회 시스템과 강력한 사회 통제, 중국의 긴밀한 지원 등 다양한 장점을 갖고 있다. 북한 사이버전력의 강점은 다음과 같다.

첫째, 폐쇄적 사회시스템에 의해 낮은 인프라의 수준과 극소수 인터넷 연결, 외부와 분리된 내부 인트라넷 활용 등은 방어 시에 전략적 장점이 된다. 공격 시에는 중국의 높은 인터넷 인프라 수준을 최대한 활용하게 된다.

둘째, 북한은 공격용 사이버 무기체계로는 EMP, GPS Jammer 등 전자적 무기체계, 디도스 공격, APT 도구, 악성코드와 논리폭탄 등 논리적 무기체계, 스피어피싱, 종북 어플 등의 심리적 무기체계 등을 고루 갖추고 있다.

셋째, 8,000명 이상의 사이버전사가 존재하는 것으로 추정되며, 사회적으로 높은 지위와 다양한 혜택을 누리는 등 체계적인 사이버전사 양성, 활용, 포상체계를 갖추어져 있다.

넷째, 높은 보상체계로 어릴 때부터 우수인력을 선발하여 중학교, 대학교까지 집중 교육시키는 것으로 알려져 있다. 또한 매년 우수한 사이버전 전문인력이 배출되며, 사이버부대와 정부기관에 배치되고 있다.

다섯째, 정찰총국과 지휘자동화국, 적공국 산하에 해킹, 심리전을 수행하는 사이버전 수행부대 체계를 갖추고 있으며, 전자정찰국 일부 부대는 중국 영토 내에 위치하며 임무를 수행하고 있다.

여섯째, 핵위협 이후 국제사회에서 고립이 강화되고 있는 상황이나, 중국과는 사이버작전과 관련한 특별한 관계와 지원이 유지되고 있는 것으로 보이며, 중국의 인프라와 방어능력을 효과적으로 활용하고 있다.

일곱째, 북한의 사이버심리전은 한국 정권의 정당성을 직접적인 공격 목표로 삼고 정치적 혼란을 유발할 수 있다. 이를 위해 북한은 SNS, 블로그, 인터넷 카페 등을 통해 왜곡된 정보 또는 루머를 손쉽게 확산시킬 수 있다.

여덟째, 한국은 인터넷 통제의 필요성에 대한 일반 국민들의 동의를 얻기 힘들기 때문에 북한의 사이버심리전 활동을 차단하는 것이 쉽지 않은 현실이다.

〈사이버전력 관점에서의 남북한 강약점〉

구분	북 한	한 국
강점	• 폐쇄적 사회시스템 • 지도층의 높은 관심과 안정적 투자 • 폐쇄적 인트라넷 시스템 • 군과 당 중심의 사이버전 조직체계 • 강력한 내부통제 시스템 • 체계적 사이버전사 양성 및 활용 • 높은 보상체계 • 자원, 인력배치의 집중성과 계획성 • 사이버공격 수행 능력과 경험 • 중국과의 긴밀한 관계와 협력 • 사이버공격자 식별의 어려움	• 국제사회와의 우호적 관계 • 한미군사공조 관계
약점	• 낮은 수준의 사이버인프라 • 불안정한 전력 • 국제사회에서 고립됨	• 개방적 사회체계와 민주적 가치 • 높은 인터넷 의존도 • 다양한 공격 목표 • 민간영역, 개인에 대한 통제 어려움 • 부족한 사이버공격/대응인력 • 역추적과 원점식별 기술의 한계 • 방어중심의 대응체계 • 사이버공간의 국제규범 부재

한편, 북한의 사이버전 수행을 제한하는 요인은 다음과 같은 정치,

경제, 사회, 군사적 환경에서 찾아볼 수 있다.

첫째, 중국에 대한 의존성은 북한 사이버전 수행을 제한하는 정치적 요인이다. 인터넷 기반시설이 부족한 북한은 사이버전사들의 실제 훈련과 작전을 중국의 주요 도시에서 진행하고 있다. 중국을 경유한 북한의 사이버 공격은 익명성으로 인해 이에 대한 책임을 회피할 수 있다는 장점이 있다. 그러나 최근 자국 이익을 중심으로 재편되고 있는 북중 관계를 고려하면 중국은 국제사회의 비난을 자초하면서 북한의 사이버전을 지원하지 않을 것으로 보인다. 따라서 북한의 사이버 공격이 미국 또는 한국과의 관계를 악화시키거나 2014년 4월에 발생한 GPS 교란공격과 같이 불특정 다수 국가에게 피해를 발생시키는 결과를 초래한다면 중국은 자국 영토 내에서 이루어지는 북한의 사이버 공격을 묵인하지 않을 수도 있다.

둘째, 경제적 낙후로 인해 북한에는 사이버 인프라가 매우 열악하다는 점이다. 인프라의 미비는 사이버 방어에 유리하기 때문에 북한의 사이버 전투력을 높게 평가하는 이유로 제시되기도 한다. 그러나 북한의 경제난은 사이버전 능력을 크게 제한할 수 있는 요인이다. 대부분의 북한 주민들은 정권의 안정을 유지하기 위해 외부 사회와 차단된 채 살아간다. 따라서 북한에서는 사이버 공간에 대한 국민들의 보편적 이해가 형성될 수 없고, 사이버전을 주도할 군사적 천재도 태어날 수 없다. 세계 최고 수준의 사이버 공격 능력을 보유한 것으로 평가되는 중국에는 4억 5천 7백만 명 규모의 네티즌이 있으며, 이들 중 일부는 해커로 활동하면서 중국의 국익 또는 개인의 이익을 위한 사이버 공격에 자발적으로 가담하고 있다.

셋째, 정부 주도의 교육체계는 효율적인 사이버전 수행을 저해할 사회적 요인이다. 북한에서는 1995년 시·군·구역마다 영재학교를 설치하여 선발된 우수 학생들을 프로그래밍과 컴퓨터 하드웨어를 교육시키는 금성중학교 컴퓨터 영재반에 진학시키고, 졸업 후에는 평양의 김일(정치)군사대학에 진학시켜 네트워크 시스템 해킹 기술을 집중적으로 가르치는 것으로 알려졌다. 외국 기술의 모방·추월을 목표로 하는 정부 주도의 기술발전 전략은 단기적으로 상당한 실력을 갖춘 사이버 전사를 양성하는데 효율적일 수 있으나, 민간 영역에서 신속하게 변화하는 다양한 기술발전의 추세를 따라잡을 수 없다. 따라서 북한의 사이버 전사들은 혁신적인 기술을 개발하기 보다는 기존 기술을 습득·운용하는데 치중할 가능성이 크기 때문에 북한은 사이버전 기술 경쟁에서 수세적 위치에 처하게 될 가능성이 크다.

넷째, 사이버 방어를 위한 한국의 지속적인 노력은 북한의 사이버전 능력을 약화시키는 군사적 요인이다. 한국 국방부는 2009년 7·7 DDoS공격을 계기로 효율적인 사이버전 수행을 위해 2010년 국군사이버작전사령부를 창설하였다. 합참은 2014년 사이버작전과를 신설하여 사이버 침해 행위에 대한 관제 위주의 사이버 작전을 전투임무 위주로 전환하고, 공격·방어용 사이버 무기체계를 개발하고 있다. 또한 2014년부터 한미 국방 사이버정책실무 협의회를 개최하여 사이버 정책·전략·교리·인력·교육훈련 분야에서 다양한 협력을 강화하고 있어 북한의 사이버전 능력을 군사적으로 제한할 수 있다.

〈한국과 북한의 사이버능력 비교〉

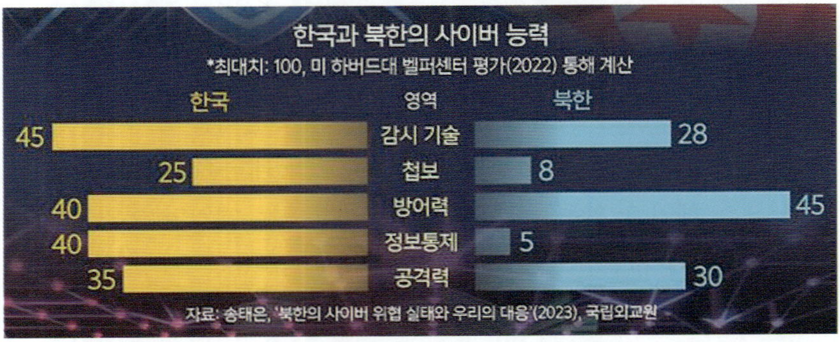

※ 출처: 송태은, "북한 사이버위협 실태와 우리의 대응" 「국립외교원」 (2023)

3.4. 북한의 사이버전 도발 주요 사례

북한의 주요 사이버 공격은 공격의 주체가 대부분 단일 조직으로 특정되었다. 대표적으로 정찰총국 산하 121국 소속 라자루스는 해킹 목표가 가지고 있는 네트워크 취약성을 무기화하여 사회적 혼란을 일으키거나 금융기관과 전산망을 해킹하는 임무를 수행하였다. 블루노로프는 전 세계적으로 금융기관의 암호화폐를 탈취하는 등 금융 사이버 해킹 임무를 수행하였다. 안다리엘은 방산업체나 조선업체, 국방부 등을 대상으로 첨단 무기 관련 자료들을 해킹하는 임무를 수행하였고, 킴수키는 각국의 정부 기관을 대상으로 정보를 수집하는 임무를 수행하였다.

〈북한의 사이버 공격 사례〉

날 짜	내 용	날 짜	내 용
2009. 7.	DDoS 공격(청와대 등 정부기관)	2017. 7.	빗썸 암호화폐거래소 공격
2011. 3.	DDoS 공격(방송사, 금융기관)	2018. 1.	일본 가상화폐 코인체크 공격
2011. 4	농협 전산망 해킹	2018. 6.	빗썸 가상화폐거래소 공격
2014.12.	한국수력원자력 원전 해킹	2019. 9.	엡비트 가상화폐거래소 공격
2014.12.	소니픽쳐스사 해킹	2020. 9.	슬로바키아 암호화폐거래소공격
2015.10.	서울지하철 1-4호선 서버 해킹	2020.12.	신풍제약 코로나 신기술 탈취
2015.10.	청와대, 국회, 통일부 해상 해킹	2021.3~7.	항공우주산업/원자력연구원공격
2016. 1.	청와대 사칭 악성코드 유포	2021. 4.	남아공 화물 및 물류회사 렌섬웨어 공격
2016. 8.	국방부/합참 전시작전계획 해킹 대우조선 이지스함 체계 해킹	2022. 3.	게임업체 엑시인피니티 암호화폐 탈취
2016.10.	미국뉴욕연방준비은행 방글라데시 계좌에서 8,100만 달러 탈취	2021.1~ 2023.2.	북 '라자루스'가 2021.1.- 2023. 2. 법원전산망 침입 자료 탈취
2017. 5.	워터크라이 랜섬웨어 공격 (150여개 국가 피해)	2024. 4.	83개 국내 방산업체 공격, 10여 개의 방산업체 해킹 피해

※ 출처: 이승열, "북한 사이버 공격의 현황과 쟁점", 「이슈와 논점 제2034호」, 국회 입법조사처, 2022.12.28.; 집필가가 최신자료 추가 정리

최근에는 기존처럼 사이버전 조직별로 공격대상이 명확하게 구분

되는 특정 임무를 수행하기보다는 북한 당국의 해킹 지령이 하달되면 공동의 목표를 다수의 조직이 동시에 합동으로 해킹하는 형태로 사이버 공격 전술이 변화하고 있다. 이에 대하여 보안 솔루션 업체 누리랩 대표는 과거에 북한 해킹조직 내에서 기술 교류가 매우 제한적이었으나, 최근에 해킹조직 간 협력을 통해 더욱 신속하고 유연한 해킹 능력을 확보했다고 언급한 바 있다.

3.4.1. 정부기관 포털 사이트 DDoS 공격(2009.7.7.)

2009년 7월 7일, 청와대, 백악관, 주요 포털 사이트를 대상으로 DDoS 공격을 받았다. 하지만 DDoS 공격은 심각한 위협으로 간주되지 않았다. 북한의 공격에 의한 피해는 홈페이지 접속이 일시 제한되고, 웜에 감염된 PC 중 일부에서 하드디스크가 파괴되었다. 7·7 DDoS 공격의 주된 목적은 향후 추가적인 공격을 수행하기 위해 필요한 봇넷의 규모를 알아보기 위한 것이라는 주장이 제기되었다.

3.4.2. 농협 전산망 해킹(2011.4.12.)

2011년 4월 12일, 농협의 전산망 자료가 대규모로 손상돼 3일 동안 금융서비스가 중단되었다. 검찰은 농협의 서버를 관리하는 업체 직원의 노트북이 북한 정찰총국이 배포한 악성코드에 감염되면서 농협 전산망을 공격했다고 발표했다. 또한 북한은 위와 같은 굵직한 해킹 사건뿐만 아니라, 현금자동입출금기(ATM)를 해킹해 시민들의 카드정보를 빼내기도 했고 한국의 전자상거래 업체의 고객정보를 해킹한 후 금품을 제공하지 않으면 유포하겠다고 협박하기도 했다.

3.4.3. 소니 픽쳐스사 해킹(2014.12.)

2014년 12월, 북한 김정은 노동당 위원장을 희화화한 영화 '인터뷰'를 제작한 소니 픽쳐스사가 해킹 당해 회사 내부 자료가 유출되는 사건이 있었다. 소니에서 제작한 미개봉 영화가 유출됐고 임직원들의 연봉 자료까지 공개됐다. 2015년 1월, 제임스 코미 당시 FBI 국장은 북한이 소니 픽쳐스 해킹에 연관됐다는 결정적인 증거를 확인했다고 말했다. 해커들이 가끔씩 접속한 지역의 IP 주소를 숨기지 못한 경우가 있었는데 이렇게 드러난 IP 주소는 북한만 쓰는 것이란 주장이다.

3.4.4. 한국수력원자력 해킹(2014.12.)

2014년 12월, 한국수력원자력(한수원)의 직원 이메일을 통해 악성코드를 유포하려는 시도가 발견됐다. 이후 '원전반대그룹'을 자칭하는 해커가 블로그와 트위터를 통해 한수원의 내부 자료를 유출했다. 원전반대그룹은 국내 원자력발전소의 설계도를 비롯하여 청와대, 국방부, 국정원 문서라고 주장하는 자료까지 공개했다. 당시 공개된 문서 중 하나에는 중국이 북한 지역을 미국, 러시아, 중국, 한국의 4개국이 분할 통제하는 방안을 제안했다는 내용이 담겨 있어 한국에서 큰 파장을 몰고 왔다. 검찰은 해커로 추정되는 인물이 북한 정찰총국 해커가 활동하고 있는 곳으로 알려진 중국 선양시를 비롯한 특정 지역에서 접속했다고 발표했다. 당시 접속 지역으로 확인된 중국 요녕성의 IP로 2016년 1월에도 청와대를 사칭하는 이메일이 정부기관과 국책연구기관 등에 대량으로 발송된 일이 있었다.

3.4.5. 미국 뉴욕연방준비은행 스위프트 전산망 해킹(2016.10.)

이 사건은 사이버공격으로 은행털이를 한 최초의 사례다. 2016년 10월, 방글라데시 중앙은행이 뉴욕 연방준비은행에 예치하고 있던 1억100만 달러(한화 약 1,167억 원)가 해킹으로 인해 도둑맞은 사건이 발생했다. 해커들은 방글라데시 중앙은행의 서버에 악성코드를 심어 놓고 스위프트(SWIFT) 시스템 접속 정보를 훔쳐냈다. 스위프트 시스템은 전 세계 은행 공동의 전산망으로 해외 송금에 주로 사용된다. 여기에 방글라데시 중앙은행 명의로 접속하는 데 성공한 해커는 뉴욕 연방준비은행에 필리핀과 스리랑카의 은행으로 자금 이체를 요청하는 메시지를 보냈다. 해커는 이체시킨 1억100만 달러 중 8,100만 달러를 빼돌렸다. 이후 보안업체의 조사 결과 소니 픽쳐스사의 해킹을 주도한 라자러스(Lazarus) 그룹의 흔적이 발견됐다. FBI는 소니 픽쳐스 해킹이 북한의 소행이라고 발표했다.

3.4.6. 사이버 영향공작(2021.1~2023.2.)

북한 해킹 조직 '라자루스'가 2021년 1월 이전부터 2023년 2월까지 한국의 법원 전산망에 침입해 대량의 데이터를 탈취했다. 이들이 탈취한 것은 주민등록초본, 개인회생신청서, 지방세과세증명서, 병원 진단서 등 광범위한 개인정보가 포함되어 있다. 이를 악용할 경우 개인 SNS나 이메일에 쉽게 접근해 해킹할 수 있고, 유명인을 타켓으로 한 '스피어피싱'(spear-phishing: 공격자가 사전에 특정 표적을 설정해 관련 정보를 수집·분석하여 정교하게 공격) 역시 더욱 수월해진다. 사회 저명인사 공격을 위해 지인, 인맥 관계, 활동 정보들을 사전에 입수하고, 주변 인물 등 공격 범위를 조금씩 좁혀가면 종국에는 타겟 공격이 가능해진다. 정치·군사·외교·안보 분야 인사들의 정보 해킹과 정보 활용은 개인정보 유출을 넘어 사회공학(social engineering) 기법이 영향공작에 접목돼 국가안보를 위협하는 심각한 상황이 될 수 있다.

3.4.7. 방산업체 및 건설 기계분야 해킹 공격(2024.4.)

2024년 4월, 북한의 121국 산하 조직인 라자루스, 안다리엘, 킴수키가 모두 동원되어 83개에 달하는 국내 방산업체를 공격하여 10여 개의 방산업체가 해킹 피해를 입었다(조선일보, 2024). 또한 2024년 1월과 4월에 북한의 킴수키와 안다리엘이 공동으로 수행한

건설·기계 분야 해킹 공격사례도 있다. 2024년 1월, 킴수키는 건설 분야 직능단체 홈페이지를 통해 악성코드를 유포하여 홈페이지에 접속한 공공기관, 지자체, 건설업체들의 PC가 감염되었다. 4월에 안다리엘은 건설, 기계업체 등에 원격제어 악성코드를 유포하여 다수의 PC가 감염되었다.

〈북한의 사이버전 양상의 변화 추세〉

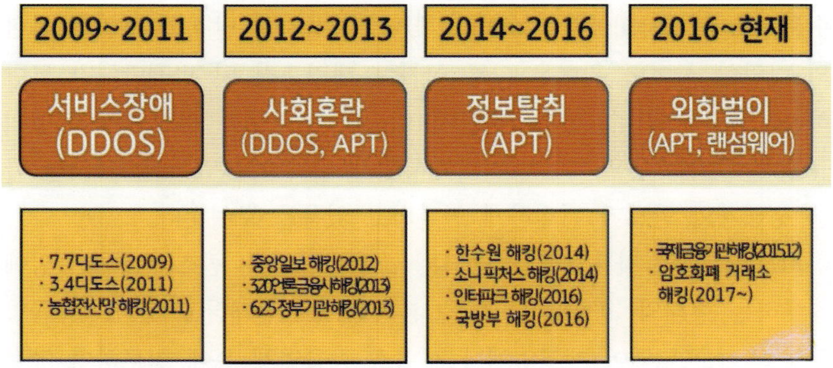

※ 출처: KB경영연구소 발표(2023.2.24.)

3.5. 향후 북한의 사이버전 위협과 양상 전망

3.5.1. 국가목표 달성을 위한 비대칭 전력으로 적극적 활용

북한은 사이버 공격을 핵·생화학 무기와 함께 3대 비대칭전력으로 간주하고 있다. 북한은 국제사회로부터 고립되어 정상적인 외교 수단을 통해 국가목표를 추구하기 어려운 상태에서 비대칭 전력인 사이버 능력을 통해 다양한 전략적 목표를 달성하려 하고 있다.

북한은 자국의 정치·군사안보 및 경제적 목적을 달성하기 위한 효과적인 전력으로서 사이버 위협을 구사하고 있으므로 전략적 목표를 다각적으로 노리고 있다. 북한은 사이버 공격을 통해 ① 한국을 포함한 적성국의 국가 기능 마비, ② 적에 대한 정보의 우위 선점, ③ 유사시 상대국 군사작전 방해, ④ 자국 경제운영 및 무기개발에 필요한 자금 확보, ⑤ 사이버 첩보활동과 사이버 영향공작(influence operations) 수행을 통한 적대국의 사회혼란과 갈등 유발·증폭 및 선거여론 개입, ⑥ 과학기술 및 방산 관련 주요 정보 탈취 및 자국의 체제선전 등의 목표를 달성하고자 기도하고 있다.

북한의 사이버 공격은 김정은 집권 이후 2015년경부터 가상자산 탈취와 불법적 자금세탁 활동을 본격화했고 탈취액수 규모가 세계적 수준으로 국제사회에서 주목받고 있다. 가상자산 탈취를 포함한 북한의 다양한 사이버 위협은 다른 국가나 테러조직 및 범죄단체가 모방하는 교범이 될 수 있다. 북한이 이러한 세력들과 공조하며 위협의 규모와 수위를 높일 수 있어 국제사회가 주목하고 있으며, 디지털 금융 생태계와 안보가 긴밀하게 연결되고 있음을 보여준다.

최근 북한은 사용자에 전달되는 소프트웨어를 변조하여 공급망에 침투하는 형태의 '공급망 공격'을 본격적으로 전개하고 있다. '공급망 공격'은 소프트웨어 제조업체나 서비스 공급업체 등에 침투하여 악성코드를 심어놓고 고객사나 정부기관에 배포되는 소프트웨어를 변조하여 공급망을 공격하는 해킹 수법이다. 2023년 3월 말 맥도날드(McDonald's), 코카콜라(Coca-Cola), BMW, 영국 국립보건서비스 등 190개국, 60만개 이상 기관 및 약 1천200만 명의 일일 사용자를 보유한 3CX 소프트웨어 업체에 대한 정보탈취 악성코드 감염 사건도 공급망 공격으로서 북한이 공격 배후로 의심받고 있다.[134]

3.5.2. 제재 회피 및 핵·미사일 개발 자금 확보 수단으로 활용

북한은 국제사회의 제재로 인한 경제 운용과 대량살상무기 개발을 위한 자금 고갈을 세계 디지털 금융 시스템에 대한 사이버 공격을 통해 만회하고 있다.

사이버 공격이 자금창출의 유용한 수단으로 각인되기 시작한 2015년 말부터 북한의 사이버 역량은 본격적으로 동원되기 시작했다.

2016년 북한이 해킹을 통해 벌어들인 금액은 150만 달러 규모로 알려져 있고, 2017년 유엔의 대북제재 이후 북한은 정찰총국 산하 사이버 전담 부서 '기술정찰국'의 해킹 역량을 증진시켰다. 그 결과 북한 해커조직은 국제적으로 '고도의 지속적 위협(APT: Advanced Persistent Threat)'으로 분류되고 있다. 북한의 가상자산에 대한 사이버 공격이 알려지기 시작한 것은 2017년 6월 29일 한국 최대 가상화폐 거래소 '빗썸(Bithumb)'에 대한 해킹을 통해 당시 북한 해커조직은 3만여 명의 개인정보를 빼냈고, 한국에 1,600만 달러(약 200억 원)를 요구했다.

2019년 유엔 안전보장이사회(UNSC: United Nations Security Council)에 제출된 보고서는 북한이 2017년 말부터 핵·미사일 실험은 자제하고 있지만 2015년 12월부터 가상화폐 거래소에 대한 해킹을 통해 마련한 자금을 핵과 미사일 개발에 사용하고 있는 것으로 파악하고 있다. 2019년 유엔 안보리에 제출된 대북제재위원회(Security Council Committee on North Korea)의 보고서는 북한이 평양 김일(정치)군사대학 출신 전산전문가로 구성된 6천~7천명 규모의 해커부대가 가상화폐 거래소를 공격하고 있다고 적시하였다. 위원회는 북한이 2015년 12월부터 2019년 5월까지 최소 17개국 금융기관과 가상화폐 거래소를 35회 해킹하여 20억 달러(약 2조 4천억 원)를 벌어 들였다고 언급했다.

2022년 북한 해커조직은 총 16억 5천만 달러(약 2조 670억 원)의 가상자산을 탈취했고 이 액수는 2022년 전 세계 가상자산 총 탈취 액수(총 38억 달러)의 43.4%를 차지했다. 2020년 북한의 총 수출 규모가 1억 4,200만 달러(약 1,779억 원)인 것을 감안하면 사실상 북한의 국가 경제는 전 세계를 상대로 한 가상자산 탈취를 통해 운영되고 있는 셈이다.

3.5.3. 사회공학적 기법을 사용한 사이버 첩보활동

북한의 사이버 첩보활동은 가시적인 피해를 입히지 않으면서 불법적으로 개인 정보나 국가 기밀을 절취하는 범죄행위로서 이후 사이버 공격의 준비단계로서 수행될 수 있다. 또한 북한은 다양한 사회공학적 기법이나 피싱(phishing) 공격 등을 통해 수집된 개인정보를 이용하여 사이버 첩보활동을 벌이거나 가상 자산을 탈취한다. 온라인 마켓플레이스 혹은 소셜미디어 플랫폼에서 사용되었을 만한 개인정보를 피싱이나 대량의 패스워드 사용 시도 등을 통해 확보하여 기존 유저들의 계정을 공격하고 신규 계정을 생성하는 등 신용정보 스터핑 공격(credential stuffing attack), 신용정보 수확 공격(credential harvesting attack)을 수행하기도 한다.

북한 해커들은 '링크드인(Linked-In)'과 같은 전문가 네트워크에 채용 모집 정보를 게시하고 사이트 사용자들과 신뢰를 구축하고, 'Skype', 'WhatsApp'과 같은 채팅 앱에서 인터뷰하고, 백도어를 삽입시킨 문서를 공유하여 해킹 공격한다. 북한 IT 인력들은 구인·구직 웹사이트에 가입할 때 신분증을 조작하거나 타인 계정을 빌려 국적과 신분을 위조하고 한국인과 외국인을 대상으로 다양하고 치밀한 방법을 구사한다.

북한은 한국의 정치사회적 상황이나 논쟁이 되는 특정 이슈를 첩보 활동이나 영향공작을 위한 다양한 기회로 활용하고 있다. 북한 해커조직 APT37은 이태원참사 직후 악성코드가 내장된 중앙재난안전대책본부 명의의 '이태원사고 대처상황보고서'를 작성하여 인터넷 익스플로어(Explorer) 제로데이의 취약점을 악용하여 유포하였다. 최근 북한은 통일부가 국회에서 주최하는 북한 인권을 주제로 한 행사를 사칭한 악성코드가 숨겨진 안내 이메일을 발신하였는데 통일부 문서 열람에서 비밀번호를 입력해야 하는 과정을 흉내 내는 등 시의성을 이용한 사이버공격 수행하기도 했다.[135]

〈북한의 사이버공격 목적(통일부 홈페이지, 2023)〉

<table>
<tr><th>사이버 공격 목적</th><th>예상되는 사이버공격 유형</th></tr>
<tr><td>사회적 혼란 및 물리적 피해</td><td>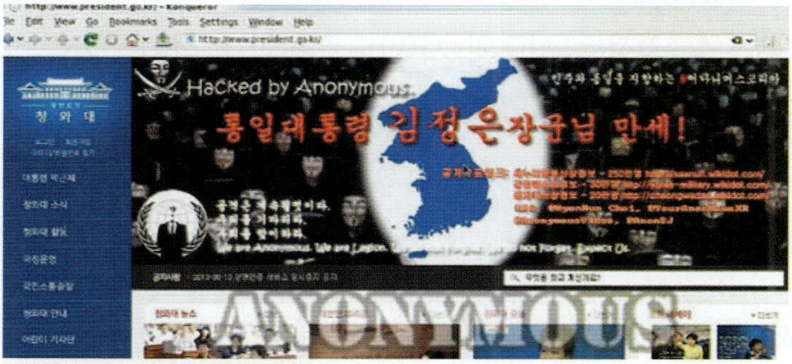

청와대 해킹 과정이 담긴 유튜브 영상 화면 캡처.</td></tr>
<tr><td>주요 정보 수집</td><td>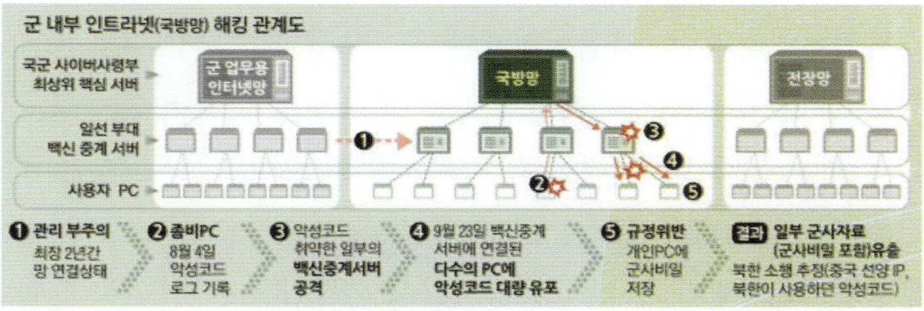
</td></tr>
<tr><td>해외 외화 벌이</td><td>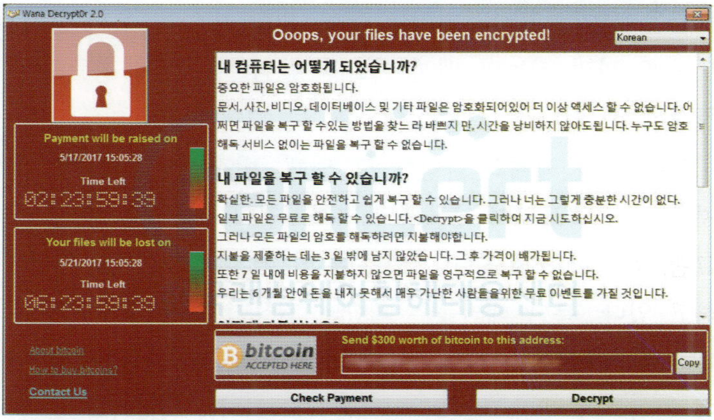
</td></tr>
</table>

북한은 국내 주요 대학을 모방한 피싱 서버를 구축하고 국내 학술지에 투고된 원고에 대한 심사를 전문가에 의뢰하는 방식으로 지능

형지속위협(APT) 공격을 취하기도 한다. 더불어 주요 인사 및 엘리트층에 대한 장기간의 사생활 정보 수집 등을 통해 이후 이들의 정계 진출 시 협박의 도구로 사용하였다.

3.5.4. 김정은 시대의 사이버 전력과 예상되는 위협

국제사회에 널리 알려진 북한의 해커조직은 APT38로 2010년경부터 활동이 두드러진 라자루스그룹(Lazarus Group), 킴수키(Kimsuky)로 알려진 APT43, APT37로 불리며 2016년부터 활동한 물수제비천리마(Ricochet Chollima), 블루노로프(Bluenoroff), 블랙알리칸토(BlackAlicanto), 코페르니슘(copernicium), 안다리엘, TA444 등이 있다.[136]

북한은 디지털 금융 업계에서 '크립토 슈퍼강자(crypto super-power)'로 불릴 만큼 기술적으로 고도화된 사이버 기술을 사용하여 암호 화폐 거래소나 국제은행간 통신협회(SWIFT: Society for World-wide Interbank Financial Telecommunication)와 같은 국제결제시스템을 해킹하여 디지털자금을 탈취하고 자금을 세탁하고 있다. 북한은 사이버 금융 범죄를 통한 외화 벌이에 특화된 '180소'와 코로나19 관련 정보와 백신 기술을 탈취하는 데에 집중하는 '325국'을 창설한 바 있다.

북한은 전 세계의 다양한 IT 업체, 범죄조직, 브로커, 자선단체, 카지노 등과 공조하거나 은행의 가짜계정이나 온라인 게임 및 도박 프로그램, 다양한 사회공학 기법을 통해 매우 정교한 사이버 위협을 구사하고 있다. 북한 해커들은 개방된 컴퓨터 해킹 정보 공유사이트를 이용하고 '코드쉐프(Code Chef)'와 '해커랭크(hackerrank)'등 국제대회에 참여하여 해킹 정보와 기술을 습득한다. '정보과학소조원'으로 불리는 북한 김일성종합대학교 학생들은 인도 소프트웨어 기업이 개최하고 매달 80여 개국에서 1만~3만여 명 대학생이 참여하는 국제프로그래밍경연대회 '코드쉐프'에 2013년부터 참가했고, 최근 7회 우승했다.

심화 주제 제8장 북한의 사이버전 위협

1. 북한이 사이버전의 중요성을 인식하고 사이버전력을 강화시키게 된 계기는 무엇이며, 어느 나라로부터 영향과 지원을 받았는가?

2. 북한의 사이버전략은 정치, 경제, 사회, 군사적 요인에 의해 영향을 받았다고 볼 수 있는데, 북한 사이버전략의 특징은 무엇인가?

3. 북한 사이버 전력의 체계는 국가적 조직과 전사의 전문적 양성체계 및 대우에 있는데, 북한 사이버 전략의 특징은 무엇인가?

4. 북한의 사이버전력 관점에서의 강점은 무엇이고 취약점은 어떤 것이 있을까?

5. 북한은 핵무기의 개발로 경제제재와 외교적으로 고립된 상태에 있는데, 향후 예상되는 북한 사이버전의 위협 양상은?

제9장 북한의 전자전 위협

제1절 전자전의 개요

전 세계의 많은 나라들이 4차 산업혁명의 기술혁신에 따라 미래 전장을 지상, 해상, 공중, 우주, 사이버공간의 5대 영역으로 구분하고 사이버공간과 나머지 4대 전장을 연결하는 전자기스펙트럼(EMS)이 전쟁의 승패를 좌우하는 중요한 요소로 간주하여 전자전 영역을 지속 확대해나가고 있다. 전자전의 경우 핵, 미사일 같은 비대칭전력과 달리 대내·외적인 제약을 비교적 덜 받으면서 전략적인 수단으로 사용될 가능성이 높다고 볼 수 있다.

1.1. 북한의 전자전의 중요성과 인식 배경

북한은 1991년의 걸프전과 1999년의 코소보전을 비롯해 2003년의 이라크전 등 현대전 양상을 분석하여 '전자전이 현대전에서 승패를 좌우하는 결정적인 역할을 수행한다.'고 인식하게 되었다. 이러한 인식 속에 북한은 재래식 전력의 열세를 만회하기 위해 핵, 미사일, 화학무기, 특수전 능력과 더불어 전자전 능력 육성에 전력 투구해 왔다.

북한은 2010년 이후 최근까지 감행한 GPS 교란을 통해 전자전 수단의 전략적 가치와 효용성을 충분히 입증한 바 있다.

이러한 북한의 GPS 전파 교란 공격은 저강도·저비용 공격인 이른바 '회색지대(grey zone) 도발'이다. 대규모 군사적 충돌은 피하면서 사이버 해킹, 소규모 테러, 국가 기간시설 파괴, 가짜뉴스 유포 등으로 적에게 타격을 주는 비군사적 공격에 해당된다.137)

〈GPS교란 장치(재머) 원리〉

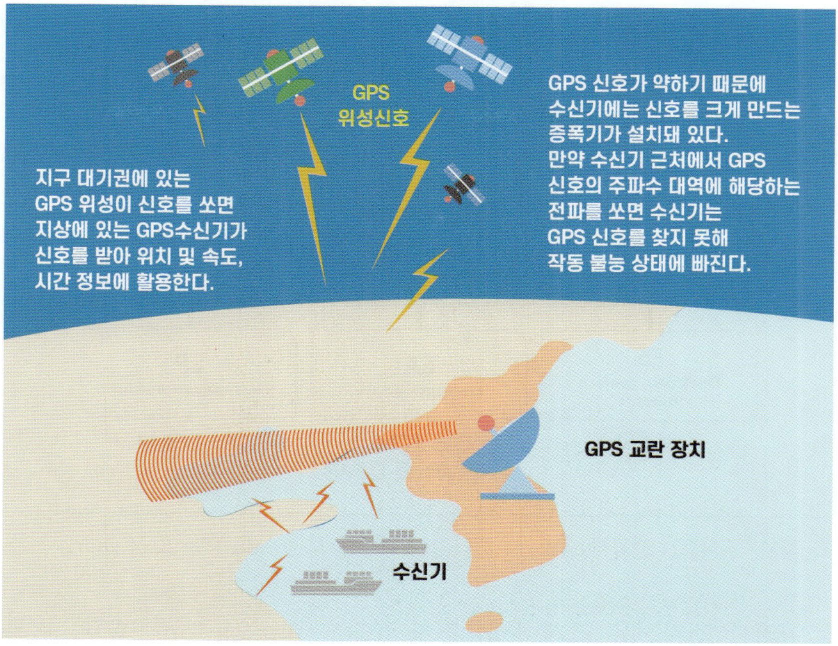

1.2. 전자전의 정의와 영역

전자전(EW: Electronic warfare)은 '적의 전투 활동을 억제하기 위해 전자파를 사용하는 군사 활동을 말하며, 적의 전자파 사용을 억제시켜 적 장비·인원·시설의 성능을 감소시키는 한편 적의 전자파 공격으로부터 아군의 장비·인원·시설을 보호하는 공격과 방어 활동 전반'을 가리킨다.

미군 군사교리에서는 전자전을 '전자기 스펙트럼을 제어하거나 공격하기 위해 전자기와 지향성 에너지를 사용하는 군사행동을 말한다. 전자전 능력은 지휘관 의도와 작전개념을 지원하기 위한 여건과 효과를 전자기 스펙트럼 내에서 창출할 수 있도록 해야 하며, 전자공격(EA: Electronic Attack), 전자보호(EP: Electronic Protection),

전자전지원(ES: Electronic Support)을 포함한 전자기 방해, 전자기 강화, 신호탐지와 같은 활동이 포함된다.'고 정의한다.[138]

〈무기체계 및 특징에 따른 전자전의 구분〉

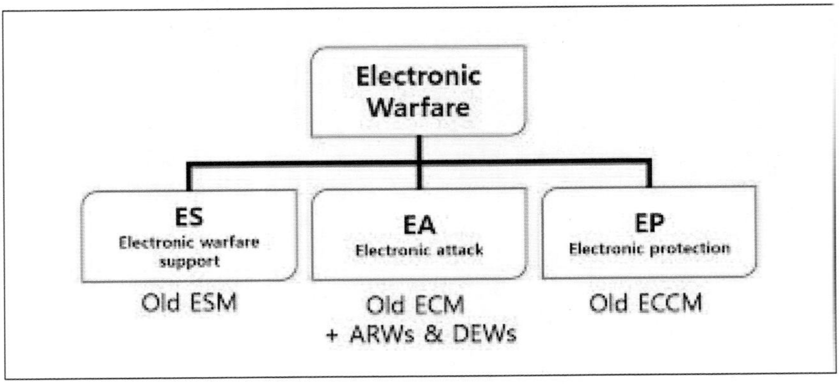

※ 출처: 김희동, "전자전(EW) vs 전자기 스펙트럼 작전(EMSO)", 2024.2.17.

이러한 전자전은 크게 통신 전자전(Communication EW)과 비통신 전자전(Non-Communication EW)의 영역으로 나눌 수 있다. 통신 전자전은 주로 단파(HF)[139] 및 초단파(VHF)[140] 대역의 통신장비에 대해 이루어지며, 송신기 특성 파악 뿐만 아니라 전송신호의 방해 및 분석을 통해 수행하게 된다. 비통신 전자전은 1·2차 세계대전에서 초창기 형태의 레이더가 사용된 이후 발전된 개념으로 주로 극초단파(UHF)[141] 또는 그 이상의 주파수 대역의 레이더 시스템에 대해 사용되어진다. 전자전은 무기체계의 특징과 기능에 따라 전자공격(EA: Electronic Attack), 전자보호(EP: Electronic Protection), 전자전지원(ES: Electronic Warfare Support)으로 구분할 수 있다. 전자공격 능력은 적의 전투능력을 직접적으로 공격하기 위하여 전자기 스펙트럼 또는 지향성 에너지의 공세적인 사용에 초점을 두는 추세다. 즉, 전쟁수행 개념의 변화된 양상인 비접적·비선형·원거리전투, 네트워크중심전, 동시 통합·병렬 작전, 효과중심작전을 수행하기 위해 전자전이 확대되고 있다. 또한 전자전 관련 사업들의 진전에 따라 '복합전

(Spectrum Warfare)'의 개념도 등장하고 있다. 복합전에는 전통적인 전자전 이외에도 광학전(Optical Warfare), 항법전(Navigation Warfare), 사이버전(Cyber warfare) 등이 추가되었다.142)

〈전자전의 수행에 따른 구분〉

구 분	세부 구분	전자전 수행 내용
공세적 전자전	전자전 공격(EA)	전파 방해, 전자기만, 대방사 미사일 공격, 지향성 에너지 공격 * 적의 인력, 시설, 장비 공격으로 전투능력 저하
	전자전 지원(ES)	탐색, 감청, 방향 탐지, 식별 * 위험경고, 전자전을 지원하는 수집, 방향 탐지
방어적 전자전	전자 보호(EP)	대전자전 지원, 대전자 공격 * 전자기스펙트럼으로부터 아군 인력·시설·장비 보호

전자공격은 적 무기의 기능저하나 무력화를 목적으로 사용하는 전자 재밍, 전자기만 등 '소프트 킬'의 결과를 추구하는 비파괴적 전자공격과 대방사 미사일, 지향성 에너지 무기 등 '하드 킬'이라 표현되는 물리적 파괴능력에 초점을 맞춘 파괴적 전자공격으로 구분한다.

전자공격 능력은 적의 전투능력을 직접적으로 공격하기 위하여 전자기스펙트럼 또는 지향성 에너지의 공세적인 사용에 초점을 두는 추세다. 즉, 전쟁수행 개념의 변화된 양상인 비접적·비선형·원거리전투, 네트워크중심전, 동시 통합·병렬 작전, 효과중심작전을 수행하기 위해 전자전이 확대되고 있다.

또한 전자전 관련 사업들의 진전에 따라 '복합전(Spectrum Warfare)'의 개념도 등장하고 있다. 복합전에는 전통적인 전자전 이외에도 광학전(Optical Warfare), 항법전(Navigation Warfare), 사이버전(Cyber warfare) 등이 추가되었다.143)

미래형 전자공격 무기체계로 평가받는 지향성 에너지 무기인 레이저 무기, 고출력 마이크로파 무기 등의 기술이 최근에는 발전하고 있다. 아울러 공세적 전자전 무기체계는 스텔스 기술을 적용하여 디지털 전장 환경에서 생존율의 증가와 전장 주도권을 확보하기 위한 노력이 지속되고 있다.

최근에는 상대방의 시스템에 바이러스나 파괴적인 코드를 침투시켜 시스템을 도용하거나 무력화시킬 수 있는 '사이버전자전' 기술이 발전하고 있다. 전자전은 IP 주소를 갖는 사이버공간이 아니라도 전파를 이용하여 안테나만 있으면 접속할 수 있는 장점이 있다. 다만 그 효과가 기능의 무력화 보다는 일시적인 방해 또는 교란으로 미약한 편이다. 사이버전자전은 전자전에 비해 단발성 공격을 하더라도 시스템 마비를 통해 회복이 불가한 치명적인 효과를 얻을 수 있다.

따라서 사이버전자전을 통해 적의 전자전 수행으로부터 아군의 사이버공간은 보호하면서 적의 사이버공간을 전자기스펙트럼을 활용해서 사이버 공격할 수 있는 개념이 필요하다.[144)]

제2절 북한의 전자전 역사와 인식

2.1. 북한의 전자전 발전

2.1.1. 신호정보 수집 등 초기 전자전 수행(1950년~1953년)

북한은 6.25전쟁 시 구소련이 사용했던 감청장비를 자연스럽게 인수하여 무선통신 분야에 대한 신호정보 수집을 통한 전자전을 수행할 수 있는 기반을 마련할 수 있었다. 2020년 국방부 군사편찬연구소에서는 북한 노획 문서자료를 기초로 주 북한 소련 고문관이었던 무르진 중위가 작성한 약 100페이지 분량의 '무르진 감청보고서'를 공개하였다. 주된 내용은 6.25 전쟁 초기인 6월 25일부터 7월 9일까지 약 15일간 우리 군 전방부대에 대한 무선 감청 내용이 정리되어 있다. 당시 군사분계선에 배치된 사단들이 상급 부대에 보고한 각종 보고 자료를 감청한 내용은 물론 육군본부, 법무부 등 각 행정부와 군대 등의 무선보고도 감청해 보고했다고 기술되어 있다.[145)]

2.1.2. 전자전 능력 구비 필요성의 계기(1954년~1969년)

1968년 1월 28일 01시 45분경 미 해군 정보수집함 푸에블로호가 동해상에서 무장한 4척의 북한 초계정과 출격한 미그기 2대의 위협으로 나포되어 원산항으로 납치되었다. 당시 푸에블로호는 북한 동해안 지역에서 대북 감청과 전자기 신호 분석을 위해 활동 중이었다. 이 사건으로 1967년까지 개발한 미국의 수많은 첨단정보기술, 신호정보 수집 능력의 결정체가 송두리째 북한으로 넘어갔다. 당시 푸에블로호는 암호해독기인 KW-7과 KW-37의 인쇄 회로판 일부, KG-14와 비밀문서의 90%, WLR-1 도청기와 미군의 신호정보 자료, 미 국가안보국(NSA)의 전시 전자명령서, 소련, 중국, 북한의 레이더 기지와 전송시설, 주파수를 비롯한 숱한 정보를 가지고 있었다. 이 모든 것이 북한군에게 넘어갔다. 또한 푸에블로호에 탑승한 승무원은 모두 82명이었는데, 북한의 심문에 미군의 극비정보와 KW-37, KG-14등에 대한 설명과 회로 구성도까지 북한에 넘겨주고 말았다.

푸에블로호 나포는 이후 북한이 전자전 기술에 괄목상대할 만한 역량을 가지게 되는 근간이 되었다. 북한은 푸에블로호 사건 이듬해 1969년 본인들의 영공에 접근해 전자정보를 수집해오던 미 해군 정찰기 EC-121기를 전자전 보호 차원에서 철저한 비밀계획을 수립하여 격추시키기도 했다.

2.1.3. 조직적인 전자전 수행체계 구축(1970년~1989년)

북한은 1981년 중국으로부터 최초로 전자전용 대출력 전파방해장비와 전자전 교범을 도입하였다. 1982년에는 총참모부 예하에 전자전국을 신설하여 전자전 전략 수립과 전자전 수행을 위한 부대 간의 합동작전체계를 구축하였다. 전자전국 예하에는 1개의 전자전연대를, 전방군단에는 4개의 전자전 대대를 각 군단별로 배치하여 각종 전자전지원(ES) 장비에 의한 전파탐지, 통신정보 수집과 국지적인 전자공격(EA) 등을 평상시에도 활발하게 진행하였다. 군단사령부 직속에도 전자전연구소를 설립하여 수십 명의 전자전 전문 인력들을 배치, 독자적인 적의 전자전으로부터 전자보호 대책도 강구하게 된다.[146]

한편 군수경제사령부인 제2경제위원회 제3총국(전자자동화공업국)에 자국산 대출력 전파방해장비 생산 라인을 꾸리는 등 전자전 장비 개발을 위한 구비를 본격화하였다. 1986년에는 평양시 형제산 구역 미림동에 지휘자동화대학(현 김일군사대학)을 설립하여 전자전장교 양성기관으로 운영하게 된다. 북한은 당시 소련 정찰기의 북한 영공 통과와 소련군 위성통신 시설의 평양 설치를 허가해 주고 미림대학 및 전자전 부대 설립에 필요한 장비를 지원받았다.

2.1.4. 현대전 고찰로 전자전 수행능력 보강(1990년~2009년)

북한은 1990년 걸프전과 1999년 코소보전, 2003년 이라크전의 현대전 양상 분석을 통해 전자전이 현대전에서 주도권을 장악하는데 있어 결정적인 역할을 수행한다는 것을 인식하였다. 1999년 9월 25일 북한은 평양방송을 통해 "인민군대의 전자전 능력은 그 어떤 원수들의 침략도 단호히 저지시킬 수 있는 매우 높은 수준이라고 했다.

이는 김정일 총비서의 대담한 작전 덕분이라며, 북한이 전자전 핵심기술을 연구하고 전자전을 효과적으로 구사하기 위한 전략과 전법을 충분히 마련했음을 공표했다. 2005년 조선인민군 출판사가 발행한 전자전교범인 『전자전참고자료』를 통해 북한의 작전환경에 부합된 전자전 운용에 대한 교리까지 제시하며 전자전 수행 능력을 대대적으로 보강했다.

2.1.5. 완벽한 전자전 작전 수행능력 구비(2010~2020년대 이후)

북한은 2010년 연평도 포격전 직후 한국군의 대포병레이더를 대상으로 감행한 GPS 교란을 시작으로 본격적으로 전자전 전력을 이용한 실질적인 능력시험에 나섰다. 북한의 이러한 행보에 대해 영국 국제전략문제연구소(IISS)는 '2011 군사 균형(The Military Balance 2011)'

보고서에서 전자정보전 능력 향상을 위해 전자정보(ELINT) 수집 장비와 전파교란 장비(jammer), 레이더 등을 최신형으로 교체하는 등 성능 개량사업도 추진하고 있다고 전했다.[147)]

북한은 2012년 3월에 한국 최초의 민군겸용 통신위성인 무궁화 5호에 대한 전파교란 공격을 감행했고, 2016년까지 이어진 GPS 교란을 통해 군은 물론 민간통신에 대한 강력한 전파공격 등을 통해 전자전 능력을 입증하였다.

2020년 5월부터 7월 사이 정찰총국과 전군 전자전 부대에 신형 GPS 교란장비를 대량으로 전력화했고, 12월 초 동계훈련 간에는 실전적 합동지휘훈련을 진행했다. 당 창건 75주년 기념열병식(2020. 10. 10)에서는 여단급 전자교란부대를 최초로 공개하는 등 전구급 수준의 전자전 수행 능력도 구비하게 되었다.

2.2. 북한의 전자전에 대한 인식과 특징

북한군은 전자전을 "적의 무선전자시스템의 사용을 거부하고 아군의 무선전자시스템을 적으로부터 보호하는 군사행위"라고 정의했다.[148)] 북한군은 전자전을 전자정찰, 전자공격, 전자방위, 전장유인기만, 전자위장이라는 5개의 영역으로 분류하고 있다. 이는 보편적인 전자전 분류 대비 다소 복잡하게 보일 수 있으나, 전자정찰은 전자전지원(ES)으로, 전자공격과 전자유인기만은 전자공격(EA)으로, 전자방위와 전자위장은 전자보호(EP)로 연계시키면 큰 차이는 없다.

북한의 전자전에 있어 특징은 기만작전의 중요성으로 허위 무선통신, 전파 침투, 전자모의장비 설치와 기동 등 전자유인기만 분야를 강조하고 있다. 또한 주요 시설과 갱도 진지 입구에 레이다 적외선 흡수제 등 도포를 통해 공중정찰 자산으로부터 탐지 회피를 위한 전자위장을 강조하고 있다. 이는 북한이 한미연합군 대비 공중전력 열세에 따른 초전의 생존성 보장을 위한 조치로 판단된다.

이처럼 북한은 지상, 해상, 공중, 우주, 사이버라는 5대 전장 영역의 제반 전투 요소들을 연결하고 있는 전자기스펙트럼(EMS)의 특징을 잘 이해하고 있다. 또한, 기술 개발과 함께 실제 전자전을 수행하는 조직들의 반복적인 훈련을 통해 완벽한 전자전 수행 능력을 갖출 것을 강조하고 있음을 알 수 있다.

북한은 전자전이 다른 전투를 수행하는 행동들과 구별되는 특징을 크게 다섯 가지로 압축하고 있다.

첫째, 전자전은 전자적 수단을 이용한 군사적 행동의 하나로 인식하고 있다. 실례로 작전과 전투에서 아군의 지휘체계를 마비시키기 위해서는 아군 지휘소를 대상으로 특수부대 습격과 전투기 폭격, 포병 타격 등 여러 군사행동이 있는데 전자전을 이러한 군사행동 가운데 하나로 인식하고 있다.

둘째, 전자전은 우주공간까지 포괄하는 입체적 공간에서 진행된다는 인식이다. 우주공간은 1960년대부터 정찰, 감시, 정보 수집의 공간으로 적극 활용하기 시작되면서 수많은 군사위성이 활동하고 있다. 이것은 전자전에서 매우 중요한 역할을 수행한다고 보며, 특히 미국이 추진했던 전구미사일방어체계 또한 우주공간에서의 전자전에 해당된다고 인식한다.

셋째, 전자전은 시간적으로 매우 빠르게 진행되는 전투로 인식하고 있다. 전자전은 초를 다투어 변하는 전장 상황을 신속하게 처리하는 시스템을 반드시 갖추어야만 하며, 이는 전시는 물론 평시에도 지속적으로 준비되어야만 필요한 시기에 제 역할 수행이 가능하다.

넷째, 전자전의 승패는 은밀성에 의해 결정된다며 적이 아군의 전자전 기도를 착각하도록 해야 한다고 인식한다. 북한은 지형과 전자전 수단을 합리적으로 이용할 뿐만 아니라, 화력과 부대의 기동을 배합한 기만으로 적을 감쪽같이 속여야만 달성 가능하다고 인식한다. 전자전에서 은밀성이 보장되지 못하면 그 성과를 기대할 수 없을 뿐 아니라 오히려 적에게 기만당할 수 있다고 본다.

다섯째, 전자전은 높은 과학기술 습득과 함께 끊임없이 연습을 요구하는 전투로 본다. 따라서 첨단 과학기술의 상대적 우위를 차지하고 있는 한미연합군을 압도할 수 있도록 기술적·전술적 대책을 효과적으로 세워야 하며, 전자전 장비 조작에 정통하는 것이야말로 승패를 좌우하는 결정적인 요소라고 여긴다.

제3절 북한군의 전자전 대남 위협

3.1. 북한군의 전자전 역할과 중요성

북한은 각급 지휘관들에게 '현대전은 전자전이며, 전자전을 잘하는 것은 현대작전과 전투의 승리를 좌우하는 중요한 문제로 인식하며, 전자전에 대처할 수 있는 준비를 철저히 갖출 것'을 요구하고 있다. 또한, 과학기술의 급속한 발전과 군사 분야에서 전자 장비의 광범위한 도입으로 전자전의 중요성이 증대되고 있다. 특히 현대전의 공격은 전자전, 심리전으로부터 시작된다고 이해하고 있다. 이처럼 북한은 현대전에서의 전자전의 역할을 명확히 인식하고 있다. 북한은 전자공격을 통해 전자기스펙트럼의 사용을 방해하는 작전을 이미 수립하기 시작했으며, 전자기스펙트럼을 자체적으로 활용하는 방안도 강구하고 있다. 그들의 군사통신 네트워크와 레이다, 그리고 항법체계와 핵심 기반시설을 대상으로 전자기스펙트럼을 강력한 방어 수단으로 활용하기 위한 방안도 구체화하고 있는 것으로 판단된다.

북한은 현대전의 본격적인 시험 무대였던 걸프전과 이라크전 분석을 통해 전자전이 다음과 같은 역할을 수행한다고 분석하였다.

첫째, 전자전은 주도권을 장악하는데 결정적 역할을 하며, 불리한 작전과 전투 국면을 전환시킬 수 있다고 분석했다. 1991년 걸프전을 통해 44대의 방공레이더와 205기의 중고도 미사일, 1,000여문의 대공포 등 막강한 방공력을 유지했던 이라크군이 패배한 원인을 미군

제9장

이 작전개시 전 조기경보기와 전자전기에 의해 시행한 강력한 전자공격 때문으로 인식했다. 즉, 이라크군의 방공용 지휘통제체계가 마비되어 제대로 싸워보지도 못하고 43일 만에 패했다고 보며 전자전이 전쟁 주도권 장악에 결정적 역할을 했다고 평가했다.

둘째, 전자전은 현대전에서 타격과 기동의 정확성을 보장하는데 중요한 역할을 수행한다고 인식한다. 북한은 현대전 수행방식의 기본인 정밀유도무기에 의한 목표물 타격도 결국은 전자전과 분리해서 수행할 수 없다고 본다. 2003년 사막의 폭풍 작전 시 미군의 A-10기 공습 간 미리 침투한 영군군 특수전 부대의 레이저 전자전 장비에 의한 정확한 목표 유도로 GBU-27 레이저유도폭탄이 성공적으로 임무를 완수하게 되었다. 이로 인하여 북한은 정밀유도무기의 정확성은 전자전에 의해 보장된다고 판단하게 되었다.

셋째, 전자전은 한미연합군의 공중공격으로부터 인원과 부대, 시설물을 보호하는데 있어 매우 중요한 역할을 수행하는 것으로 본다. 1999년 3월, 유고슬라비아전 당시 미군과 NATO군은 강력한 전자공격으로 유고슬라비아군의 방공체계를 마비시킨 뒤 토마호크 미사일과 같은 원거리 정밀 유도무기에 의한 작전을 감행했다. 이에 유고슬라비아군은 정밀유도무기의 전자적 특성인 열 영상 또는 GPS 대조 방식에 대응하기 위해 목표지역에 연막 살포, GPS 교란 조성 등 다양한 전자보호를 시행했다. 북한은 유고슬라비아의 이러한 노력이 공습으로부터의 생존성 향상에 기여했다고 본다.

3.2. 북한군의 전자전 분류

3.2.1. 전자공격(EA)

북한군은 전자공격을 상대방의 전자정찰, 지휘 및 무기조종수단과 그 체계를 진압하기 위하여 진행하는 전자 장애행동으로 정의하고 있다. 또한 전자공격을 전자교란 방법에 따라 구역장애, 근접지원장애, 전투서열장애의 세 가지로 구분하고 있다.149)

〈전자교란 방법에 따른 분류〉

구 분	내 용
구역장애	적 후방종심지역까지 일정한 거리와 선형구역에 조성
근접지원장애	실시간 움직이는 기동장비를 전자적으로 방호하기 위하여 또는 적 종심에 있는 무선전자장비에 대한 전자교란 조성이 가능한 지역까지 접근하여 조성
전투서열장애	기동하는 전투서열(편대)의 전자전 엄호를 위하여 전방 또는 후방에서 같이 행동하면서 조성

※ 출처: 이재원, "북한의 전자전에 관한 연구", 건국대학교 행정대학원 국가정보학과 석사논문, (2021), p. 16.

전자교란 형태에 따라 ① 적의 전자장비에 작용하는 특성 ② 주파스펙트럼 넓이 ③ 전자교란 지속시간 ④ 전자교란파 복사와 동기화 방법 등으로 구분하고 있다.

〈전자교란 형태에 따른 분류〉

구 분	내 용
적의 전자장비 작용 특성	위장장애(잡음장애), 모의장애
전자교란 주파수 넓이	조준장애, 광대역장애, 소인장애, 혼합장애
전자교란 지속시간	연속(지속)장애, 준연속장애, 임펄스 장애, 다중임펄스장애
전자교란파의 복사/동기화방법	회답식 장애/비회답식 장애, 동기화 장애/비동기화 장애

3.2.2. 전자유인 기만

북한은 전자유인기만을 전자기파를 이용하여 상대방을 속이고 지휘체계를 혼란시켜 북한군의 행동을 착각하도록 만들기 위하여 진행하는 전자적인 대책과 행동으로 정의한다. 특히, 전자유인기만의 방법인 허위 무선통신, 전파 침투, 전자모의장비의 설치와 기동 등에 대해 시기와 방법, 아군의 취약점을 구체적으로 이용하고 있다. 아래의 사례에서와 같이 각각에 대한 유의사항을 세부적으로 구분해 실질적인 전자전 수행을 위한 준비를 하고 있다.

〈사례 1 : 허위 무선통신을 진행할 때 유의사항〉

① 허위 무선정보를 전송할 인원들을 미리 잘 훈련시켜야 한다. 허위 무선정보를 전송할 인원은 미리 선발해서 평소에 송출 방법 등에 대해 숙달시킨다. ② 허위 무선정보의 내용을 잘 만들어야 한다. 내용은 현재 상황에서 적이 가장 관심 있는 사항이 무엇인가에 기초하여 작성하는 것이 필요하다. ③ 허위 무선정보는 적에게 자연스럽게 누설되어야 하고 신뢰성 있게 구성되어야 한다.

〈사례 2 : 전파침투를 진행할 때 유의사항〉

① 전파침투를 잘하기 위해서는 전파침투 시기를 잘 파악해야 한다. 이 시기에는 아군의 타격과 전파방해로 적 지휘수단들이 적지 않게 파괴되거나 마비되어 침투 기회가 많아지며, 이 때 진행하는 전파침투는 큰 효과가 있다. ② 전파침투 시기는 적의 무선통신에서 약점이 드러나는 때가 좋다. 특히, 무선통신 시간을 지키지 못하여 상대방을 찾고 있을 때, 수신감도가 약하거나 장애로 접속이 되지 않고 있을 때, 무선망 운용 요원이 많거나 자주 바뀔 때 등이다.

〈사례 3 : 전자모의장비 설치 또는 기동부대 모의 시 유의사항〉

① 각급 지휘소는 가짜 갱도와 통신소를 만들고 여러 가지 방법으로 지휘소와 같은 징후를 조성한다. 단, 적이 소형 핵탄두로 핵 공격을 가할 수도 있기 때문에 진짜 지휘소와 어느 정도 거리는 유지한다. ② 가짜 갱도와 통신소 외에 대공포 모형이나 가짜 전파방해기를 추가하는 것도 가능하다. 가짜 화력진지에는 잘 조직된 경비부대를 배치하는 것이 중요하다.

3.2.3. 전자위장

북한은 전자위장을 적의 감시 정찰로부터 아군의 역량이나 장비, 대상물 등을 전자적·기술적으로 은폐하는 것으로 보고 있다. 또한, 전자위장은 주파수 대역에 따라 무선전파위장(전파, 적외선, 레이저), 전자광학위장, 전자음향위장으로 구분한다. 이는 전자기스펙트럼별 다양한 감시정찰장비로부터 전자보호(EP) 측면은 물론, 한미연합군의 정밀유도무기로부터의 생존성 보장을 받기 위한 노력으로 평가할 수 있다.

북한은 전자위장을 위장재료와 위장대상에 따라 구분하고 있다. 북한은 질량, 크기, 전파흡수율, 온도 차단율 등 한국군의 감시정찰장비로부터 여러 시설과 장비를 은폐하고 대비책을 마련하고 있다. 이는 다양한 실험을 통해 발견한 전자위장과 전자기만 수단과 방법이 상당히 과학적이고 구체적임을 알 수 있다. 예를 들면 지휘소나 장사정포 갱도 진지 입구를 감시정찰자산으로부터 은폐하기 위해 시설물 입구에 전파 및 적외선 산란제 도포를 통해 전자파는 99.6%, 적외선은 99.9%까지 차단이 가능하다고 밝히고 있다.

〈전자위장 중 위장재료에 의한 방법〉

① 적외선 위장복: 군복 위에 덧입히는 방법으로 적의 영상감시장비에 의한 감시를 피하기 위한 것 ② 종합위장망: 적의 전자광학장비, 영상감시장비, 레이더로부터 장비를 위장하기 위한 것(질량: 12kg, 규격: 3m × 6m, 위장에 필요한 소요량은 전차의 경우 4장, 장갑차의 경우 3장, 자주포의 경우 4~5장이 소요) ③ 위장칠감: 적의 레이더로부터 장비를 위장하기 위한 것으로 장비의 표면에 반전파 흡수칠감을 발라 전자기파의 에너지를 흡수, 반감시켜 장비를 은폐시키는 것(칠감을 1.4~1.8mm 두께로 발랐을 때 전파흡수율은 95%이고, 사용기간은 5년, 비율: 접착제 50%, 흡수제 33.4%, 톨루엔 16.6%)

〈위장대상에 따른 전자위장 방법〉

① 병력: 행군 경로는 숲이 무성한 산을 주로 이용하고 적 레이더

의 감시 조건을 고려 1km/h 이하의 속도로 전진하면서 군인 상호 간 거리도 5m로 유지 ② 기계화부대: 대레이더 위장망과 코너반사기 등을 이용하고 적 감시 장비에 발각될 수 있는 경로에서는 연막을 사용 ③ 갱도: 방호문에 반전파, 반적외선 흡수제 부착(갱도방호문 1㎡당 원추형흡수재 25×25개 부착 시 전파흡수율과 온도차단율 99.8% 보장 가능)

3.2.4. 전자정찰, 전자방위

북한군 전자전 분류 형태 중 전자정찰과 전자방위에 대한 자료 획득이 제한되었으나, 전자정찰의 경우 아군의 전자전지원(ES)과 유사하게 전자기스펙트럼 영역별로 다양한 정보 수집 장비를 통해 무기체계가 방사하는 전자파를 활용하는 것으로 추측할 수 있다. 전자방위의 경우도 아군의 전자보호(EP)와 유사한 형태로 한미연합군의 전자공격, 대방사미사일 공격, 전자기만 등의 활동으로부터 방어를 위한 각종 노력을 하고 있을 것으로 추정된다.

3.3. 북한군 전자전 조직과 시설

북한의 전자전 조직은 크게 총참모부 또는 전시 최고사령부 수준에서 전구급 전자전을 조정 통제하는 '전략적 조직'과 직접 아군과 접촉하면서 실시간 작전을 수행하는 부대를 군단급 이하의 부대를 직접 지원하는 '전술적 조직'으로 구분할 수 있다.

3.3.1. 전략적 조직

(1) 총참모부 예하 전자전국

북한은 1986년 당시 국방위원회 부위원장 오극렬이 전자전을 조정·통제할 수 있는 지휘기구로 총참모부 예하에 전자전국(Electronic

Warfare Bureau)을 신설했다. 전자전국은 북한군이 보유한 모든 전자전 및 신호정보 자산의 관리와 훈련을 담당하였는데, 통신국, 지휘자동화국, 정찰총국 예하 신호 담당 부서 등과 협력해 공세적 및 방어적 전자전 작전을 감독하는 역할까지 수행했다. 전자전국은 전자기파 스펙트럼 작전을 통해 적군의 군사지휘통제체계를 교란시키거나 파괴하는 것을 목표로 하였다. 북한은 배합전과 연계하여 전자전국 단독 처리보다는 타 군사 기능과 통합하여 유기적으로 수행되어질 수 있도록 총참모부 작전국의 통제를 받고 있다.

(2) 정찰총국 예하 제6국(기술국)

정찰총국 관련 내용은 2009년도 조셉 버뮤데즈(Joseph Bermudez) 38North 연구원에 의해 처음 언급되었다. 정찰총국은 북한 정부 산하에 존재하는 다수의 기관들로부터 차출한 첩보수집 및 특수임무 전력들로 편성된 중앙정보기관으로 평가했다. 정찰총국은 조선노동당 및 구 인민무력부에 소속되었던 다수의 첩보수집 및 특수임무 기관들로 편성되었다. 정찰총국의 제1국, 제2국 및 제4국은 각각 조선로동당 작전부, 구 인민무력부 정찰국 및 조선노동당 35호실로부터 차출된 전력으로 편성된 것으로 알려졌다. 제3국(기술정찰국)은 구 인민무력부 정찰국의 무선기술담당 전력들을 차출하여 편성한 것으로 추정되며, 제3국(기술정찰국) 산하 무선/기술부서는 총참모부 산하 전자전국 및 통신국과 협력하고 있다. 제5국은 해외정보국, 제6국은 대남군사회담을 담당하는 대적협상국이며, 보급지원을 담당하는 제7국은 후방지원국이다.[150]

(3) 258부대

정찰총국 예하에는 전략적 신호정보 수집부대인 258부대가 있는데, 이 부대는 1만여 명의 부대원이 지하갱도와 같은 비밀공간에서 근무하고 있다. 258부대는 황해도 개성, 평안도 양덕, 함경도 안변 등과 같이 전파를 수신하기 좋은 지역에 위치하고 있으며, 한국군 지역은 물론 북한 내 필요한 지역의 신호정보를 수집 분석한다.

이 부대에는 정찰총국 예하 첩보요원 양성소로 6년제 대학인 '압록강대학'을 졸업한 군관들이 '감청수' 임무를 수행하며, 이들 인원 대부분이 갱도 안에서 24시간 교대로 근무한다. 이 부대는 701~706소(所)라는 감청부대로 이루어져 있으며, 1개 소(所)의 인원은 약 2,000여명 정도이다. 이 부대는 전방지역 아군의 통신 케이블선을 은밀하게 연결해 정보를 수집하기도 했다.

258부대에서 수집한 신호첩보는 정보 분석 단계를 거쳐 북한군 총참모부 예하 적군와해공작국(적공국)에까지 전달된다. 적공국은 신호정보로 획득된 첩보와 다른 여러 정보로 획득한 아군의 내용을 기초로 와해공작을 위한 활동을 진행한다. 최근 북한 대남공작 기관은 유선전화 대신 휴대전화 감청에 전력을 집중하고 있으며, 해외에서 수입한 감청장비를 통해 작전이 수행된다.

(4) 전자교란연대

전자전국 예하 전자교란연대 본부는 평양에 위치해 있으며, 실질적인 전략적 전자교란부대로 예하에 3개의 전자전 대대로 구성되어 있다. 전자전 대대는 평양~원산 축선 이남인 해주, 개성, 금강에 위치해 전자전 임무를 수행 중인 것으로 알려져 있다.

3.3.2. 전술적 조직

북한 지상군의 4개 전방 군단(1,2,4,5)들은 지휘부의 통제를 받는 통신연대와 전자전대대를 각각 배속 받는다. 전방군단 내 일부 사단들 예하에는 전자전 중대가 구성되며, 북한군 지상군 사단에는 전자전에 대한 훈련을 받은 장교들이 최소 몇 명씩 배치되어 있다.

북한군 해군은 동·서해 해안선을 따라 레이더를 이용한 해상감시용 전탐기지를 운영하고 있다. 공군은 방공체계를 중심으로 레이더

부대 등을 통합운용하고 있다. 또한 대공방어를 위해 GPS 교란 장비를 포함한 다양한 전자 교란장비를 개발 운용하고 있는 것으로 추정된다.

〈북한군 총참모부 예하 전자전부대 편성현황〉

구 분	전자전국	지상군	해 군	공 군
부 대	전자전 (평양 1)	전자전 (전방군단 4)	전탐기지 (함정)	레이다 (항공기)

북한군은 군단사령부 예하에 전자전연구소를 설립하여 어떠한 장애환경에서도 북한군의 지휘통신을 보장하고 적의 지휘통신을 마비시키며 대출력의 전파장애를 효과적으로 실시하기 위한 각종 장비들을 개발하고, 전자전 전법들을 연구하고 있다.

3.3.3. 전자교란작전부대

북한은 김정은 등장 이후 현대전에 있어서 전자전 중요성을 지속적으로 각인시키고 있다. 2020년 당 창건 75주년 열병식에서 "정찰총국장 림광일 대장이 지휘하는 정찰병 종대에 이어 전자교란작전부대가 오영철 소장을 선두로 행진해 나간다."라며 소형 배낭형태의 안테나가 장착된 불상장비를 휴대한 부대를 최초로 공개했다. 이는 소장급(우리군의 준장급) 지휘관이 부대장으로 호명된 점을 고려 시 전구급 전자교란 임무를 수행하는 여단급 부대로 추정된다.

2021년 제8차 당 대회 기념열병식에서도 동일하게 전자교란작전부대를 공개하면서 "보이지 않는 격렬한 싸움마당, 적들과의 치열한 전자교란전에서 언제나 주도권을 틀어지고 승리의 담도를 마련해나가는 현대전의 능수들이며, 높은 군사과학기술 수준과 군사적 지능을 겸비하고 고도의 현대화된 전투기술기재들로 장비된 우리 인민군대의 무진막강한 위력"이라고 선전하였다.

이러한 사례를 평가해보면 '전자교란작전부대는 우수한 전문 인력으로 구성된 최첨단 전자전 장비를 보유한 공세적인 전자전을 수행하는 부대'임을 추정할 수 있다.

3.4. 북한의 전자전 수행능력과 위협

북한은 전략적·전술적 수준의 전자전 조직을 통해 여러 종류의 첨단 전자전 장비를 이용한 전자전 수행능력을 구비하고 있다. 또한, 구소련과 중국으로부터 전자전 장비를 도입하여, 한반도 지형과 여건에 부합된 전자전 장비를 독자적으로 개발하여 현재 운용 중인 것으로 추정된다.

3.4.1. 전자전지원(ES)

북한은 중국과 러시아의 정찰기와 인공위성으로부터 각종 영상 및 신호정보를 직접 또는 간접적으로 수신할 수 있는 채널을 구축한 것으로 알려져 있다. 북한군의 위성통신 수집기지는 태평양과 인도양 상공의 위성과 교신내용을 감청할 수 있는 능력을 갖고 있다. 또한 북한은 동북아 지역의 통신내용을 도청할 수 있는 고주파 탐지 능력도 보유하고 있는 것으로 추정된다.

북한은 한국 지역의 전파탐지가 가능한 중서부지역과 평양 인근에 전자정보 수집기지와 전자교란 기지를 중점 배치해 운영하는 등 전자전 능력을 향상시키고 있다. 특히 대공방어를 위해 공중조기경보탐지 레이더 부대를 북한 전역을 4개 권역으로 구분 배치하여 남·북한 지역 및 중국 일부 지역까지도 항공기 접근에 대한 탐지가 가능하다.[151] 북한은 상대적으로 취약한 공중정보자산에 의한 정보감시정찰 능력을 향상시키기 위해 러시아, 중국으로부터 전자 정보 수집기 도입을 추진하고 있다.

3.4.2. 전자공격(EA)[152)]

(1) 공중 전자공격 능력

북한은 1992~1993년 AN(안토노프)-2 항공기를 개조하여 전자교란장비를 장착하여 방공부대를 대상으로 전자공격훈련을 진행한 바 있다. 김정일의 러시아 방문 이후인 2001년에는 관련 전자전 장비에 대한 현대화를 추진하였다. AN-2기는 1960년대 옛 소련에서 제작된 중·단거리 비행용 쌍발엔진 터보프롭 항공기로 러시아를 포함한 옛 소련 공화국에서 아직도 수백 대가 운용 중이다.

북한 공군은 주로 지상기지를 통해 작전에 필요한 통신, 전자정보를 수집하고 있으며, 제한적이지만 항공기에 의한 전자교란 임무를 수행할 수 있는 것으로 추정된다. 북한 공군이 보유한 전자전 임무 수행 능력은 다음과 같다.

〈북한 공군의 전자전 능력〉

구 분	전자전 능력
전자공격(EA)	• IL-28기, AN-2기 원격용 전자공격장비 보유 * 우리 공군 조기경보·방공레이더 교란 가능 • 北 보유 全 기종 Chaff 사용 가능 • MIG 계열 기종, SU-7·22는 외부에 교란장비 설치 가능 (교란 가능 주파수 : 7~10GHz)
전자전지원(ES)	• IL-28기의 경우 우리 공군이 사용하는 레이더에 대한 전자정보 수집 기능 보유 추정 • 모든 전투기 RWR 장착, 우리 군의 목표추적용 레이더 포착 가능
전자보호(EP)	• 전투기에 대한 전자보호능력은 제한 • MIG-23과 MIG-29에 설치된 레이더는 전자보호 능력을 보유

(2) GPS 교란 능력

GPS교란은 전자공격 분야 중 위성항법 전파를 교란하고 기만하는 방식으로 GPS항법체계를 사용하는 무기체계가 방대하여 위협의 정도가 크므로 GPS교란을 항법전(Navigation War)으로 명명하기도 한다. 북한은 러시아로부터 신형 24W급 교란 장비를 도입하여 한반도 전역을 대상으로 400km 이내의 범위에서 GPS수신기 사용을 방해할 수 있는 능력을 확보한 것으로 알려지고 있다.

북한은 2010년부터 GPS교란 활동을 꾸준히 감행해왔다. 1차 공격은 2010년 8월 23일부터 26일까지 4일간, 2차 공격은 2011년 3월 4일부터 14일까지 11일간, 3차 공격은 2012년 4월 28일부터 5월 13일까지 16일간, 4차 공격은 2016년 3월 31일부터 4월 5일까지 6일간 감행한 바 있다.

특히, 2011년 3월 감행된 북한의 GPS교란 장비는 과거 도입했던 러시아제가 아닌 북한이 20년 넘게 자체적으로 개발해 온 산물로 400W 이상의 대출력을 가진 강력한 전자교란장비로 추정되었다. 이는 한반도 전역이 북한의 GPS 교란 공격권에 포함되어 북한의 마음먹기에 따라 불시에 보다 확대된 범위에서 민군 구분 없이 무차별적인 전자공격 도발을 감행할 수 있다는 것이다.

2010년 북한의 첫 GPS 공격 당시 181개 기지국, 비행기 14대, 함정 1척에 불과했던 GPS 교란 피해 규모는 4차 공격 시 1,794개 기지국, 비행기 1007대, 함정 715척으로 대략 17배 이상 증가하였다.[153)]

북한은 2020년 12월 11일 "대남 GPS 교란 임무를 담당하는 정찰총국 산하 전자정찰국 121국(사이버전지도국)과 전군 전자전부대들이 최고사령관의 새 훈련 명령에 따라 12월 7일부터 주요 전문병 과목으로 '적군 교란 합동지휘훈련'을 진행하고 있다."고 보도했다.[154)]

북한의 GPS 교란 능력과 관련 미국의 외교 안보 싱크 탱크인 국제전략문제연구소는 중국, 러시아와 더불어 북한을 미국이 운용하고 있는 위성에 최대의 위협이 되는 국가로 판단하고 있다. 또한, 2011년 4월에 발표한 보고서에서는 북한의 GPS 교란의 영향이 국내 주요 공항 등 민간영역 외에도 KR연습, UFG 훈련 등 군 영역에서도 지속 이어지고 있다고 평가한 바 있다. 토드 해리슨 전략국제문제연구소 항공우주국방 프로젝트 국장도 VOA와의 인터뷰에서 "북한은 이미 다양한 종류의 반위성 무기체계를 갖췄으며, 주로 전자파 공격을 통한 위성 신호를 교란하는 방식이다."라고 설명했다.155) 궁극적으로 북한은 GPS 교란 행위를 우리 군 정밀유도무기의 정확성 저하와 감시정찰위성의 무력화를 통해 그들의 중요시설과 장비에 대한 생존성보장에 활용할 것으로 판단된다.

(3) 전자기펄스탄(EMP)

1991년과 2003년 제1차, 제2차 걸프전에서 미군이 소수의 EMP 폭탄을 순항미사일의 탄두에 장착하여 바그다드 일대의 전기, 발전, 통신기능을 마비시킨 바 있다. 2005년 2월 10일 핵무기 보유를 선언한 이후 북한은 총 6차례의 핵실험을 감행하였는데, 이 중에서 한 차례는 수소폭탄 실험이었다고 주장하고 있다. 이는 북한이 이미 핵무기를 보유하고 있다는 것이고 핵무기를 보유했다는 것은 핵 전자기파(Nucler EMP) 사용이 가능하다는 것을 의미한다.

미 하원 'EMP소위원회'에서는 북한이 전자기펄스(EMP)탄을 개발하여 미국을 직접 위협할 가능성이 있다고 전망했다. 2008년도 보고서에서는 러시아가 슈퍼-전자기파(Super EMP)를 설계했고, 북한에서 파키스탄, 중국 과학자들과 함께 이를 연구하고 있다고 기술했다. 미 국방부 소속 아태지역 차관보도 중국이 타이완에 전자기펄스탄을 사용할 가능성이 있음을 강조하면서, 북한과 이란 역시 전자기펄스탄으로 미국을 위협할 수 있는 능력을 보유하고 있다고 했다.

EMP의 위험성은 만일 핵탄두가 지상 40~400km 상공에서 폭발하여 고고도 전자기파를 발생하게 되면 전자부품을 사용하는 인프라가 대부분 파괴되어 큰 혼란이 일어날 수 있어, 첨단 전자장비로 고도화된 군 조직일수록 치명적이다. 제임스 울시 前 미국 중앙정보국(CIA) 국장은 2014년 7월 러시아가 북한의 EMP탄 개발을 지원하였다고 밝혔으며, 2015년 3월 1일 방한 중에는 북한군의 EMP탄 공격 가능성에 대해 경고하기도 했다.156)

EMP탄 공격은 전자파를 이용하기 때문에 매우 빠른 공격이 가능하며, 미사일 또는 항공기 투하용 폭탄에 장착하여 공중 폭발시킨다면 폭발 후 0.5~100초 만에 수십~수백km 내의 모든 전자시설을 마비시킬 수 있다. 북한군은 개전 초에 한미연합군의 최첨단 감시정찰체계와 정밀타격무기를 쉽게 무력화하기 위해 EMP탄을 개발하여 비대칭무기로 활용할 가능성이 매우 크다. 미 국방부 산하 육군성은 2020년 7월 작성한 "북한전술(North Korean Tactics)에서 북한이 20~60개에 달하는 핵무기를 보유하고 있으며 매년 6개의 핵무기를 생산할 수 있을 것으로 판단하고 있다.157)

〈북한의 EMP탄 운용 개념과 위협〉

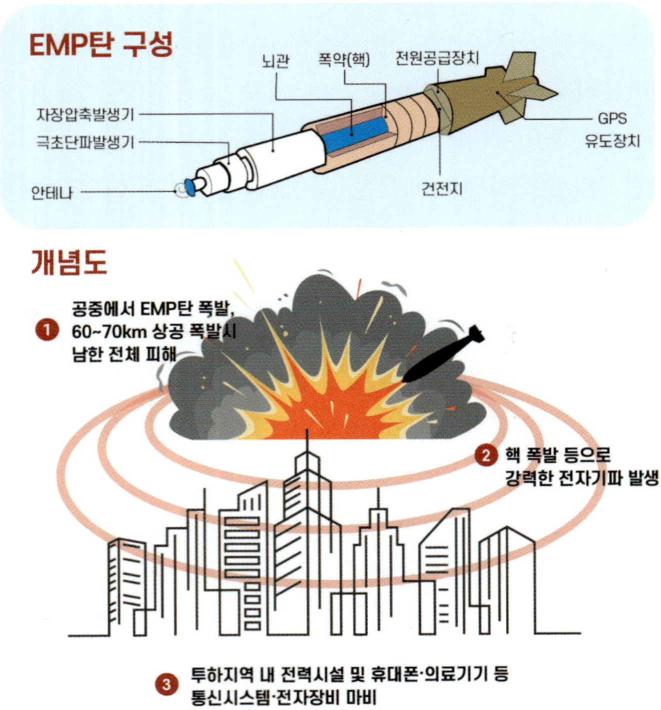

또한, 북한은 2012년 12월 광명성 3호 발사 성공으로 500kg의 핵탄두를 1만km 이상으로 보낼 수 있는 능력을 갖추었다. 만약 북한이 6차례의 핵실험을 통하여 핵탄두의 소형화와 경량화에 성공하였다면 북한의 고고도 전자기파(HEMP)는 북한의 전자전 능력 중 가장 큰 위협이 될 것이다. 북한 노동신문은 "우리의 수소탄은 전략적 목적에 따라 고공에서 폭발시켜 광대한 지역에 대한 초강력 EMP 공격까지 가할 수 있다."고 주장했다.158)

북한이 직접적인 핵미사일보다 핵 EMP탄을 선택할 가능성이 있다는 분석도 제기되고 있다. 북한은 EMP탄이 핵미사일만큼 효과를 낼 수 있을 것으로 보고 있다. EMP탄은 핵무기 폭발 시 발생하는 엄청난 위력의 전자기파다. 지상의 통신망이나 전자기기, 컴퓨터 네트워크 등의 기능을 일시에 마비시키는 것이다. 자동차 지하철 열차 휴대전화 비행기 신호등 엘리베이터 등을 몇 초 안에 태워버린다. 전자기파가 사람에게 직접적으로 미치는 영향은 작지만 태풍이나 대지진과 같은 자연재해보다 그 피해 지역이나 범위는 매우 광범위하다.

(4) 소모성 전파방해기

북한군은 아군이 공격을 시작하기 이전에 소모성 전파방해기를 설치하여 아군 통신망을 와해시킬 수 있다. 이러한 소모성 전파방해기가 목 지점, 산길, 골짜기 등과 같이 자연적으로 생성된 지역에서 사용될 시 짧은 전파공격 거리와 낮은 출력으로도 중요한 결과를 얻을 수 있다. 또한 기만작전을 지원하는 데 있어 차량 등을 활용한 고비용의 기만 체계의 손실 위험을 감수할 필요 없이 소모성 전파방해기를 사용해 지원할 수 있다. 더불어 포병에 의한 소모성 전파방해기 투발 방법도 가능하여 재래식무기와 병행하여 사용할 가능성이 매우 큰 전자공격 장비이다.

이러한 소모성 전파방해기는 산악지역이 많은 한반도 지형에서 차량 접근이 제한되는 전장 환경을 극복할 수 있으며, 동시에 비용 대비 효과가 매우 높은 전자전 수행 능력의 한 분야로 판단된다.

(5) 근접전파신관 재머

일부 포탄에서 사용되는 근접전파신관은 표적에서 반사된 무선 신호의 복사에 의해 살상반경 내에서 폭탄을 폭발시키는데, 근접전파신관 재머를 사용하게 되면 이를 방지할 수 있다. 북한은 이러한 전파방해기를 아군의 화기 사거리 범위 내에서 고가치 자산을 보호하기 위해 운용할 수 있다.

3.4.3. 전자보호(EP)

북한은 다양한 전자보호 방법을 동원하여 지도부 및 주요시설에 대한 생존성 보장 대책을 강구하고 있다. 한미연합군 전자정보 수집 장비에 대비한 전자보호 일환으로 군사시설 및 장비를 대대적으로 위장하고 모의 장비를 설치하며, 다양한 전파 교란기와 기만기를 개발하여 정밀유도무기에 대한 회피 대책도 강구하고 있다. 또한 한미연합군 공중공격으로 부터의 생존성 확보를 위해 항공 및 반항공사령부를 중심으로 지대공미사일과 고사포를 통한 다중의 대공방어망을 형성하여 방공체계를 구축하고 있다. 이에 부가하여 GPS전파 교란기를 포함한 다양한 전자교란 장비를 개발하여 대공방어에도 큰 노력을 기울이고 있다.

북한은 무엇보다도 전자보호 분야에 있어 전자위장을 통한 생존성 보장을 매우 중요하게 여기고 있는데, 이는 한미연합군이 작전을 계획 시행함에 있어 정보 수집을 제한시킬 수 있다. 더불어 북한군 지휘관들은 한미연합군의 작전이 상황 인식에 의존하고 있음을 정확히 이해하고 있기 때문에, 북한군의 전자위장 노력은 자신들의 전술 계획에 대한 한미연합군의 인지도를 제한시키기 위해 각종 센서들의 파괴와 기만에 초점을 맞추게 된다.

북한군은 위장과 은폐가 생존에 얼마나 중요한지 강조하면서,

2004년을 '위장의 해'로 선포한 바 있다. 북한군 전자전 참고자료에서도 전자위장의 중요성을 피력하기 위해 유고슬라비아전의 예를 들어 미 공군이 유고슬라비아의 허위장비 등을 활용한 기만행위로 인해 전차를 파괴하지 못한 사례를 강조하고 있다. 실제로 미국은 유고슬라비아의 효과적인 전자위장 때문에 무기체계에 대한 타격 대신 통나무, 합판, 천 등으로 제작된 기만용 전차·대공포·미사일 발사장소·항공기를 파괴한 바 있다.

북한군은 자신들의 방어진지 및 고가치 자산을 보호하기 위한 위장과 은폐 기법을 운용하기 위해 광범위한 노력을 기울이고 있다. 모든 부대들은 공병부대의 지원을 받아 자신들을 보호하기 위한 조치를 취하고 있으며, 적외선·레이다 흡수위장망과 위장도색을 포함한 다양한 신호저감 또는 신호변경물질을 사용하고 있다. 북한군은 "전자유도무기는 그 원리를 알고 전술적, 기술적 대책만 잘 세우면 부대와 대상물을 얼마든지 엄호할 수 있다며, 미군이 개발하여 이용하고 있는 정밀유도무기들의 GPS 수신기에 대한 장애를 조성하면 명중과 정확성을 다른 곳으로 유도할 수 있다."고 보고 있다.

북한은 주요 전략적인 지점들에 허위통신지휘소와 가짜 미사일 기지들을 무수히 만들어 놓고 한미연합군의 탐지·감시·정찰로부터 지휘통신 보장을 위한 전법들을 강구하고 강력한 전파교란 시설들을 비밀리에 설치 운용하고 있다.

북한의 전자전 수행 능력은 아군 대비 조직면에서나 장비 또는 인력면에서 매우 월등한 수준으로 핵, 미사일과 더불어 비대칭전력 중 하나로 손색이 없을 정도이다. 북한의 전자전 수행 능력을 분야별로 보면 다음과 같다.

〈북한군의 전자전 수행 능력(요약)〉

구 분		북한군 전자전 능력
조직면	전략적 제대	• 총참모부 전자전국, 정찰총국 • 전자교란연대 • 여단급 전자교란부대(추정)
	전술적 제대	• 전·후방군단 예하 전자전중대 • 전방군단 예하 전자전소대
장비면	통신	• 무선통신 교란장비
	비통신	• GPS, 레이더, 위성교란장비
인력 양성		• 김일성군사대학, 김책공대 등

3.5. 김정은 시대의 전자전 위협과 양상

북한은 여러 지역에서 전쟁이 일어날 때마다 미군과 NATO군, 이스라엘군의 새로운 전투 방식과 신규 무기들의 장단점을 정밀 분석하여 북한군의 전력을 증강해왔다. 북한이 전자전의 중요성을 인식하고 강조하기 시작한 것은 1991년 걸프전을 통해 다목적군이 정밀유도무기와 전자전을 통해 이라크군의 지휘통제체계와 방공시스템을 무력화하는 것에서 시작했다.

2006년 김정일은 『학습제강』을 통해 "현대전은 고도로 확대된 입체전, 정보전(정찰전, 전자전, 싸이버전, 심리전), 비대칭전, 비접촉전, 정밀타격전, 단기속결전으로 특징지어 지는 새로운 형태의 싸움이다."라고 언급했다. 또한, "전쟁 수행 방식과 전투 행동 방법이 부단히 변화 발전하는 오늘의 현실은 기존군사 지식이나 상식에만 매달려서는 작전 전투 조직과 지휘를 바로잡을 수 없다."며 정보전의 한 형태로 전자전이 중요함을 강조했다.159)

2009년 김정일은 "20세기 전쟁이 기름 전쟁이고 알(탄환)전쟁이었다면, 21세기 전쟁은 정보 전쟁이며, 정보전 부대는 핵무기와 함께

나의 배짱이고 나의 예비대이다. 인민무력부에서는 정찰국 정보 부대를 세계 최고의 정보전 부대로 완성하고 그 위용을 만방에 떨치라." 며 정보전의 중요성을 역설했다.160) 이처럼 김정일이 전자전을 강조한 이유를 세 가지로 유추할 수 있다.

첫째, 과학기술이 첨단화하는 21세기는 전자기 공간을 무시할 수 없다고 생각한 것이다. 과거 전장 공간은 지·해·공중이라는 영역에만 비중을 두었지만 걸프전과 코소보전을 통해 전투기나 탱크, 함정 등 가시적 공간에서 활용되는 무기체계의 정상적인 동작을 방해 또는 무력화할 수 있는 전자전 양상을 보면서 비가시적 공간인 전자기 영역이 매우 중요해졌음을 인식하게 되었다.

둘째, 한미연합전력이 새로운 현대 무기체계를 끊임없이 개발해 나가는 것에 대한 격차를 극복하기 위해서다. 북한은 경제난으로 국방분야에서 각종 전력의 현대화에 어려움이 생겼고, 소위 비용 대 효과가 높은 전자전 능력 배양 전략에 집중하게 되었다. 재래식 무기와 핵·미사일 등의 비대칭 전력들의 경우 전략화 비용만 하더라도 막대한 비용이 소요된다. 반면 전자전은 전문 인력에 전자전 체계와 컴퓨터, 기존 탑재체계와 장비만으로도 구축할 수 있으며, 구축 후에도 추가적인 유지 및 관리비용이 적다는 장점을 인식한 것이다.

셋째, 첨단 전자 장비와 무선전파 환경이 발달한 한국을 상대하려면 전자전에서의 선점이 필수적이라고 생각했다. 한국군은 물론 민간분야 전반에 걸쳐 첨단 전자 장비와 IT 강국임을 자처하고 있다. 반면 북한의 GPS 교란으로부터 다양한 위협을 당했던 과거 사례처럼 한국의 각종 첨단 전자 장비로 구성된 기반체계들이 북한의 전자공격으로 한순간에 마비가 가능한 환경이다.

2011년 12월 17일, 김정은이 사망하고 후계자가 된 김정은도 전자전에 대해 관심이 지대했다. 2015년 국가안보전략 학술회의에서 Tobias Feakin(호주 사이버정책센터장)는 "북한은 전자전을 사이버전과 함께 비대칭전력으로 생각하고 발전시키고 있으며, 외국 무기

전시회에 전자전 장비에 대한 홍보 팜플렛을 통해 전자전 장비의 판매까지 추진하고 있다."고 언급한 바 있다.161) 김정은은 외국 유학파 출신으로 IT, 컴퓨터를 비롯한 각종 전자 장비에 대해 아주 밝으며, 권력 승계 시부터 김정일과 기존 지도부로부터 지지를 받기위해 전자전과 사이버테러를 활용한 바 있다. 김정은은 전자전에 대해 "여러 다른 나라들이 전자전에 주력하고 있다는 이유만으로 전자전에 대비하지 말라. 현대전에서는 현대식 무기와 재래식 무기를 적절히 배합해 전쟁에 임해야 한다."라고 지시한 바도 있다.

결론적으로 북한 지도부는 현대전에서 전자전이 차지하는 역할을 명확히 인식하고 있다. 핵, 미사일과 같은 비대칭전력이 Hard kill 형태의 물리적 파괴 수단으로써의 역할만을 수행한다면, 전자전은 Soft kill과 Hard kill의 두 역할을 모두 할 수 있다는 데 주목하고 있다. 다시 말해 전자공격으로 전자기스펙트럼을 통해 전송되는 신호로 연결 부분에 대한 마비 효과를 달성할 수도 있고, 표적에 대한 직접적인 물리적인 파괴도 가능하다는 점이다.

물리적 파괴인 Hard Kill 형태 전자전의 대표적인 활동으로는 아군의 의사결정과정을 지원하는 우선순위가 높은 표적인 정찰센서, 지휘통제시스템 등의 전자기 특성을 추적하는 대방사미사일 또는 자폭용 무인기 등을 생각할 수 있다.

또한 전자전은 그 자체로도 충분히 효용성 높은 작전수단이지만 김정은의 지시에서처럼 핵, 미사일 등의 비대칭전력 또는 재래식 무기와의 통합될 때 시너지효과가 더 높은 작전 수단이 될 수 있다는 점을 북한은 인식하고 있다.

제4절 북한의 사이버전자전 위협

4.1. 사이버전과 전자전 통합의 필요성

사이버공간이 점점 확대되고 전자기스펙트럼의 사용이 늘어남에 따라 사이버공간과 무선 네트워크 공간이 중첩 또는 공유되고 있다. 시간이 흐르고 기술이 발전될수록 정보시스템과 네트워크의 무선 구간이 점차 확대되어 가고 있기 때문에 중첩 구간은 더욱 넓어지고 있다. 사이버공간 영역은 컴퓨터와 네트워크뿐만 아니라 무선통신 및 전자기 장비를 통해 연결되기 때문이다. 기존에는 사이버전과 전자전이 각각 개별적으로 수행하는 범위에서 운영 중이나, 전자기스펙트럼을 활용하는 전자전과 사이버공간을 사용하는 사이버작전의 교차영역에서의 시너지효과를 창출할 수 있는 여지가 있는 것이다.

이러한 환경에서, 사이버전은 기본적으로 인터넷처럼 유·무선 네트워크가 연결되어 있는 사이버 공간 내에서 IP 주소를 매개체로 이루어지는 활동이다. 즉, 유·무선 네트워크가 인터넷으로 연결되어 있지 않은 독립망이나 폐쇄망은 접속 자체가 불가한 제한점을 가지고 있다. 반면에, 전자전은 IP 주소를 갖는 네트워크 공간이 아니라도 안테나만 있으면 접속할 수 있다. 다만, 그 효과가 일시적인 방해 또는 교란으로 미약하다. 따라서 사이버전자전을 통해 적의 전자전 수행으로부터 아군의 사이버공간은 보호하면서 적의 사이버공간을 전자기스펙트럼을 활용해서 사이버 공격할 수 있는 개념이 필요하다.

한 국가의 무기체계와 관련된 네트워크는 폐쇄망으로 구성돼 침투 및 무력화에 제한사항이 많다. 인터넷망과 연결되어 있지 않은 폐쇄망으로 운영되는 네트워크에 침투하기 위해서는 인적요소에 의한 네트워크와의 접속이 이루어져야 한다. 즉, 내부자 혹은 특수작전 요원이 악성코드가 주입된 USB를 직접 네트워크에 접속하는 방법이 지금까지 많이 사용되었다. 이런 인적요소에 의한 방법은 제한 사항이 많아 실제 전시에 활용되기에는 어려움이 많다.

그러나 현대의 네트워크는 유선환경과 무선 전자기파를 연결하여 물리적 거리 제약성을 극복하는 경우가 증가하고 있으며 이로 인한 무선 구간의 전자공격 취약성이 대두되고 있다. 적이 이용하는 전자기파의 무선 구간과 네트워크의 연결접점만 확보할 수 있다면 무선 구간을 통한 폐쇄 네트워크의 침입도 가능할 것이며 궁극적으로는 적 전술통신망에 악성코드를 장입함으로써 공격자의 의도에 따라 동작을 수행하도록 네트워크 시스템의 제어권 탈취가 가능하다. 이러한 공격방법이 바로 사이버전자전 공격의 한 형태이다.[162)]

사이버전과 전자전의 통합 대응이 필요한 이유는 두 가지이다.

첫째, 작전 수행 측면에서 핵·미사일 공격으로 대표되는 북한의 위협에 대한 대응은 복합적이어야 한다. 물리적 방식과 소프트킬(SoftKill) 방식이 모두 동원되어야 한다. 기존의 타격방어수단, 사이버전 능력, 전자전 능력을 따로따로 떼어 대응하는 것이 아니라, 통합된 능력으로 원하는 목표를 달성할 수 있다.

둘째, 기존 전자전과 사이버전 간의 기술적 공통요소가 많다. 따라서 상호 운용 간에 간섭이나 충돌이 발생할 수 있으며, 각각 개발 시 기술적 중복투자 등이 발생할 소지가 많다는 것이다.

〈사이버전과 전자전을 통합한 '발사 직전교란' 사례〉

미국은 2017년 3월 『발사 직전교란(Left of Launch)』 개념을 합참의장이 최초로 발표한 바 있다. 적의 미사일 발사 전에 아군의 전자기파와 사이버 공격으로 적 C2 체계와 미사일에 내장된 전자 장비를 교란하여 무력화시킨다는 구상이다. 실제로 미국은 북 핵·미사일에 대하여 이를 시도한 것으로 알려지기도 했다. 미국의 뉴욕타임스는 "오바마 행정부가 2014년 초 북한 핵·미사일 기술 진전을 늦추기 위해 '발사 직전교란'이라는 사이버와 전자전 능력 증강에 나선 이후에 북한 미사일 개발이 현저한 속도로 실패하기 시작했다"라고 보도한 바 있다. 발사 직전교란에 투사되는 기술은 사이버전이나 전자전 각각의 능력만으로는 불가능하며, 두 가지를 통합해야만 임무 달성이 가능하다. 미국은 이미 이를 통합하여 운용하는 방식을 구현하여 실전 배치하고 있는 것으로 추정된다.

※ 출처: 김수민, "해군 사이버전자전 발전 방향 연구" 「한국해군과학기술학회(KNST)」 (2022), p. 26.

4.2. 사이버전자전(CEW: Cyber & Electronic Warfare) 개념

미 육군에서는 '사이버전자전(CEW)' 용어를 사용하지는 않고, 사이버작전과 전자전을 병렬적으로 언급하면서 '사이버·전자기활동(CEMA)'이라는 통합된 작전을 수행하는 개념으로 정립하였다. 즉, '사이버·전자기활동(CEMA)'을 "사이버공간과 전자기 스펙트럼 모두에서 적이나 상대보다 우월함을 확보, 유지 및 활용할 수 있도록 유익하게 함과 동시에 적이나 상대의 같은 활동은 거부하거나 약화시키고 임무 지휘체계를 보호하는 활동"이라 정의하고 있다.163)

미군이 사용하는 '사이버·전자기활동(CEMA)'이라는 용어를 우리는 사이버전과 전자전이 통합된 별도의 교집합의 영역으로 '사이버전자전(CEW)'이라는 용어로 사용하고 있다. 미군들의 사이버·전자기활동(CEMA)라는 용어는 사이버전(CW: Cyber Warfare)과 전자전(EW: Electronic Warfare)의 합집합 개념의 '사이버·전자전(CEW: Cyber & Electronic Warfare)'이라는 용어와 혼동을 피하고 구분하기 위해 사용하는 용어다.

〈사이버·전자기활동(CEMA) 개념도〉

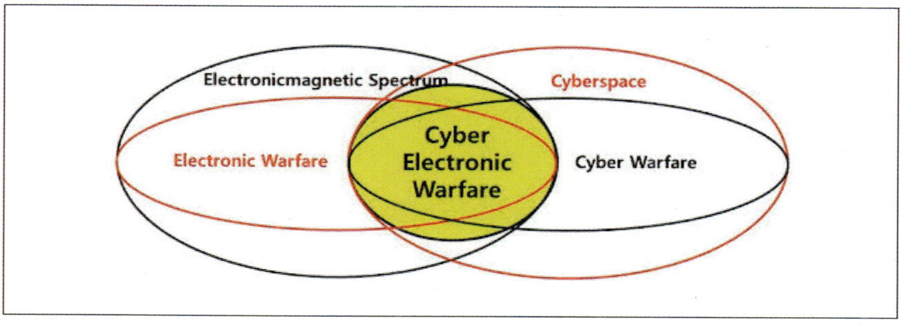

※ 출처: 시사N라이프, "사이버전(2) 평시에도 지속되는 사이버전"(2023)

이러한 '사이버·전자기활동(CEMA)'에 대한 정의는 사이버 영역과 전자기스펙트럼의 중요성과 이것이 통합되어 지상 작전에 미치는 영향과 중요성이 증대함에 따라 대비한다는 개념이다. '사이버·전자기

활동'은 ① 사이버공간작전(CO: Cyberspace Operations), ② 전자기스펙트럼 관리작전(SMO: Spectrum Management Operations), ③ 전자전(Electronic Warfare)을 동시통합 함으로써 수행된다는 개념이다.

선진국을 중심으로 사이버전자전을 새로운 군사영역으로 구분하고 있다. 즉, 사이버공간의 유선부분을 통해 이루어지는 정보의 전자적 전송에 관한 모든 작전요소는 사이버공간 역량을 사용하고, 사이버공간의 부분 중 전자기스펙트럼을 이용하여 영향을 주는 것은 전자전 역량이며, 사이버공간에 연결되지 않고 전자기스펙트럼에 영향을 미치는 작전은 전자전으로 구분하고 있다.[164)]

즉, 사이버전자전은 전자전 능력으로 전자기스펙트럼을 통해서 사이버공간에 영향을 주는 것은 전통적인 전자전과 다른 영역이며, 사이버작전이 전자기스펙트럼을 이용해서 수행하는 경우에도 기존의 유선부분을 통해서 수행하는 전통적인 사이버작전과 다른 영역이다.

따라서 사이버전자전은 기존의 사이버작전과 전자전보다 더 확장되고 높은 수준의 사이버공간과 전자기스펙트럼에 관한 정보능력과 무기체계 발전이 요구되는 독립된 새로운 군사영역이다.

사이버공간이 점차 확대되고 사이버공간 내 전자기스펙트럼 사용이 대폭 증가되며 전자전과 사이버전의 교차영역이 확대됨에 따라서 사이버전자전은 사이버전과 전자전이 가지고 있는 장점을 결합시켜 시너지 효과를 창출할 수 있다.

한국도 2017년부터 사이버전자전(CEW: Cyber-Electronic Warfare)이라는 용어를 사용하고 있다. '사이버전자전(CEW)'은 적의 폐쇄망 및 전장망을 목표로 직접적인 사이버공격을 가능하게 하며, 기존 사이버전의 작전반경을 광범위하게 넓히고 대량살상무기(WMD)에 효과적으로 대응할 수 있게 한다. 즉, 사이버전자전을 통해 적의 사이버공간을 전자기스펙트럼을 활용해서 공격할 수 있는 개념이다. 이처럼 사이버전자전은 현대의 전쟁 수행에 있어 잠재력이 무궁무진하므로

차세대 게임체인저로 선정하고 기술 개발 중에 있다.[165]

사이버전자전 개념은 사이버작전과 전자전의 교차영역에서 시너지 효과가 발생하는 새로운 군사 분야로서 적과 적대세력의 C4I 및 무기체계의 사이버공간 영역을 교란, 파괴, 무력화하여 작전적·전술적 군사작전 효과를 극대화하는 것이다.

국방연구원(KIDA)에서는 사이버전자전을 "사이버전과 전자전의 역량을 연계 수행하여 적군 네트워크상에서의 지휘통제체계와 무기체계를 무력화시키고, 아군의 지휘통제체계와 무기체계를 보호하기 위한 전쟁 수행개념"으로 정의하였다.[166] 사이버전자전은 방어적인 성격보다는 공격적인 성격으로 사용하고자 하는 목적이 강하다. 따라서 이를 수행하는 작전은 '사이버전자전 작전' 즉, '전자전 능력과 사이버작전 능력을 결합, 전자기스펙트럼을 이용하여 사이버공간에 영향을 미치는 군사 활동을 통해 지상 작전과 통합되어 기동부대를 지원하거나, 독립적으로 실시하는 작전'으로 정의하고 CEW-O(CEW-Operations)를 사용하게 되었다.

사이버전자전은 사이버전 및 전자전의 제한사항을 극복하기 위한 독립된 영역으로서, 폐쇄통신망이라 하더라도 전자전으로 접속하고 사이버전으로 무력화하는 시너지 작전활동이다. 사이버전은 효과는 크지만, 기본적으로 인터넷처럼 유·무선 네트워크가 연결되어 있는 사이버 공간 내에서 IP 주소를 매개체로 이루어지는 활동이다.

즉, 유·무선 네트워크가 인터넷으로 연결되어 있지 않은 독립망이나 폐쇄망은 접속 자체가 불가한 제한점을 가지고 있다. 반면에, 전자전은 IP 주소를 갖는 네트워크 공간이 아니라도 전파를 통해 접속이 가능하다. 다만, 그 효과가 일시적인 방해 또는 교란으로 미약하다.

〈전자전, 사이버전, 사이버전자전 비교〉

구 분		전자전(EW)	사이버전(CW)	사이버전자전(CEW)
태동시기		1940년대	2000년대	2010년대
범위		전자기스펙트럼	사이버공간	중복 사용
공격 징후		쉽게 알수 없음	익명성으로 제한	제한
통신방식		전파	유무선	전파+유무선
조직	합참	합참 전자전과	합참 사이버작전과	-
	국직	정보사, ○부대	사이버사, 통신사	-
	각군	정보작전참모부	정보화기획참모부	-
	예하	각군 작전사	사이버방호센터	-
주요 교리		전자전, 전자전종합발전계획	합참사이버작전교범	-
군 직능		정보병과	정보통신	-

※ 출처: 손태종, "사이버전자전, 개념과 운용방향을 정립해야" 『국방논단』(2019), p. 6.

사이버전자전의 특징으로는 첫째, 사이버전과 전자전은 각각의 장점을 결합하여 시너지 효과를 창출할 수가 있다. 즉, 적국의 군사 지휘통제망이나 미사일 통제망은 인터넷망이 아닌 폐쇄망 또는 독립망이기 때문에 사이버작전으로는 직접적인 접속이 불가하므로, 이러한 폐쇄망 또는 독립망에 대한 접속은 전자전으로 하고, 이 전자파에 사이버 악성코드나 해킹 프로그램 등을 탑재시켜서 접속 후 효과는 사이버전으로 달성하는 시너지효과를 창출할 수 있다.

둘째, 사이버전자전은 전자전의 능력을 이용하여 적대세력의 무선전자기스펙트럼에 영향을 주고, 전자전 능력과 함께 사이버작전 능력을 투사하여 비살상 비물리적인 능력으로 마비효과를 달성하고자 하는 소프트 킬(Soft kill) 개념의 작전활동이다.

4.3. 북한 사이버전자전의 행후 전망

사이버 공간에서의 위협과 전자전 공격은 잠재적인 피해가 매우 크고, 보이지 않는 곳에서 이루어지기 때문에 더욱 중요하게 다루어져야 한다. 대표적인 공격 유형은 디도스 공격, 멀웨어 공격, 랜섬웨어 공격, 지능형 지속공격 등이 잘 알려진 사이버 공격이다. 발생 시점뿐 아니라 이후의 잠재적인 피해가 매우 크다. 북한의 소행으로 여겨지는 GPS(Global Positioning System, 위성위치확인 시스템) 교란, 전자폭탄으로 알려진 EMP(Electro Magnetic Pluse) 전자공격 위협이다. 문제가 되는 것은 이것이 눈에 보이지 않는 영역에서 이루어지기 때문이다.

북한에서 IT부문 발전이 본격적으로 모색된 것은 1990년대 말 김정일 때이다. 김정일은 소프트웨어 발전에 기반한 IT입국의 문제의식을 고민하고 IT부문 발전을 위해 IT관련 정부기관을 정비하였으며, IT인력의 양성을 위한 교육체계 및 연구체계를 정비하면서 기반을 구축하였다.

김정은은 김정일의 발전전략을 이어받아 더욱 박차를 가하였는데, 김정일 시기부터 추진하던 '과학기술발전 5개년 계획'과 'CNC화', '인트라넷 구축' 등을 지속하는 한편, 과학기술전당 신설, 사이버교육, 사이버진료, 전자결재 확대 등 생활서비스 전반으로 확대 발전시켰다.[167] 이러한 김정은의 IT에 대한 인식을 잘 보여주는 것이 2014년 2월 당 사상 일꾼대회에서 '인터넷을 우리 사상·문화의 선전 마당으로 만들기 위한 결정적 대책을 마련하라'는 선언이었다. 김정은은 과학기술을 통한 경제발전 전략속에 나노기술(NT), 바이오기술(BT), 환경기술(ET)과 함께 IT부문을 발전시키고자 하였다. 특히 김정은 정권 들어 기존의 IT교육체계를 통해 육성된 IT인력을 기반으로 다양한 기술적 서비스의 진전이 이루어지고 있다.

4.3.1. 북한의 사이버전자전 환경

북한의 통신부문에서 유선전화는 2014년 100만 회선을 돌파한 후 큰 변화가 없이 2016년 이래 약 118만 회선 정도를 유지하고 있다. 그러나 2002년 2G 이동전화서비스로 시작한 북한의 이동전화 가입자는 최근 급격히 보급이 확대되어 2017년 기준 약 380만 명에 이르고 있으며, 2020년 8월의 보도에 따르면 이동통신 가입자가 약 6백만 명에 이르며 북한의 주요 도시를 거의 포괄하고 있는 것으로 알려졌다.

북한의 이동통신사업자는 3개의 사업자가 있으며, '고려링크'와 '강성네트', 그리고 '별'이 있다. 고려링크는 외국인과 현지인 모두에게 서비스를 제공하지만, 강성네트와 별은 현지인만 이용할 수 있다. 최근에는 이동통신의 보급이 확대되면서 다양한 앱을 비롯 서비스도 제공되면서 이동전화를 둘러싼 생태계도 급속히 발전하고 있다.

북한 사이버 인프라의 특징은 인터넷과 인트라넷의 이중화, 그리고 정보통신 인프라의 부족과 국가독재 및 국가통제를 들 수 있다. 북한의 인터넷-인트라넷 분리구축 정책은 북한의 독자적 사이버 전략의 결과물로, 북한은 미국 중심의 인터넷에 참여하지 않은 유일무이한 나라로 인터넷이 구축된 1995년의 이듬해인 1996년에 자기 나라 안에서만 사용하는 일국적 범위의 인트라넷을 독자적으로 구축했다.
북한은 일반기관과 주민을 위한 '광명'과 이와 분리된 '붉은검'(국가보안성), '방패'(국가보위부), '금별'(군) 등 인트라넷을 두고 있다. 광명에는 3,700여 기관에 속한 컴퓨터들이 연결되어 있다고 하며, 이용자 수는 5만 명 정도이다. 북한은 중국 단둥과 신의주를 잇는 통신망을 통해 중국의 차이나텔레콤으로부터 회선을 할당받아 중국 IP를 통해 인터넷을 이용하고 있으며, 중국 필터링 정책에 의해 걸러진 인터넷 콘텐츠에만 접근할 수 있다.[168]

북한 내부에서 인터넷 사용은 소수에 의해 독점·통제되는데, 월드뱅크 통계에 따르면 인터넷 이용자 수는 인구 대비 세계 최저수준으로 실제 이용자들은 정부에서 신뢰할 수 있는 간부급 인원 수백 명 정도일 것이라고 한다. 북한에서 검열 없는 인터넷은 독일 서버에 위성접속을 통해 이루어지며, 외국인과 소수의 엘리트들에 의해서만 독점되고 있다. 북한에서 모든 PC는 보안기관이나 보위부에 등록되며 인터넷에 접근할 수 있는 기능이 차단되고, 전기 사정이 좋지 못해 컴퓨터를 쓸 수 있는 시간도 제한된다. 부족한 인터넷 인프라와 낮은 이용률 등 북한의 사이버 인프라는 매우 빈약한 상태라고 할 수 있지만, 이러한 낮은 의존도가 방어 측면에서는 북한에 강력한 전략적 장점을 제공한다.

북한의 대표망인 광명망은 북한의 전국적인 인트라넷 체계로, 북한 내부에서는 인터넷을 대신하여 사용한다. 이 광명망은 북한의 체제 수호를 위해 서비스되는 컴퓨터 통신망이기에, 북한의 관계 당국의 강력한 검열과 통제를 받고 있다. 따라서 일반적으로 북한 내에서는 인터넷을 이용하기가 매우 힘들며, 이 인트라넷 이용마저도 엄격한 통제 하에서 이루어진다. 북한에선 이 망을 통해 자료 전달 및 커뮤니티 및 온라인 게임 활동 등을 한다.

또한, 북한의 미래망은 방패망과 같은 국가기관의 내부 폐쇄망이 아닌, 광명망과 같은 상용 공개망이다. 미래망은 북한 내 보급되어 있는 스마트폰의 경량형 온라인 환경을 지원하기 위한 사용 데이터 네트워크망이다. 광명망과는 연결 접근성이 완전히 호환되며, 광대역 와이파이 기반으로 온라인 접근을 제공한다. 접근권은 유료로 판매하며, 무제한 접근권 요금제도 존재한다.

북한의 체신당국에 따르면 무선 네트워크를 이동통신 규약(2G, 3G 등)을 이용하면 규약 준수를 위한 비용, 이동통신 규약의 전자 신호를 수신하기 위한 칩셋의 비용을 외국에 지불해야 하는데, 사용권이 완전히 공개된 기술인 와이파이를 이용하면 위와 같은 비용을 절약할 수 있다고 주장하고 있다. 해외 사례를 볼 때, 도시 전체에 광역 와이파이 접근을 제공하는 경우가 꽤 많기 때문에 북한도 이를 벤치마킹하는 것으로 보인다.

4.3.2. 북한의 사이버전자전 수행 연혁과 조직

북한은 1986년 '군 지휘자동화대학'을 설립하여 100여 명의 컴퓨터 전문요원 양성을 시초로 사이버부대를 준비했다. 이후 1991년 걸프전이 미국 주도하 연합국 승리로 끝난 후 현대전에서 전자전의 중요성을 인식하고 '총참모부' 직속으로 '지휘자동화국'과 각 군단에는 '전자전 연구소'를 신설하였다. 1995년에는 100여 명 수준의 '중앙당 35호실 기초자료조사실'을 설비하여 중앙당 부서에 필요한 다른 나라 국가기관, 단체, 개인에 관한 기밀자료를 인터넷을 통해 수집하였다. 1998년에는 사이버부대(121소) 창설 및 1999년에는 200여명 수준의 사이버심리전부대인 적공국 204소를 설립하여 국군과 한국의 청소년, 일반인을 대상으로 사이버심리전을 펼치고 있다.[169]

북한은 2004년 중반부터 중국 단둥을 거점으로 사이버부대를 운영하기 시작하였고, 2010년 인민부력부 정찰국, 노동당 작전부, 중앙당 35호실 등을 통합하여 정찰총국을 창설하고 사이버부대(121소)를 병력증강(500명 → 3,000명)과 더불어 사이버지도국(121국)으로 개편하였다. 2012년 8월 김정은은 정찰총국 산하 사이버전 전력을 독립, 확대시켜 '전략사이버사령부'을 창설하였으며, 2013년 8월 "사이버공격은 무자비한 타격력을 보장하는 만능의 보검"이라며 사이버전의 필요성을 역설하였다.

4.3.3. 북한의 사이버전자전 위협

북한은 무기체계와 성능, 군사력 유지에 필요한 경제력에서 한국보다 열세에 놓여 있다. 이 때문에 북한은 비대칭 전력 강화에 힘을 쏟아 왔다. 핵과 미사일, 생화학무기, 사이버, 전자전 무기가 모두 비대칭 전력에 해당한다. 이를 통해 전력 열세를 일거에 반전시킨다는 게 북한의 전략이다.

북한의 전자전 능력은 구소련에서 도입하여 개량한 전자전 장비와 자체 연구 개발한 장비를 이용한 전자공격과 GPS에 대한 교란으로 40~450km 범위 내 아군의 지휘통제체계와 전자장비 등 각종 첨단 정밀무기체계의 기능을 마비 또는 무력화시킬 수 있다. 대표적으로 EMP 폭탄은 강한 전자기파를 순간적으로 발생시켜 반경 수㎞ 내 전자기기를 마비시킨다. 특히 우리 군의 최첨단 무기일수록 상부 작전 지휘 시스템과 연계돼 가동되기 때문에 EMP 공격을 받으면 '먹통'으로 전락하고 만다.

2011년 4월 수도권의 GPS 수신기가 원인 모를 오작동을 일으켰다. 이 때문에 인천국제공항에서는 1,000대가 넘는 항공기가 위치 파악을 제대로 못하는 상황이 벌어졌다. 정보 당국 조사 결과 북한의 GPS 교란 공격으로 드러났다.[170] 이러한 GPS 공격능력은 정찰총국 예하 258군부대와 총참모부 지휘정보국 예하 감청부대가 한국 전역에 대한 감청·방탐 등 신호정보 능력을 보유하고 있으며, 한미 연합군에 대한 다양한 방법의 전자공격 수단을 보유하였다.

북한 지휘정보국 예하 전자전 부대는 전자전지원 장비와 전자공격 장비를 이용하여 전자전을 수행하며, 특히 다양한 장비를 보유하여 아군의 지휘통신체계 및 탐지체계, GPS 등에 대한 전자공격이 가능하다. 북한군은 전자전을 도발 주체에 대한 은폐가 용이하고 비용 대비 효과가 높은 비대칭 전력으로 인식하여 전·평시 핵심 전투수행방법으로 발전시키고 있어 아군의 정보 및 전자무기체계에 대한 심대한 위협이 예상된다.

최근 미국 국제전략문제연구소(CSIS)은 '우주위협 평가 2021'을 통해 북한의 우주 역량이 사이버·전자전 측면에서 현실화하고 있다고 진단했다.[171] 중장기적으로는 직접 한미의 위성을 물리적으로 공격할 수 있는 잠재 능력도 확보할 수 있는 것으로 평가했다. 북한은 재밍(전파 교란) 능력과 사이버공격 위협을 통해 전자전을 수행할 수 있는 능력을 입증했다며 이들 능력이 북한의 우주 대응용으로 응용될 잠재력이 크다고 지적했다.

북한은 지난해 한국을 향해 쓸 수 있는 신형 GPS 재밍 장치의 배치를 준비 중이라고 주장했다. 해당 재밍 기술은 우리의 군사용 통신 장비보다는 민간 GPS 기반 장비를 겨냥했을 가능성이 제기된다. 우리 군은 지난 수년간 위성항법 장비 등 위성 기반의 주요 설비에 항재밍 체계 적용을 확대해오고 있기 때문이다. 민간 GPS가 교란될 경우 당장 우리 정부와 산업계가 4차 산업혁명 시대에 대응해 도입을 가속화하는 자율주행차, 스마트 시티 등의 프로젝트가 타격을 받을 수 있다. 자율주행차 등은 자체적인 센서로 장애물 충돌 위험을 최소화할 수 있지만 주행 경로를 탐색해 스스로 주행하는 결정을 내리려면 GPS 신호를 받기 때문이다. 위치 기반 서비스를 통해 도시 인프라 관제 역량과 개인 사회생활의 편리성을 효율적으로 높이는 스마트 시티 사업도 GPS 교란으로 '블랙아웃' 등의 먹통이 될 위협에 처한다면 조기에 상용화되기 어렵게 된다.

북한의 사이버전 능력은 전자전 능력 이상으로 발전하였다. 북한의 사이버공격 능력은 단일적으로 실시하는 것이 아니라 전방위적으로 공격을 할 수 있는 능력을 갖고 있다. 즉 사이버 테러·범죄를 비롯한 사이버 심리전, 정보수집 그리고 물리적 EMP 공격 등을 이용하여 정보통신망 등을 공격하는 방법이다.

이들의 주요 공격 무기체계로는 DDoS 공격, 지능형지속위협(APT) 도구, 악성코드와 논리폭탄 등 논리적 무기체계와 스피어피싱, 종북어플 등의 심리적 무기체계를 갖추고 있다. 특히 북한은 사이버 위협 근거지로 중국 베이징, 칭다오, 광저우, 선양, 다롄 등지에서 활동하고 있다. 북한은 이미 한국을 대상으로 수차례 DDoS, 악성코드 등 사이버 공격도구를 이용해 국가기간망을 마비시키고 정보를 유출하는 등 한국을 내외적으로 혼란케 하고 있다.

〈북한의 한국 방산자료 탈취 사례〉

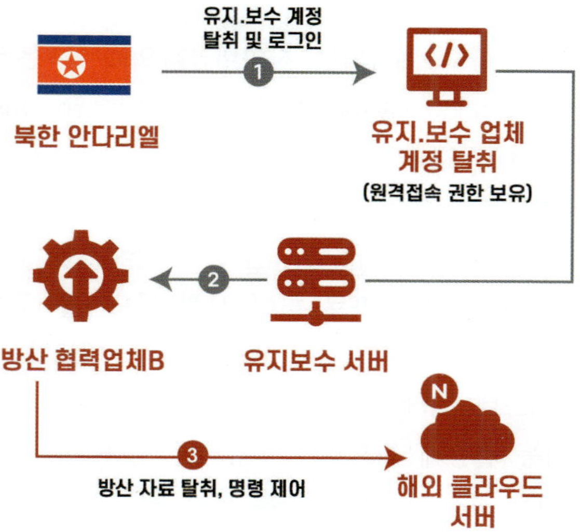

북한이 사이버전의 컴퓨터 전쟁 행위를 일삼는 건, 공격에 따른 비용과 위험성이 낮기 때문이다. 저비용, 저위험도로 적국의 컴퓨터를 교란시킴으로써 군사 능력과 기능을 저해시킬 수 있다는 것이다. 심지어 보복 공격에 스스로를 노출시키지 않으면서도 현재 상태를 위협하는 것도 가능하기 때문이다. 북한은 가상 IP를 이용하거나 중국과 러시아 등 제3국 해외거점을 이용하여 원점식별이 제한되는 우회공격을 수행하고 있다. 주로 사회 중요분야에 대한 정보수집, 국가기관 기능 마비 도모, 대규모 사회혼란 조성 등을 목적으로 군 지휘통제체계, 정부기관, 금융사를 대상으로 지속하고 있다.

4.3.4. 북한발 사이버 위협 종류와 발전 추세

현재 발생하고 있는 북한발 사이버 위협의 종류로는 ① 정부 주요기관을 사칭해 메일을 보내고, 응답 시 악성코드를 심어 보내는 스피어 피싱(spear phishing), ② 패치가 나오지 않은 소프트웨어의 취약점을 악용해 악성코드를 유포하는 방식, ③ 특정 집단이 주로 방문하는 웹 사이트를 감염시키고 악성코드를 유포하는 '워터링 홀(watering hole)' 등이 거론된다.

일부 전문가는 향후 예상되는 사이버공격으로 ① 논리폭탄 공격(Logic-Bomb Attacks), ② 비동시성 공격(Asynchronous Attacks), ③ 전자폭탄(E-Mail Bomb), ④ 전자총(Electron Gun: 전자기장 발생을 통해 자기기록을 훼손하는 사이버 무기), ⑤ EMP 폭탄(강한 전자기장을 내뿜어 국가통신시스템, 전력, 수송시스템, 금융시스템의 컴퓨터나 전자장비 등을 목표로 하여 사회 인프라를 일순간 무력화시키는 무기), ⑥ 나노 기계(Nano Machine: 개미보다 작은 로봇으로 목표 정보시스템 센터에 배포되어, 컴퓨터 내부에 침투하여 전자회로기판을 작동 불능케 함으로써 컴퓨터를 불능 상태로 만드는 것으로, 하드웨어를 직접 대상으로 하는 무기 등을 들기도 한다.[172]

이중에서 전자기펄스(EMP: Electro-Magnetic Pulse) 폭탄이나 고주파 전자총 등으로 강력한 전자기파를 방출하여 전자기기 체계를 작동 불능 상태에 빠지게 하는 전자기펄스(EMP) 공격 등을 통해 국가정보통신체계를 교란시키려는 시도들도 우려되고 있다. EMP란 전자장비를 파괴시킬 정도의 강력한 전기장과 자기장을 지닌 순간적인 전자기적 충격파로서 펄스의 지속 시간은 수십 나노초 내외로 매우 짧다. 문제는 EMP 대비책이 사실상 없다는 것이다. EMP 폭탄은 사전감지가 불가능한 데다 폭발 후 0.5~100초면 반경 수천km 내의 모든 전자시설을 파괴시킨다. 전문가들은 EMP탄이 무인항공기나 드론에 의해 운반된다면 엄청난 피해를 끼칠 수 있기 때문에 국방 분야 뿐만 아니라 민간 분야에서도 이에 대한 대비책을 서둘러야 한다.

북한 사이버전 활동은 군사 행위가 일어나기 이전이나 군사 행위와 맞물려 발생할 수 있다. 예를 들어 부대 전개나 부대 이동과 관련된 정보가 전달되는 네트워크를 파괴하거나 교란시킬 경우, 북한군은 효과적으로 상대의 전술 및 전략을 와해시킬 수 있을 뿐만 아니라 혼란을 야기하고 전략 이행을 늦출 수 있게 된다.

북한은 사이버 전력을 국가적 목표 달성을 위한 전략무기로 간주하며, 공격 능력이나 정보 평가 능력도 상당한 수준이다. 북한의 전자전 수준도 사이버전 능력 못지않다. 다양한 출처에 의하면, 북한은 전자·전기를 이용하여 독자적인 전자공격 수행 능력을 보유하고 있는 것으로 추정된다. 전술통신 및 지상요격 관제 레이더 등에 대한 전자공격 능력을 보유하고 있다는 의미이다.

이처럼 북한은 사이버전과 전자전을 국가의 핵심전력으로서 매우 중시하고 있다. 앞서 언급한대로 전자장치를 무력화시키는 EMP 폭탄, GPS 신호 최대 교란 거리가 100km인 GPS 재머, 디도스 공격, 악성코드, 역추적 방지 및 공격 우회 기술 등을 이미 보유하고 있고 지속적으로 발전시키고 있다. GPS 교란 장치의 경우, 최대 공격범위가 400km에 달하는 14종을 최근 자체적으로 개발했다는 정보도 있다. 남한 전역이 그 대상이 될 수도 있다.

초고도 네트워크 사회인 한국은 국가 차원의 폐쇄망을 운용하고 있는 북한에 비해 네트워크 의존도가 매우 높은 사회라는 점에서 절대적으로 매우 큰 취약점을 안고 있다. 북한은 이미 국가 차원에서 하이브리드 위협을 도구화하여 사용하고 있다. 이러한 상황에서 미국과 같이 민·관·군을 막론한 사이버 공격에 대응할 '컨트롤타워'를 설치해 사이버 공격을 탐지, 식별, 추적해 방어해야 할 필요가 있다. 뿐만 아니라 미 행정부와 마찬가지로 사이버 범죄 단체 등에 대한 선제공격을 수행할 수 있는 능력의 완비와 제도적 뒷받침 역시 필요하다.

심화 주제 제9장 북한의 전자전 위협

1. 북한이 전자전을 중요하게 인식하게 된 계기는 무엇인가?

2. 북한의 전자전이 다른 전투를 수행하는 행동들과 구별되는 다섯 가지 특징은 무엇인가?

3. 북한군 전자전 수행 조직은 전략적 조직과 전술적 조직으로 구분된다. 정찰총국 예하의 258부대는 어떤 임무를 수행하는가?

4. 북한은 전자기펄스탄(EMP)을 개발하였다고 보고되었다. 향후 한국에 주게 될 위협은 무엇인가?

5. 최근 사이버전과 전자전이 통합된 사이버전자전의 위협이 커지고 있다. 북한의 사이버전자전 능력과 위협에는 어떤 것이 있는가?

미 주

제1장 북한의 정치체제와 전략문화

1) 권지민, 『알기 쉽게 풀어 쓴 북한학 입문서』 (서울: 기문사, 2024), pp. 61~89,
2) 이상우, 『북한 정치 변천 – 신정체제의 진화과정』 (서울: 도서출판 오름, 2017), p. 109.
3) 앞의 책, p. 109.
4) 박재규 편, 『북한의 딜레마와 미래』 (파주: 법문사, 2011), pp. 23~24.
5) 위의 책, 『북한의 딜레마와 미래』 (파주: 법문사, 2011), p. 26.
6) SBS, "https://news.sbs.co.kr/news/endPage.do?news_id=N1007311381" (검색일: 24. 3.25)
7) 권지민, "북한 최고지도자의 권력 공고화 과정 연구", 『대한정치학회보』 32권 1호 (2024), pp. 45~64.
8) 이종석, "박헌영과 김일성: 한국공산주의자운동의 두 지도자의 길", 『한국 현대사의 라이벌』 (서울: 역사비평사, 1992), pp. 191~192.
9) 유용원 등, 『북한군 시크릿 리포트』 (서울: 플래닛미디어, 2013), pp. 75~76.
10) 국립통일교육원, 『2025 북한이해』 (서울: 통일부, 2025), pp. 115~117.

제2장 북한군의 정체성과 구조

11) 정창현, 『조선인민군의 역사와 실체』 (서울: 역사비평사, 2004); 박명림, 『한국 전쟁의 발발과 기원』 (서울: 나남출판, 1996); 김학성, 『북한의 군사 정책과 전략』, (서울: 통일연구원, 2002); 고유환, "조선인민군 형성과 군사노선의 역사적 전개", 『군사논단』 (2010). 참고 재정리
12) 이상우 등, 『북한 40년』 (서울: 을지문화사, 1988), pp. 346~347.
13) 임은성, 『북한의 군사정책/전략』 (서울: 국방대학교, 2012), pp. 34.
14) 권지민 등, 학위 논문 및 『알기 쉽게 풀어쓴 북한학 입문서』 (서울: 기문사, 2024).
15) 통일부 국립통일교육원, 『북한지식사전』, 2021, pp. 100~102.
16) 노영구, "한국 군사사상사 연구의 흐름과 근세 군사사상의 일례", 『군사학연구』, 7, 2009, pp. 25~26.

제3장 북한군의 사상과 정책

17) 육군본부, 『한국군사사상』 (대전 : 육군본부, 1992), p. 9.
18) 철학사전, terms.naver.com›list.nhn

19) 육군본부, 『북한군 군사사상』 (대전: 육군본부, 2007), p. 3.
20) 육군본부, 『육군군사술어사전』 (서울: 육군본부, 1988), p. 75.
21) 온창일 외, 『군사사상사』 (서울: 황금알, 2006), pp. 99~126.
22) 군사학연구회, 『군사사상론』 (서울: 플래닛 미디어, 2014), pp. 169~200.
23) 고야마 히로시케(小山弘建), 『군사사상의 연구』 (동경: 신천사, 1970), pp. 17~18.
24) Antulio Joseph Echevarria Ⅱ, After Clausewitz: German Military Thinkers Before the Great War (Lawrence, Kansas: University Press of Kansas, 2000), p. 7.
25) Julian Lider, Military Theory (England: Swedish Institute of International Affaires, Gower Publishing. Co. Lt., 1983), pp. 14~15.
26) 김희상, 『生動하는 軍을 위하여』 (서울: 전광, 1996), p. 212.
27) 박창희, "한국의 군사사상 발전 방향," 2014년 합동교리발전 세미나(2014), p. 2
28) 장명순, 『북한군사연구』 (서울: 팔복원, 1999), pp. 26~27.
29) 육군 교육사, "군사이론 연구', 『군사발전 제 44호 부록』, (대전: 육군교육사, 1989), pp. 21~22.
30) 한용섭, 『국방정책론』, (서울: 박영사, 2012), p. 271.
31) 참고 재정리.
① 『북한군 군사사상』, 정보사령부, pp. 40~43
② 『2023 북한이해』, 국립통일교육원, pp. 102~130.
③ 장명순, 『북한군사연구』, 팔복원, pp. 94-98
32) 진희관, "북한에서 '선군'의 등장과 선국사상이 갖는 함의에 관한 연구", 국제정치논총, Vol.48 No1. 2008. pp. 375~403.
33) 육군 교육사, "군사이론 연구', 『군사발전 제 44호 부록』, (대전: 육군교육사, 1989), pp. 21~22.
34) 이 분야는 다음의 글을 참조하여 편집 및 작성하였음
① 『북한군 군사사상』, 정보사령부, pp. 117~153
② 김형석, "과거 북한 군사정책을 통해 본 김정일 정권의 군사정책", 고려대학교 석사학위 논문, pp. 40~58. 2012.
③ 이병우, "북한 군사정책으로서 '핵무력'과 4세대전쟁 연구," 경기대학교 박사학위 논문, pp. 68~80. 2021.
④ 김성범, "김정은 시기 북한의 군사전략 변화", 북한대학원대학교 석사학위 논문, pp. 40~51. 2022
⑤ 김성주, "북한의 '4대 강군화 노선' 연구: 중국과의 비교와 함의", 『국방정책연구』, vol.36 No3, 2020, pp. 139-172.
35) 이영종, "북한 김정은 정권의 국가 목표와 군사정책 방향: 새로운 위협요소의 등장과 한국의 대응전략", 전략연구, vol.27 No1, 2020, pp. 7~39.

36) 남완수, “북한 핵 위협수준 분석과 맞춤형 재래식핵통합 억제방안”, 대전대학교 박사학위 논문, p. 172, 2025.

제4장 북한 군사제도와 군수산업

37) 김상지, “북한군의 군사적 실체 연구”, 대진대학교 통일대학원 석사학위 논문

38) 조선민주주의인민공화국 사회주의헌법 제 60조, 2023년 9월 최고인민회의 제 14기 제9차회의에서 수정

39) 김정은 정권은 2023년 12월 남북관계를 사실상 ‘교전국 관계’로 규정하며 남북관계 단절과 ‘통일 지우기’ 정책을 내세우고 있다. 그러나 이러한 정책 기조에도 불구하고 “대한민국 초토화”, “영토 평정” 등을 언급하며 무력적 적화통일 의도를 오히려 노골적으로 드러내고 있다는 점을 주목할 필요가 있다.

40) 권동현, “조선인민군 총정치국의 역할 변천에 관한 연구”, 고려대학교 대학원 석사학위 논문, p. 47, 2018.

41) 오항균, “김정일 시대 북한 군사지휘체계 연구”, 북한대학원대학교 박사 학위 논문, p. 98, 2012.

42) 서울신문, “북한제 M1978 곡산 자주포 3문,” 2025. 5.21.

43) 뉴스1, “北, ‘깡통’ 비난 의식해 새 구축함 무기 공개…“전력화 속도 빠르다,” 2025. 4.30.

44) 매일경제, “핵추진 전략유도미사일 잠수함의 건조 현장,” 2025. 3.8.

45) 신동아, “파병으로 한층 더 가까워진 북-러 혈맹, 韓 위험 고조,” 2024.11.26.

46) 2024년 4월 28~29일 북한은 동해상에서 신형 초음속 순항미사일과 전략순항미사일을 시험 발사하였으며, 조선중앙통신은 해당 미사일이 핵탄두 탑재가 가능한 전략무기로 개발되고 있음을 시사하였다. 이는 순항미사일 전력의 질적 고도화를 상징하는 사례로 평가된다. 조선중앙통신, 2024. 4.30.

47) 조선민주주의인민공화국 사회주의헌법 제 86조, 2023년 9월 최고인민회의 제 14기 제 9차 회의에서 수정

48) KONAS.NET. “북한군은 경제건설과 자력갱생식 군사력 건설에 주력하는 군대,” 2019.10.11.

49) 조남훈, “북한 군사경제의 현황”, 한국개발연구원, 2016.

50) 동아일보, 신진우, “北, 러에 로켓포탄 공급… 정부, 몇 달 전 포착,” 2023.9.15.

51) 연합뉴스, “북, 러시아 포탄 지원 지속…152mm 1천200만발 이상 규모,” 2025. 7.13.

52) 월간조선 9월호 “북한의 러시아 파병 1년 北 전사자 메모서 ‘전쟁 준비 완성’ 반복 등장,” 2025.8.18.

53) 앞의 책, 2025.8.18.

54) 지효근, “하이브리드전 승리요인 분석과 한국에 대한 함의: 인간지형에 대한 통제의 중요성,” 『국방정책연구』, 第36권 4호(2020), pp. 12~14.

55) 육군교육사령부, 『미래 작전환경분석서』(대전: 육군교육사령부, 2022), p. 41, 서정순·김학민, “인지전 연구,” 『전략연구』, 제31권 2호(2024), p. 348에서 재인용.

56) 김정모·김태영, “이스라엘-하마스 전쟁 시사점 연구,” 『한국민간경비학회보』, 제23권 3호(2024), p. 72

57) 허욱·테런스 로릭 저, 이대희 역, 『한미동맹의 진화』(서울: 에코리브르, 2019), pp. 128~130; 국방부, 『국방백서 2022』 (서울: 국방인쇄소, 2023) 발췌 정리.

58) ‘고난의 행군’은 1990년대 중반 북한이 겪은 극심한 경제난과 식량위기, 그리고 정치적·사회적 고통의 시기를 의미한다. 공식적으로는 김정일 정권이 위기를 극복하기 위해 내세운 정신적, 이데올로기적 구호였지만, 일반 주민들에게는 생존을 위한 투쟁의 시기였다고 할 수 있다.

59) 임수진, “북한군의 러시아-우크라이나 전쟁 파병 배경 및 함의,” 국가안보전략연구원 『이슈브리프』 613호(2024. 10. 22), pp, 2~3.

60) 국립통일교육원, 『2025 북한이해』(서울: 국립통일교육원, 2025), pp. 107~108.

61) 국립통일교육원(2025), p. 108.

62) 국립통일교육원(2025), p. 109.

63) ‘10년 복무연한제’는 입대 시 나이에 상관없이 10년 기간을 복무하는 것으로 1993년 북한의 NPT 탈퇴 선언을 계기로 준전시상태가 선포되자 당시 대학 추천자를 제외한 절대 다수를 입대 대상자로 선발하여 10년을 의무 복무하게 하였다. 국립통일교육원(2025), p. 109.

64) 고재홍, “북한군 복무기간의 변화와 향후 전망,” 『INSS 전략보고』, No. 21, 국가안보전략연구원(2018), pp. 5~7.

65) 초모란 군대에 지망하는 사람을 뽑는 것을 의미하며, 이는 형식상으로 지원병제에 해당한다. 그러나 실제로는 초모 연령이 되면 신체 불합격자, 특수 분야 종사자 및 정책 수혜자, 성분 불량자, 대학생 등을 제외하고 대부분 군복무를 하였다. 국립통일교육원(2025), pp. 109~110.

66) 국립통일교육원(2025), pp. 109~110.

67) 앞의 책, p. 102.

68) 유용원, “선군호·폭풍호·천마호… 북한군 신형 전차들의 진격,” 『주간조선』, 2013. 9. 6.(https://weekly.chosun.com/news/articleView.html?idxno=6173, 검색일: 2025.4.18).

69) 이춘근, 『북한의 군사력과 군사전략: 위협과 대응방안』, (서울: 한국경제연구원, 2012), p. 170.

70) 앞의 책, p. 172.

71) 조선일보, 2010.7.15.

제6장 북한의 비대칭 전력과 위협

72) 국립통일교육원, 『2025 북한이해』(서울: 국립통일교육원, 2025), p. 114.

73) 앞의 책, p. 115.

74) 김보미, "김정은 시기 북한의 국방력 발전계획: 억제력의 강화과정을 중심으로" (서울: 국가안보전략연구원, 2022), p. 9.

75) 국립통일교육원(2024), p. 115.

76) Bruce W. Bennett et al, Countering the Risks of North Korean Nuclear Weapons (Washington D.C.: RAND, 2021),

77) 연합뉴스, "미 북한, 핵무기 최대 60개 보유...화학무기 세계 3번째로 많아," 2020. 8.18.

78) 국방부, 『국방백서 2022』, p. 32.

79) 강창국, "북한의 대량살상무기 개발 과정과 대응책 모색," 『군사』, 제69호(2008), p. 348.

80) 육군본부, 『군사용어사전』 (충남 계룡: 국군인쇄창, 2018), pp. 85~86.

81) 박재완·최기용, "북한의 생물학 위협과 대비방안," 『한국군사』, 제7호(2020), p. 180.

82) 뉴데일리, "북한 핵시설 28곳...생물학 무기시설도 21곳," 2019.3.5.

83) 앞의 기사 (2019).

84) 뉴데일리, "北 생화학무기 세계 3위… 서울에 사린탄 쏘면 25만 명 사상," 2023. 5.15.

85) 박재완·최기웅(2020), p. 189.

86) 국방부. 『국방백서 2022』, p. 27.

87) 송태은, "북한의 사이버 위협 실태와 우리의 대응," 『IFANS 주요국제문제분석』 2023-09, 국립외교원 외교안보연구소(2023), p. 11.

88) 김보미·오일석, "김정은시대 북한의 사이버 위협과 주요국 대응," 『INSS 전략보고』 No.147, 국가안보전략연구원(2021), pp. 2~8.

89) 국방부(2022), p. 25.

90) 국립통일교육원(2024), p. 126.

91) UN Security Council, S/2024/215, 7 March 2024.

92) 김지헌(2022).

93) 앞의 책.

94) 국립통일교육원(2024), p. 106.

95) 지효근, “하이브리드전 승리요인 분석과 한국에 대한 함의,” 『국방정책연구』, 제36권 4호(2020), pp. 12~14.

96) 송태은, “하이브리드 위협에 대한 최근 유럽의 대응,” 『IFANS 주요국제문제분석』 2020-31(2020), p. 1.

97) 앞의 책, p. 13.

98) 박영택, “북한의 하이브리드전 실행 가능성과 전개 양상,” 『국방정책연구』, 제27권 4호(2011), p. 105.

99) 육군교육사령부, 『미래 작전환경분석서』(대전: 육군교육사령부, 2022), p. 41,; 서정순·김학민, “인지전 연구,” 『전략연구』, 제31권 2호(2024), p. 348. 재인용.

100) 우평균, “러시아의 인지전 수행,” 『슬라브연구』, 제41권 1호(2025), p. 4.

101) 김정모·김태영, “이스라엘-하마스 전쟁 시사점 연구,” 『한국민간경비학회보』, 제23권 3호(2024), p. 72

102) 앞의 책, p. 73.

103) 확전우세는 교전 당사자 중 어느 한 쪽이 상대에게 불리 또는 감당 불가능 비용을 강요하며 갈등을 확대시킬 수 있는 반면, 다른 쪽은 확전 이외의 대안이 없거나 대안이 가용하더라도 이를 통해 현재 상황을 개선시킬 수 없다는 판단에 따라 똑같은 방식으로 적에게 대응할 수 없는 상황을 의미한다. 확전우세에서 중요한 변수는 각자가 분쟁 또는 충돌에 대해 가지는 상대적 두려움의 정도이다. 갈등의 발발로 예상손실이 가장 적거나 갈등 발발에 대한 두려움의 정도가 낮은 쪽이 확전우세를 차지하게 되는 것이다. 송승종, “러시아 하이브리드 전쟁의 이론과 실제,” 『한국군사학논집』, 제73집 1권(2017), p. 85.

제7장 북한의 심리전 위협

104) 라스웰을 포함한 여러 심리학자나 심리전 전문가들의 심리전 정의를 필자가 작의적으로 개념화 한 것이며. 여기서 주최 측이란 심리전을 계획하고 수행하는 개인, 단체, 국가를 지칭하며, 주최 측 외는 적대국가, 동맹국, 국제기구, 자국 국민(대내심리전 수행시) 등 심리전 대상을 의미한다.

105) 전략적 커뮤니케이션(Strategic Communication)의 용어 자체는 이미 오래전부터 사용되어 왔다. 즉 전략적 차원에서 대화하고 소통하는 의미였으며, 지금의 심리전적인 영역보다는 외교, 협상, 공보적 의미가 우선되었다. Jones, Jeffrey B “Strategic Communication. “A Mandate for the United States. (1996)에 소개됨

106) “군사정보지원작전(Military Intelligence Support Operations, MISO)”이라는 용어는 2010년대 중·후반에, 기존의 정보활동 개념을 확장하여 작전과 연계된 정보지원을 체계화하려는 노력이 강화되면서 2014년에 “군사정보지원작전” 교리가 발간되어 기존의 심리작전을 변경하여 사용하고 있다.

107) “전·평시 다양한 수단과 방법을 활용하여 상대(국제사회, 적, 아군, 국민 등)의 인지 영역에 접근함으로써 주체측(아군, 대한민국 등)의 의도대로 상대가 인식, 생각(사고)하고 행동을 변화시키는 전략이나 전쟁양상이다” 송태은, 「이스라엘-하마스 전쟁의 사이버 인지전」, 국립외교원 주요국제문제분석 2024-11호, pp.4~11. 인용 및 재편집

108) 고준봉, 『심리전략시론』 (서울: 고려서적주식회사, 1982), p. 75.

109) 국군심리전단, 『북한의 심리전』, (서울: 국군심리전단, 2001), pp. 2~3

110) 통일전선형성 중요성에 대해서 김일성은 “남조선 혁명역량을 꾸리는데 중요한 문제는 각계각층 군중을 통일전선에 묶어세우는 것입니다. 남조선의 인테리들과 청년 학생들, 도시의 소시민들과 량심적인 민족 부르조아지를 비롯한 민주주의를 지향하는 각계각층 군중은 통일전선에 망라되어야 합니다”라고 강조하였다. 조선로동당출판사, 『김일성 저작선집』, 4권(1968), pp. 91~92.

111) 국군심리전단, 앞의 책, pp. 4~49.

112) 북한의 대남 심리전 분석담당관의 평가내용과 연구자 현장경험(1978~1994년)을 토대로 정리한 것이다.

113) 1997년 9월 남대천 지역에서 4종 120권, 한탄강에서 5종 387권이 수거되었으며, 내용은 김부자 우상화 2종, 김영삼 대통령 비방 1종(‘03의 24시’), 한국기업들의 노동력 착취와 노동자 억압 실태 1종, 고려연방제 선전 1종이었다. 합참본부, 『최근 대남 심리전 동향』, p. 11.

114) 전단 1종당 인쇄매수는 여러 가지 요인에 따라 영향을 받는다. 특히 전단 종류가 수기전단이나 책자일 경우는 제작 여건과 살포수단의 제한으로 1종당 적은 수량으로 인쇄될 것이다. 한국의 경우는 종당 평균 100만매를 인쇄하고 있으며, 합참본부 민사심리전 분석관은 1990년도부터 1999년까지 북한의 대남심리전 전단 수거량을 매년 100여 종 1억 2천매로 추정한 것으로 보아 종당 10만매 내외가 될 것으로 판단된다.

115) 국군심리전단, 앞의 책, pp. 31~33.

116) 1980년대 실시된 단막극 유형은 필자의 현장관찰(1978~1984년) 내용이며, 1990년대 위문형태는 전방지역 현장지도 방문(1995~1998: 5회)을 통해 확인한 사항이다.

117) 심리전 분석에 필요한 요소를 도출하기 위해 라스웰이 제시한 커뮤니케이션 모형으로써 현재 심리전 관련기관에서 심리전 분석방법으로 이용하고 있다. 1960년부터 2000년도까지 살포한 대남전단 3,543종을 분석한 결과이다.

118) 이재윤, 『특수작전의 심리전이해』, (서울, 집문당, 2000), pp. 30~31.

119) DDoS(Distributed Denial of Service) 공격은 다수의 손상된 시스템이 종종 봇넷으로 조직되어 대상 네트워크, 서버 또는 온라인 서비스에 엄청난 양의 트래픽을 발생시키는 사이버 공격이다. 트래픽 급증으로 인해 대상 시스템의 속도가 느려지거나 작동이 중단되어 사용자의 액세스가 거부당할 수 있다. DDoS 공격은 심각한 가동 중단, 재정적 손실, 평판 훼손을 초래할 수 있다.; HPE홈페이지 (https://www.hpe.com/kr/ko/what-is/ddos-attack.html), 검색일: 2025.3.14.

120) 문명일, “베트남전의 심리전 사례 분석”, 『합참심리전 정책연구서』, 제8권1호. (1979.2)

제8장 북한의 사이버전 위협

121) 합동참모본부, 『합동사이버작전』. 『합동교육회장 17-1』 (서울: 합동참모본부, 2017), p. 38.

122) 송운수, “사이버전자전을 통한 네트워크마비전략 수행방안에 관한 연구”, 단국대 박사논문(2021), p. 39.

123) 송운수·조한승, “사이버억지 수단으로서의 사이버전자전 작전수행개념” 『한국군사학논집』, (2021), p. 501.

124) 김인수, “북한 사이버전 수행능력의 평가와 전망”, 『통일정책연구』 (2015), p. 129.

125) C4ISR은 지휘(command), 통제(control), 통신(communication), 컴퓨터(computer), 정보(intelligence), 감시(surveillance) 및 정찰(reconnaissance)을 나타내는 용어다. C4ISR은 전장관리정보체계의 주축이 되는 ‘지휘통제체계(C4I)’와 감시정찰정보체계인 ‘전장감시체계(ISR)’로 구성된다.; 김의순, “전술데이터링크 운용개념과 차세대 C4ISR 체계”, 『국방정책연구』, 2006, p. 72.

126) 스카다 또는 감시 제어 및 데이터 취득(영어: Supervisory Control And Data Acquisition, SCADA)은 일반적으로 산업 제어 시스템(영어: Industrial Control Systems, ICS), 즉 다음과 같은 산업 공정/기반 시설/설비를 바탕으로 한 작업공정을 감시하고 제어하는 컴퓨터 시스템을 말한다.; 위키백과(https://ko.wikipedia.org/wiki/), 검색일: 2025. 3.10.

127) 홍준기, 박상중, “북한의 사이버전 역량변화와 위협 전망: 군사적 관점을 중심으로”, 『The Journal of Social Convergence Studies』, 2024, p. 96.

128) 김인수, 앞의 논문, p. 143.

129) 3대 혁명역량 강화는 ① 공화국 북반부에서 사회주의 건설을 잘하여 그들의 혁명기지를 정치·경제·군사적으로 더욱 강화하는 것 ② 남조선 인민들을 정치적으로 각성시키고 튼튼히 묶어세움으로써 남조선의 혁명역량을 강화하는 것 ③ 조선인민과 국제혁명역량 과의 단결을 강화하는 것이다.; 통일부 북한정보포털 북한 지식사전(2021) (https://nkinfo.unikorea.go.kr/nkp/knwldg/view/knwldg.do), 검색일: 2025. 3. 14.

130) 임종인 외, “북한의 사이버전력 현황과 한국의 국가적 대응전략” 『국방정책연구』, 2013, p. 15.

131) 이승열, “북한 사이버 공격의 현황과 쟁점”, 「이슈와 논점 제2034호」, 국회입법조사처, 2022.12.28.

132) 북한은 중국의 사이버전쟁술의 영향을 받았다. 중국은 1990년대 중반부터 정규군사력으로는 미국과 상대가 되지 않는다고 판단해 비대칭전쟁인 점혈(點穴·급소)전쟁 방식을 선택했다. 점혈전략이란, 약한 것으로 강한 것을 대적하며 실한 것은 피하고 허한 것을 공격한다는 전략이다. [출처: 중앙일보] https://www.joongang.co.kr/article/3681383, 검색일: 2025.5.22

133) 홍준기, 박상중, 앞의 논문, p. 98.

134) 송태은, “북한의 사이버 위협 실태와 우리의 대응”, 『IFANS 주요국제문제분석 2023-09』(2023), p. 5.

135) 보안뉴스, “통일부 주최 ‘북한인권 토론회’ 사칭 북한 해킹 공격 포착”, 2023.2.10.

136) 송태은, 앞의 논문(2023), p.11.

제9장 북한의 전자전 위협

137) 이재원, “북한의 전자전에 관한 연구”, 건국대 행정대학원 석사논문(2021), p. 11.

138) US FM 3-12, 『Cyberspace and Electronic Warfare Operations』, USA: Department of the Army, 2017, p. 47.

139) 단파는 파장 10m~100m, 진동수 3MHz~30MHz인 전파기파로 전리층에서의 전파 반사에 의한 상공파(skywave)의 방식으로 멀리까지 신호가 전달되며, 주로 AM 라디오 방송에 사용됨.

140) 초단파는 전자기파의 일종으로 파장 1~10미터, 진동수 30~300MHz 인 전자기파를 가리키며 미터파라고도 한다. 직진성이 강한 전파로 가시범위의 안테나에 전송되며 주로 FM 라디오, TV 방송, 기타 단거리 통신 등에 사용됨.

141) 극초단파의 주파수는 300MHz~3GHz 영역에 해당되며, 파장으로는 0.1m ~1m의 범위에 있다. 극초단파는 휴대폰, 무선 인터넷, 디지털 TV 방송, 와이파이(Wi-Fi), 블루투스(bluetooth), GPS 등 일상적으로 사용되는 통신의 수단으로 매우 다양하게 사용됨.

142) 송운수, “사이버전자전을 통한 네트워크마비전략 수행방안에 관한 연구”, 단국대 박사논문(2021), p. 47

143) 송운수, 앞의 논문, p. 47

144) 김영안·송운수·이종훈, “사이버전자전 작전수행개념 및 핵심요구 능력” 『육군교육사·KRIS편. 지상군 핵심능력 전투발전방향. 육군 2020 전투발전연구서』(2020), p. 14

145) 강성휘, 『소련군 6·25 초기 한국군 전방사단 무전 감청 남침 지휘 증거』(2020)

146) 김흥광, “핵 못지않은 북한의 전자전 위협” 『월간 북한』(2013), p. 99.

147) Anthony H. Cordesman, “THE MILITARY BALANCEIN ASIA: 1990~2011,” 『CSIS』, (2011).

148) 김선호, “북한군 전자전 교범에 대한 소고” 『월간 자유지』(2010), p. 58.

149) 김학송, “조선인민군 군사출판사 발간 전자전참고자료로 본 북한의 전자전 능력과 우리 군의 대응실태 분석” 『국정감사 대비 정책자료집』(2011), p. 27~28.

150) 김일기·김호홍, “김정은 시대 북한의 정보기구” 『INSS 연구보고서』(2020), p. 62.

151) 국방부 정책기획관실, 『2018 국방백서』 (서울: 국방부, 2018), p. 24.

152) 이재원, "북한의 전자전에 관한 연구" 『건국대학교 행정대학원 석사논문』 (2021), 참고 재정리

153) 최민지, "17배나 증가한 교란 영향, 북한 GPS 전파교란 대응체계 시급" (2017)

154) 정태주, "北 정찰총국·전자전 부대, GPS 교란 합동훈련 돌입" (2020)

155) 전경용, "美우주사령부 "北미사일 요격용 레이저 배치할 것" (2019)

156) 김민서, "北 EMP탄 대비 안 하면 후회" (2015)

157) US ATP 7-100.2, 『North Korean Tacticss』 (USA: Department of the Army, 2020), p. 288

158) 오춘호, "EMP탄·사이버 공격 AI가 주도하는 전자전 시대" (2017)

159) 박용환, 『김정은 체제의 북한 전쟁전략』 (서울: 선인, 2019), p. 15.

160) 김흥광, "북한의 정보전 전략과 그 수행방법" 『군사논단』(2011), p. 86~87.

161) Tobias Feakin, "Understanding North Korean Cyber Capabilities" 『North Korea's Cyber-terrorism· Threat and Countermeasures』 (2015), p. 25

162) 황성인, "항공우주군 도약을 위한 사이버전자전 발전방안 연구". 『공군사관학교 군사과학논집』 (2020), p. 42.

163) U.S. Army, 『FM 3-38, Cyber and Electromagnetic Activities』(2014) p. 1.

164) U.S. Army, 『FM 3-12, Cyberspace and Electronic Warfare Operations』 (2017), p. 1-1.

165) 육군본부, 『2030-2050 미래지상작전 수행개념』(2019). 육군은 차세대 게임체인저로 다음과 같은 10개 분야를 선정하고 있다. ① 레이저 무기, ② 초장사정 무기, ③ 유·무인 전투체계, ④ 스텔스화, ⑤ 고기동화, ⑥ 양자기술, ⑦ 생체 모방기술, ⑧ 사이버전자전, ⑨ AI의 군사적 적용, ⑩ 차세대 워리어 플랫폼이다.

166) 손태종, "사이버전자전, 개념과 운용방향을 정립해야" 『국방논단, 제1759호』 (서울: 한국국방연구원, 2019), p. 4.

167) 변상정, "김정은 시대 과학기술정책 주요 내용과 평가", 『INSS 전략보고』 (2019), p. 6.

168) 임종인 외, 앞의 글, pp. 21-22.

169) 권혁기, 앞의 글, p. 53-54.

170) "세계 3위 사이버 강국 北, 전담인력만 무려", 세계일보. 2013. 1.20.

171) "북한, 사이버공격·전파방해로 미 우주안보 위협 가능성", 연합뉴스. 2021. 4. 3.

172) 황지환, "북한의 사이버 안보 전략과 한반도: 비대칭적, 비전통적 갈등의 확산", 『동서연구』 (2017), p. 43~44.

참고문헌

1. 단행본

국립통일교육원, 『2024 북한이해』, 서울: 통일부, 2024.
__________, 『2025 북한이해』, 서울: 통일부, 2025.
__________, 『북한지식사전』, 서울: 통일부, 2021.
국방부, 『국방백서 1968』. 서울: 국방부, 1968.
_____, 『국방백서 1988』. 서울: 국방부, 1988.
_____, 『국방백서 1998』. 서울: 국방부, 1998.
_____, 『2018 국방백서』 서울: 국방부, 2018.
_____, 『2022 국방백서』. 서울: 국방부, 2023.
고야마 히로시케(小山弘建), 『군사사상의 연구』, 도쿄: 신천사, 1970.
고준봉, 『심리전략시론』. 고려서적, 1982.
권지민 등, 『알기 쉽게 풀어 쓴 북한학 입문서』, 서울: 기문사, 2024.
김기도, 『정치선전과 심리전략』. 나남출판, 1989.
김광린, 『북한 현대 정치사』. 서울: 도서출판 오름, 1995.
김일성, 『김일성 저작선집』. 제1권. 평양: 조선로동당출판사, 1953.
_____, 『남조선혁명과 조국통일』. 평양: 조선로동당출판사, 1969.
_____, 『민족대단결을 위하여』. 평양: 조선로동당출판사, 1996.
_____, 『세기와 더불어』. 제1권. 평양: 사회과학출판사, 1992.
김창순, 『북한이데올로기와 대모략』. 서울: 북한연구소, 1997.
김학성, 『북한의 군사정책과 전략』, 서울: 통일연구원, 2002.
김희상, 『生動하는 軍을 위하여』, 서울: 전광, 1996.
노병천, 『도해손자병법』, 서울: 도서출판 한원. 1999.
데일 카네기, 『사람의 마음을 얻는 기술』. 을유문화사, 2009.
박명림, 『한국전쟁의 발발과 기원』, 서울: 나남출판, 1996.
박용환, 『김정은 체제의 북한 전쟁전략』, 서울: 선인, 2019.
박유봉, 『매스커뮤니케이션의 심리학』. 법문사, 1986.
박재규 편, 『북한의 딜레마와 미래』, 파주: 법문사, 2011.
박태균, 『베트남 전쟁』. 한계레출판사. 2015.
백욱인, 『인공지능의 윤리학』. 사월의책, 2022.
북한문제연구소, 『북한대사전』. 서울: 동명사, 1999.
셸링, 토마스. 최동철 역, 『갈등의 전략』. 나남출판, 1992.

송태은,『인지전 뇌를 해킹하는 심리전술』. 이오나이북스, 2025.
심진섭,『심리전 이론과 실제』. 학지사, 2012.
아산정책연구원,『ASAN 국제정세전망 2025』』, 아산정책연구원, ,2024
유용원 등,『북한군 시크릿 리포트』, 서울: 플래닛미디어, 2013.
육군교육사령부,『미래 작전환경분석서』. 대전: 육군교육사령부, 2022.
육군본부,『군사용어사전』. 충남 계룡: 국군인쇄창, 2018.
_______,『군사이론의 대국화 추진방향』, 대전: 육군본부, 1983.
_______,『북한군 군사사상』, 대전: 육군본부, 2007.
_______,『육군군사술어사전』, 대전: 육군본부, 1988.
_______,『한국군사사상』, 대전: 육군본부, 1992.
_______,『2030-2050 미래지상작전 수행개념』, 대전: 육군본부, 2019.
_______,『걸프전쟁 분석』. 대전: 육군본부, 1991.
_______,『민사작전』. 서울: 육군본부, 1988.
_______,『북괴군 심리전』. 서울: 육군본부, 1989.
_______,『심리전』. 서울: 육군본부, 1988.
온창일 외,『군사사상사』, 서울: 황금알, 2006.
에릭 슈미트 등, 김고명 옮김,『AI 이후의 세계』, 윌북, 2024
이광헌,『현대사회와 심리전략』. 파일, 1993.
_____,『심리를 읽으면 성공이 보인다』. 화이트피스, 2000.
이상우,『북한 정치 변천 - 신정체제의 진화과정』, 서울: 도서출판 오름, 2017.
이신재,『한 권으로 읽는 북한사』, 서울: 도서출판 오름, 2016.
이아영 역. 추이스숑,『심리전쟁』. 연암사, 2013.
이윤규,『보이지않는 전쟁삐라』. 서울문화원, 2010.
_____,『정치전과 심리작전』. 국방대인쇄소, 2008.
_____,『들리지않던 총성 종이폭탄』. 도서출판 성림, 2011.
_____,『전쟁의 심리학』. 살림출판사. 2013
_____,『피과와 혁신사이에서 전쟁』. 이다북스, 2020
_____,『제멋대로와 천사』. 생각의 뜰, 2021.
이재윤,『특수작전의 심리전 이해』. 집문당, 2000.
_____,『초한전』. 제일제책사, 2023.
21세기 휴먼네트워크 연구회,『절대인맥』. 서림당, 2017.
이영환 외,『군사기본교리연구, 제1권』, 서울: 국방연구원, 1990.
이춘근,『북한의 군사력과 군사전략: 위협과 대응방안』. 서울: 한국경제연구원, 2012.
임은성,『북한의 군사정책/전략』, 서울: 국방대학교, 2012.
장명순,『북한군사연구』, 서울: 팔복원, 1999.

정창현, 『조선인민군의 역사와 실체』, 서울: 역사비평사, 2004.
정보사령부, 『북한군 심리전』. 육군인쇄창. 2001.
정연호, 『SNS와 미디어 심리전』. 커뮤니케이션북스, 2020.
정토웅, 『전쟁사 101장면』. 가람기획, 1997.
정혜승, 『소셜미디어 시대의 여론과 정치』. 나남, 2018.
한·미연합사, 『미 심리작전』. 서울: 한 · 미 연합사, 1998.
한용섭, 『국방정책론』, 서울: 박영사, 2012.
합동참모본부, 『합동사이버작전』, 『합동교육회장 17-1』, 2017.
__________, 『걸프전과 심리전』. 서울: 합참본부, 1992.
__________, 『귀순자 간담회 / 세미나집』. 서울: 합참본부, 2021.
__________, 『대남 심리전 동향』. 서울: 합참본부, 2017.
__________, 『코소보 전쟁 종합분석』. 서울: 합참본부, 1999.
허욱·테런스 저, 이대희 역, 『한미동맹의 진화』. 서울: 에코리브로, 2019.

US Army, 『FM 3-12, Cyberspace and Electronic Warfare Operations』, 2017.
U.S. Army, 『FM 3-38, Cyber and Electromagnetic Activities』, 2014.
US ATP 7-100.2, 『North Korean Tacticss』(USA: Department of the Army, 2020.

2. 논문

강창국, "북한의 대량살상무기 개발 과정과 대응책 모색." 『군사』. 제69호, 2008.
강태완, "전시 예상되는 북한의 사이버심리전 형태 및 대응전략", 『합참』, 2008.
권동현, "조선인민군 총정치국의 역할 변천에 관한 연구", 고려대학교 석사학위 논문, 2018.
권지민, "북한 최고지도자의 권력 공고화 과정 연구", 『대한정치학회보』 32권 1호, 2024.
고유환, "조선인민군 형성과 군사노선의 역사적 전개", 『군사논단』, 2010.
고재홍, "김정은 집권 이후 조선인민군의 변화와 전망," 『INSS 연구보고서』 제 2020-1호, 2020.
_____, "북한군 복무기간 변화와 향후 전망." 『INSS 전략보고』. No.21, 국가안보전략연구원, 2018.
권혁기, "북한의 사이버심리전 위협에 대한 우리 군의 대응전략", 상지대 석사논문, 2013.
김보미, "김정은 시기 북한의 국방력 발전계획: 억제력의 강화과정을 중심으로", 국가안보전략연구원, 2022.

김보미·오일석, “김정은시대 북한의 사이버 위협과 주요국 대응.” 『INSS 전략보고』. No.147, 국가안보전략연구원, 2021.

김상지, “북한군의 군사적 실체 연구” 대진대학교 통일대학원 석사학위 논문, 2019.

김선호, “북한군 전자전 교범에 대한 소고” 『월간 자유지』, 2010.

김성주, “북한의 ‘4대 강군화 노선’ 연구: 중국과의 비교와 함의”, 국방정책연구, vol.36 No3, 2020.

김의순, “전술데이터링크 운용개념과 차세대 C4ISR 체계”, 『국방정책연구』, 2006.

김인수, “북한 사이버전 수행능력의 평가와 전망”, 『통일정책연구』, 2015.

김일기·김호홍, “김정은 시대 북한의 정보기구” 『INSS 연구보고서』, 2020.

김영안·송운수·이종훈, “사이버전자전 작전수행개념 및 핵심요구 능력”, 『육군교육사·KRIS편. 지상군 핵심능력 전투발전방향. 육군 2020 전투발전연구서』, 2020.

김정모·김태영, “이스라엘-하마스 전쟁 시사점 연구.” 『한국민간경비학회보』. 제23권 3호2024.

김태우, “대북 심리전 재정립:.” 『국가전략』, 제29권 1호, 2023.

김학송, “조선인민군 군사출판사 발간 전자전참고자료로 본 북한의 전자전 능력과 우리 군의 대응실태 분석” 『국정감사 대비 정책자료집』, 2011.

김홍철, “공산주의 군사사상,” 『북한군사론』, 2018.

김흥광, “핵 못지않은 북한의 전자전 위협”, 『월간 북한』, 2013.

______, “북한의 정보전 전략과 그 수행방법”, 『군사논단』, 2011.

김정모·김태영, “이스라엘-하마스 전쟁 시사점 연구.” 『한국민간경비학회보』. 제23권 3호, 2024.

남완수, “북한 핵 위협수준 분석과 맞춤형 재래식핵통합 억제방안”, 대전대 박사논문, 2025.

노영구, “한국 군사사상사 연구의 흐름과 근세 군사사상의 일례”, 군사학연구, 7, 2009.

문영일, “베트남전쟁의 심리전 사례분석”『합참심리전 정책연구서』, 제8권 1호, 1979.

박영택, “북한의 하이브리드전 실행 가능성과 전개양상.” 『국방정책연구』. 제27권 4호, 2011.

박재완·최기용. “북한의 생물학 위협과 대비방안.” 『한국군사』. 제7호, 2020.

박지훈. “딥페이크의 심리전 활용 가능성과 대응 전략.” 『한국정보보호학회지』, 2022.

박창희, “한국의 군사사상 발전 방향,” 2014년 합동교리발전 세미나, 2014.

배경환, “러시아 군사사상의 형성과 전망,” 대전대학교 석사논문, 2006.

부형욱, “군사력 비교평가 방법론 소개.” 『국방정책연구』. 제45권, 1999.

변상정, “김정은 시대 과학기술정책 주요 내용과 평가”, 『INSS 전략보고』, 2019.

서정순·김학민, “인지전 연구.” 『전략연구』. 제31권 2호, 2024.

손태종, “사이버전자전, 개념과 운용방향을 정립해야”, 『국방논단 제1759호』, 한국국방연구원, 2019.

송승종, “러시아 하이브리드 전쟁의 이론과 실제.” 『한국군사학논집』. 제73집 1권, 2017.

송운수, “사이버전자전을 통한 네트워크마비전략 수행방안에 관한 연구”, 단국대 박사논문, 2021.

송운수·조한승, “사이버억지 수단으로서의 사이버전자전 작전수행개념”, 『한국군사학논집』, 2021.

송태은, “북한의 사이버 위협 실태와 우리의 대응”, 『IFANS 주요국제문제분석 2023-09』, 2023.

______, “하이브리드 위협에 대한 최근 유럽의 대응.” IFANS 주요국제문제분석 2020-31, 2020.

심영삼, “김정일 정권의 군사기구 및 정책수립·집행과정”, 북한대학원 박사논문, 2011.

심진섭, “97피아심리전 효과분석.”『국방심리전 정책연구서』, 1998.

안희윤, “주요 전쟁사에 나타난 심리전 사례연구.” 국방부 연구논문, 1997.

오항균, “김정일 시대 북한 군사지휘체계 연구”, 북한대학원대학교 박사논문, 2012.

우평균, “러시아의 인지전 수행.” 『슬라브연구』. 제41권 1호, 2025.

이강경, “러시아-우크라이나 전쟁의 전훈 고찰” ,『한국군사』, 제17호, 2025.

이승열, “북한 사이버 공격의 현황과 쟁점”, 『이슈와 논점 제2034호』, 국회 입법조사처, 2022.

이영우, “군사력 비교평가 방법의 고찰.” 『국방정책연구』. 제26권, 1994.

이영종, “북한 김정은 정권의 국가목표와 군사정책 방향 : 새로운 위협요소의 등장과 한국의 대응전략”, 전략연구, vol.27 No1, 2020.

이윤규, “북한의 사이버심리전 실체와 대응방안”, 『The Army』, 2009.

______, “심리전의 새로운 인식과 대북 심리전 발전방향.” 『합참』 제10호, 1997.

이종석, “박헌영과 김일성: 한국공산주의자운동의 두 지도자의 길”, 『한국 현대사의 라이벌』 역사비평사, 1992.

임종인 외, “북한의 사이버전력 현황과 한국의 국가적 대응전략” 『국방정책연구』, 2013.

임철균, “한반도 지상군 군사력 균형 연구.” 『전략연구』. 제31권 3호, 2024.

장은미, “소셜미디어 상에서의 감정 전염과 심리전 사례 분석.” 『광고 PR실학연구』, 제12권2, 2022.

조남훈, “북한 군사경제의 현황”, 『KDI 북한경제리뷰』, 한국개발연구원, 2016.

조선민주주의인민공화국 사회주의헌법 제 60조, 2023.

조선민주주의인민공화국 사회주의헌법 제 86조, 2023.

지효근, “이스라엘-하마스 전쟁의 군사적 특징과 한국군에 대한 함의.” 『국가안보와 전략』. 제24권 1호, 2024.

______, “하이브리드전 승리요인 분석과 한국에 대한 함의.” 『국방정책연구』. 제36권 4호, 2020.

진희관, “북한에서 ‘선군’의 등장과 선국사상이 갖는 함의에 관한 연구”, 국제정치논총, Vol.48 No1. 2008.

최성빈 외, “북한 군수산업 개황”, 한국국방연구원, 2005.

황성인, “항공우주군 도약을 위한 사이버전자전 발전방안 연구”, 『공군사관학교군사과학논집』, 2020.

황지환, “북한 사이버안보 전략과 한반도: 비대칭적, 비전통적 갈등의 확산”, 『동서연구』, 2017.

홍준기, 박상중, “북한의 사이버전 역량변화와 위협 전망: 군사적 관점을 중심으로”, 『The Journal of Social Convergence Studies』, 2024.

Anthony H. Cordesman, “THE MILITARY BALANCEIN ASIA: 1990-2011,” 『CSIS』, Tobias Feakin, “Understanding North Korean Cyber Capabilities” 『North Korea'sCyber-errorism Threat and Countermeasures』 2015.

Antulio Joseph Echevarria Ⅱ, After Clausewitz: German Military Thinkers Before the Great War (Lawrence, Kansas: University Press of Kansas, 2000.

Bayer, James A. “The North Korean Nuclear Crisis and the Agreed Framework.” Asian Perspective, Vol. 19, No. 2, 1995.

Beale, Jonathan et al., “‘Everything is finished’: Ukrainian troops relive retreat from Kursk,” BBC News, March 18, 2025.

Bennett, Bruce W. et al. Countering the Risks of North Korean Nuclear Weapons. Washington D.C.: RAND, 2021.

Brzezinski, Zbigniew. “America in a Hostile World.” Foreign Policy, No 23, 1976.

Byung Chul, Koh. The Foreign Policy Systems of North and South Korea. Berkeley: University of Califonia Press, 1984.

Carl Friedrich & Zbigniew “Brzezinski, Totalitarian Dictatorship & Autocracy”, 2nd ed.(New York: Praeger, 1965.

Innovation Hub. “Cognitive Warfare: NATO's Emerging Discipline.” NATO, 2021.

Julian Lider, Military Theory (England: Swedish Institute of International Affaire Gover Pub. Co. Lt., 1983.

Kim, Taewoo. “North Korean-US Nuclear Rapprochement: The South Korean Dilemma.” Third World Quarterly, Vol. 16, No. 4, 1995.

NATO Defence College. “The Role of PSYOP in Modern Warfare.” Rome: NATO, 2020.

Stockholm International Peace Research Institute, 『SIPRI Yearbook 2021, Armaments, Disarmament and International Security』, (Oxford University Press, 2021.

Stephen E. Peasce, PSYWAR: Psychological Warfare in Korea, 1950-1953. Whshington, D.C.: Stackple Books, 1992.

U.S. Office of Historian. "The Likelihood of Major Hostilities in Korea." in Foreign Relations of the United States, 1964-1968, Volume XXIX, Part 1, Korea. May 16, 1968.

U.S. Army. FM 3-05.301 Psychological Operations Tactics, Techniques, and Procedures. Department of the Army, 2021.

岩島久夫, 『心理戰爭』. 東京: 請談社, 1968.

3. 뉴스 및 기사, 인터넷 자료

강성휘, "소련군 6·25 초기 한국군 전방사단 무전 감청 남침 지휘 증거", 『동아일보』, 2020.6.20.

권 준, "통일부 주최 '북한인권 토론회' 사칭 북한 해킹 공격 포착", 『보안뉴스』, 2023.2.10.

권혁철·박민희, "북, 오물풍선 이틀 연속 날렸다...확성기 대응은 안해." 『한겨레』. 2024.6.25.

김경윤·이영섭, "미 "북한, 핵무기 최대 60개 보유...화학무기 세계 3번째 많아." 『연합뉴스』, 2020.8.18.

김경윤, "북한, 사이버공격·전파방해로 미 우주안보 위협 가능성", 『연합뉴스』, 2021.4.3.

김민서, "北 EMP탄 대비 안 하면 후회" 『세계일보』, 2015.3.1.

김성진, "北신문 전자전, 핵전쟁 모두 준비돼 있다", 『연합뉴스』, 2010.1.20.

김영은, "국가별 핵탄두 보유수." 『연합뉴스』. 2024.6.17.

김지헌, "北, 무인기 1천여대 보유 추정…테러·정찰 등에 활용 가능." 『연합뉴스』. 2022.12.26.

안두원, "세계 3위 사이버 강국 北, 전담인력만 무려", 『세계일보』, 2013.1.20.

오춘호, "EMP탄·사이버 공격 AI가 주도하는 전자전 시대", 『네이트 뉴스』, 2017.9.6.

유용원, "선군호·폭풍호·천마호… 북한군 신형 전차들의 진격." 『주간조선』. 2013.9.6. (https://weekly.chosun.com/news/articleView.html?idxno=6173, 검색일 : 2025.4.18.

이바름, "北 생화학무기 세계 3위… 서울에 사린탄 쏘면 25만 명 사상." 『뉴데일리』. 2023.5.15.

이재윤, "북한 무인기 침투 현황." 『연합뉴스』. 2022.12.26.

전경웅, "북한 핵시설 28곳...생물학 무기 시설도 21곳." 『뉴데일리』. 2019.3.5.

______, “美우주사령부 "北미사일 요격용 레이저 배치할 것”, 『뉴데일리』, 2019.9.2.
정태주, “北 정찰총국·전자전 부대, GPS 교란 합동훈련 돌입”, 『데일리NK』, 2020.12.11.
최민지, “17배나 증가한 교란 영향, 북한 GPS 전파교란 대응체계 시급”, 『디지털데일리』, 2017.9.24.

위키백과(https://ko.wikipedia.org/wiki/), 검색일:2 025.3.10.
중앙일보] https://www.joongang.co.kr/article/3681383, 검색일: 2025.5.22.
통일부 북한지식사전(2021) (https://nkinfo.unikorea.go.kr/nkp/knwldg/view/knwldg.do), 검색일: 2025.3.14.
UN Security Council, S/2024/215, 7 March 2024.
https://www.slideshare.net/slideshow/hazmat-ch06/17020105, 검색일: 2025. 5. 11.
HPE홈페이지(https://www.hpe.com/kr/ko/what-is/ddos-attack.html), 검색일: 2025.3.14.

북한군사론

초판 1쇄 발행 2025년 9월 1일

공저 권지민·권영석·지효근·이윤규·박동순
펴낸곳 (재)한국군사문제연구원
편집·인쇄 대한기획인쇄
등 록 2015년 5월 20일
주 소 서울시 용산구 원효로4가 118-3 영천빌딩 302호
전 화 02-754-0765
FAX 02-754-9873

ISBN 979-11-969289-2-6(13390)
값 25,000원